Jan-Peter Brüning

FLIEGER-KAPPMESSER

WAFFE • WERKZEUG • TRADITION

WIELAND

Jan-Peter Brüning

Flieger-Kappmesser

Waffe · Werkzeug · Tradition

1. Auflage, 2021

ISBN 978-3-948264-08-6

Wieland Verlag GmbH
Rosenheimer Str. 22
83043 Bad Aibling
Telefon 08061/38998-0
Fax 08061/38998-20
www.wieland-verlag.com

Gestaltung und Layout: Caroline Wydeau

Druck: Firmengruppe APPL, aprinta druck, Wemding

Printed in Germany

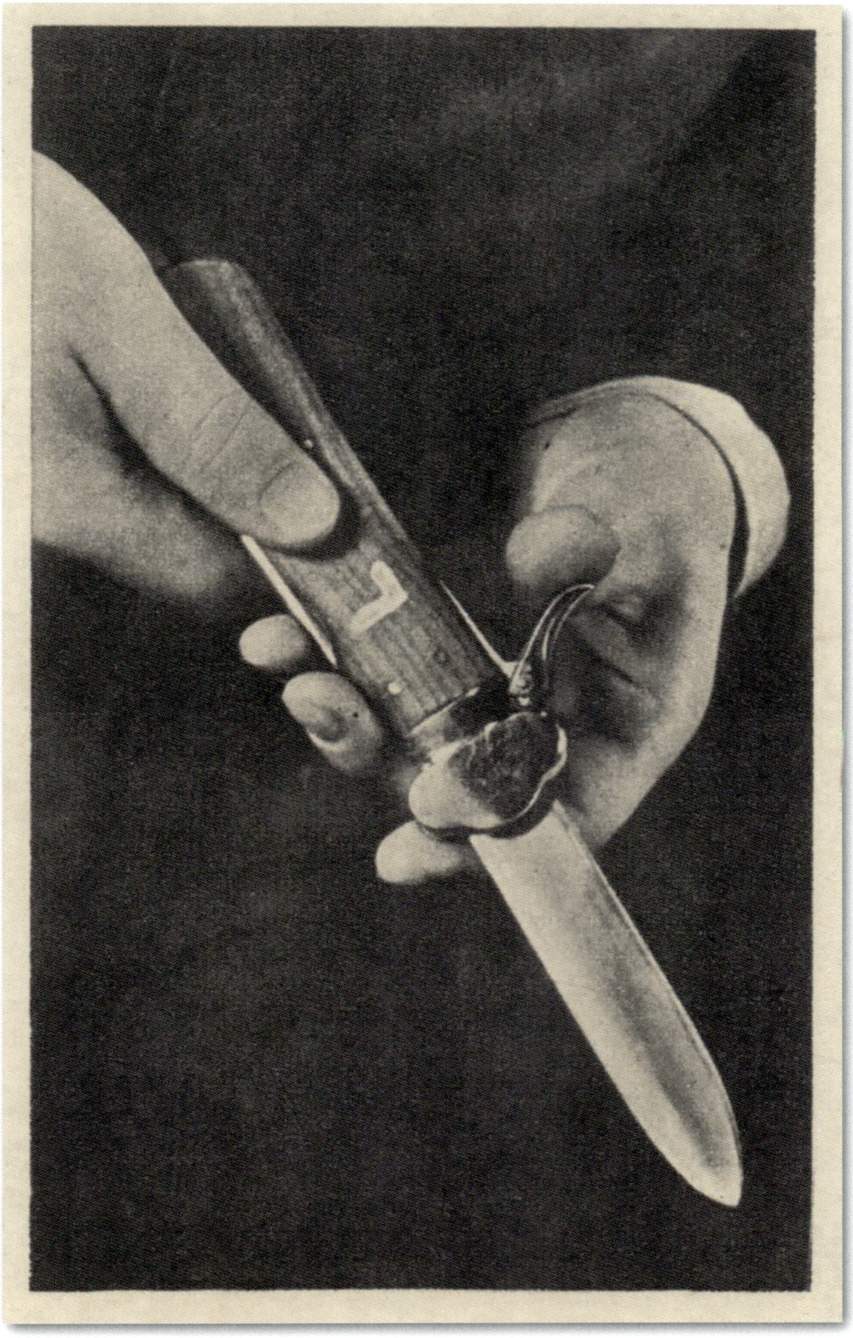

Seltene Aufnahme aus der Solinger Metallwaren-Fabrik,
dem Geburtshaus des Flieger-Kappmessers

INHALT

ABKÜRZUNGSVERZEICHNIS

Bw	Bundeswehr
FJ	Fallschirmjäger
FJR	Fallschirmjäger-Regiment
FKM	Flieger-Kappmesser
FschPzArt	Fallschirm-Panzerartillerie
GML	Genossenschaft der Messerschmiede Leegebruch
GST	Gesellschaft für Sport und Technik
HJ	Hitlerjugend
Inst.	Instandsetzung
JG	Jagd-Geschwader
L.Dv.	Luftwaffendienstvorschrift
Lw	Luftwaffe
Mod.	Modifikation
NVA	Nationale Volksarmee
OKH	Oberkommando des Heeres
Org. Abt.	Organisationsabteilung
RAD	Reichsarbeitsdienst
R.B.NR.	Reichsbetriebsnummer
RSO	Raupenschlepper Ost
SA	Sturmabteilung (der NSDAP)
SG	Seitengewehr
SMF	Solinger Metallwaren-Fabrik (auch: SOMEFA)
SS	Schutzstaffel (der NSDAP)
StG	Sturmgewehr
StuG	Sturmgeschütz
W.A.Lw	Waffenamt der Luftwaffe
WH	Wehrmacht

VORWORT

Seit dem Kindesalter wollte ich Fallschirmjäger werden. 1998 bewarb ich mich schließlich und war sehr stolz, als ich tatsächlich die Zusage für meinen 12-jährigen Dienst bei der springenden Truppe erhielt.

Für die nächsten ein bis zwei Jahre trug ich täglich einen Ausrüstungsgegenstand bei mir, der im Laufe der Monate buchstäblich zum Klotz am Bein wurde – das Kappmesser. Noch heute erinnere ich mich an des schwere, klobige Utensil, das einem während des Gefechtsdienstes nahezu jedes Mal Blessuren und blaue Flecken am rechten Oberschenkel bescherte. Dennoch wuchs einem das Messer irgendwie ans Herz; war es doch einer der Gegenstände, der fast ausschließlich an die Fallschirmjäger ausgegeben wurde. Angehörige anderer Truppengattungen wurden geradezu neidisch, wenn man zum Brotschmieren sein Fallmesser aus der rechten Beintasche zog, den Druckhebel betätigte und die Klinge begleitet von dem markanten, metallisch-dumpfen Geräusch aus dem Heft schleuderte.

Der Sinn eines solchen Messers wurde mir schlagartig und auf recht extreme Weise klar, als die Aufziehleine des Fallschirms einem meiner Gruppenführer so stark in den rechten Oberarm schlug, dass sein Bizeps riss. Der rechte Arm war sofort unbrauchbar und im Falle einer Baum- oder Wasserlandung hätte der Kamerad echte Probleme gehabt, mit beiden Händen ein Messer zu öffnen, um sich freizuschneiden. Zu diesem Zeitpunkt hatte ich mein Messer längst durch ein Einhandmesser der US Army ersetzt. Dieses war leicht, dünn, scharf und ebenfalls mit einer Hand zu öffnen.

Die Faszination für das Kappmesser blieb jedoch und ich begann, mich eingehender mit dem Thema zu beschäftigen. Im Rahmen meiner ersten Recherche nahm ich Verbindung mit Mack Pattarozzi auf und half ihm später bei der Übersetzung deutscher Unterlagen für sein Buch zum Thema. Ab diesem Zeitpunkt wuchs der Wunsch in mir, selbst ein Buch zu verfassen.

Dies ist meine persönliche Geschichte, wie ich das Thema „Flieger-Kappmesser“ für mich entdeckte.

Ich möchte mich vor allem bei Jan Cop und Jiri Selmek bedanken. Die Masse der Bilder in diesem Werk zeigen Gegenstände aus ihren persönlichen Sammlungen (Kürzel JS = Sammlung Jiri Selmek). Die kontinuierliche Korrespondenz mit beiden brachte dieses Werk Stück für Stück voran.

Des Weiteren half mir Gretel Bauermann, die vielen vorhandenen Puzzleteile an Informationen zu den längst vergessenen Solinger Kappmesserherstellern zu lokalisieren und in mühevoller Detektivarbeit in einen logischen Gesamtkontext zusammenzuführen. Sie hat wesentlich dazu beigetragen, die Historie dieser vergessenen Solinger Handwerksbetriebe wieder zum Leben zu erwecken.

Ebenfalls haben mir folgende Personen geholfen, das im Anschluss zu präsentierende Material zu finden und niederzuschreiben:

- Elke Karalus
- Gerda Ullrich (AG Ortschronik Steinbach)
- Armin und Marlene Mruck (geb. Stöcker)
- Martin Stollberg (Stuttgarter Fotograf)
- Fritz-Eberhard Reich (Natur- und Heimatfreunde e.V. Bad Liebenstein)
- Eugen von Halász (Buchautor und Messerexperte)
- Michael Davis (VirtualGrenadier.com)
- David Farnsworth (historicflyingclothes.com)
- Ernst-Ludwig Wagner (Herman-historica)
- Dr. Albrecht Wacker
- Carsten Sauermilch
- Dirk Göddertz
- Dr. Jürgen Weise (Stiftung Rheinisch-Westfälisches Wirtschaftsarchiv zu Köln)
- Dr. Norbert Moczarski (Landesarchiv Thüringen-Staatsarchiv Meiningen)
- Kerstin Warncke (Stadtarchiv Solingen)
- Die Mitarbeiter-/innen der Bibliothek der UniBw München

Nicht zuletzt möchte ich mich bei meiner Ehefrau Joan Morrison für ihre Geduld, ihr Verständnis und ihre Unterstützung während der vergangenen fünf Jahre bedanken.

Dieses Buch ist allen deutschen Fallschirmjägern gewidmet, die seit 1937 im Dienst für ihr Vaterland gefallen sind. Ich verneige mich insbesondere vor den Kameraden der ehemaligen Fallschirmjägerbataillone 263, 373, 313 und der Division Spezielle Operationen, die während meiner Dienstzeit im Kampf gegen den Terrorismus ihr Leben in Afghanistan geopfert haben.

Jan-Peter Brüning,
Juli 2021

1 | EINLEITUNG

Die Waffentechnik des deutschen Reiches war legendär und ihrer Zeit weit voraus. Das Maschinengewehr MG 42 wird bis heute fast unverändert bei den deutschen Streitkräften verwendet. Auch das Kappmesser der bundesdeutschen Fallschirmjäger (bis 2017 in Verwendung) war ein Ausrüstungsgegenstand, der, bis auf leichte Veränderungen in der Form und die Verwendung moderner Materialien, dem zerlegbaren zweiten Modell von 1943 entsprach.

Doch nicht nur die Bundeswehr entschied sich für die (erneute) Indienststellung dieses Messers. Noch während des zweiten Weltkriegs wurde eine englische Firma damit beauftragt, das deutsche Flieger-Kappmesser zu kopieren. Das Sheffielder Unternehmen produzierte 1944 nahezu 100.000 Stück dieser Waffe für die sogenannten „Combined Operations", der britischen Kommandotrupps an den Küsten Europas. Die NVA übernahm das Wehrmachts-Design ebenfalls fast unverändert. Im Gegensatz zu der Bundeswehrversion waren die DDR-Modelle in Anlehnung an die frühen Luftwaffen-Messer jedoch nicht zerlegbar.

Die folgenden Seiten zeigen die Entwicklung des Wehrmachtskappmessers von den Anfängen im Jahre 1936 bis hin zu den kaum bekannten SMF-Übergangsvarianten zum Bundeswehrmesser Ende der 1960er Jahre. Ich freue mich, Ihnen auf den nächsten Seiten die Geschichte des Flieger-Kappmessers neu und umfassend zu erzählen. Eine wesentliche Grundlage bilden die vorhandenen Informationen von Hauptmann a.D. Pattarozzi (US Army), die nach erneuten Recherchen jedoch in Teilen kritisch betrachtet werden müssen. Ich präsentiere neueste Erkenntnisse zu den längst untergegangenen Herstellerfirmen als auch bisher unveröffentlichte Details zur Konstruktion und den Zubehörgegenständen des Flieger-Kappmessers. Nicht zuletzt lege ich meinen Schwerpunkt auf eine reichhaltige, farbige Bebilderung dieses Buches, welche bisher nie gezeigte Exemplare des Kappmessers präsentiert. Die vermeintlich seltene 1943er-Dolchvariante sowie das „Anton-Wingen-Messer" werden anhand von Konstruktionsmerkmalen als Fälschungen entlarvt. Auszüge aus Erfahrungsberichten und Biografien, die die Verwendung des Kappmessers bei der Truppe beschreiben, runden mein Buch ab.

Zur Vereinfachung baut dieses Werk auf der Kategorisierung von Hauptmann a.D. Pattarozzi auf. Dieser Autor teilt die deutschen Messer der Kriegs- und Nachkriegszeit in fünf Klassen ein:

- Typ I: nicht zerlegbare WH- (1936 – 1943) und DDR-Modelle (1960er Jahre),
- Typ II: zerlegbare WH- (1943 – 1945) und Nachkriegsmodelle (ca. 1950 – 1968),
- Typ III: erstes, nicht zerlegbares Bw-Modell (1956 – 1961),
- Typ IV: zerlegbares Bw-Modell in Anlehnung an das Typ-II-Messer (1968 – heute),
- Typ V: auch AES 79/LL80, ziviles Rettungsmesser von Eickhorn (1979 – heute).

Im Kapitel 12 wird diese Kategorisierung jedoch wesentlich detaillierter aufgegliedert.

Abbildung 1: Kappmessertypen I bis V (nach Pattarozzi)

Das technisch nicht ausgereifte Typ-III-Modell (ca. 1956–1961) gehört konstruktionstechnisch nicht zur Familie der M1937-Kappmesser und wird daher nicht betrachtet. Die Abhandlung endet mit der Einführung der bis 2017 genutzten Typ-IV-Messer der 1970er- und 1980er-Jahre.

Bisher wurde über den Ursprung des Flieger-Kappmessers spekuliert. Zum heutigen Zeitpunkt, 45 Jahre nach dem Konkurs der Solinger Metallwaren-Fabrik, ist es tatsächlich nicht mit hunterprozentiger Wahrscheinlichkeit nachvollziehbar, welcher Hersteller das Messer in den 1930er-Jahren konstruierte. Die im Verlauf dieses Werkes geschilderten Details zur Geschichte der Herstellerfirmen und zu den Entwicklungsschritten der Typ-I/II-Modelle bis weit in die 1960er-Jahre lassen jedoch einen deutlichen roten Faden erkennen. Der Autor wird später an den jeweiligen Stellen explizit auf die konkreten Hinweise eingehen, die sich letztlich zu einem klaren Gesamtbild zusammenfügen. Um jedoch die Lesbarkeit dieses Werkes zu verbessern, wird von Beginn an davon ausgegangen, dass die Solinger Metallwaren-Fabrik Stöcker & Co. das Kappmesser 1936 entwickelte und in den folgenden etwa 30 Jahren kontinuierlich verbesserte.

2 | BEDEUTUNG DER ÄTZUNGEN UND STEMPELUNGEN

Die während des zweiten Weltkrieges produzierten, deutschen Flieger-Kappmesser weisen insgesamt vier Gruppen von Ätzungen bzw. Stempelungen auf:

- die Herstellerlogos und Reichsbetriebsnummern,
- die Stempel des Abnahme-Inspizienten,
- die Montagehilfen der (Unter-)Baugruppen und
- die Richtungspfeile der Typ-II-Messer.

Das Detailwissen über diese Markierungen und deren Bedeutung kann unter anderem dazu verwendet werden, um Fälschungen zu identifizieren beziehungsweise bei fehlendem Logo oder R.B.NR. den tatsächlichen Hersteller zu ermitteln. Sie bilden gleichzeitig den Ausgangspunkt der geschichtlichen Analyse der darauffolgenden Kapitel.

2.1 Herstellerlogos und Reichsbetriebsnummer (R.B.NR.)

Nicht zerlegbare Weltkriegs-Kappmesser tragen Herstellerlogos mit Angabe des jeweiligen Firmensitzes auf der Klinge. Die Logos sind oberflächen- oder tiefgeätzt. Es sind drei Herstellerlogos (1936 – etwa 1942) bekannt (Abbildung 2).

Die Verwendung dieser Markenzeichen wurde ab etwa 1943 eingestellt. Stattdessen findet sich eine Reichsbetriebsnummer (zum Beipspiel: R.B.NR. 0/0561/0019) entweder auf der Klinge oder der Angel des Aufreibers. Das Reichsbetriebsnummernsystem ist ein Code.

Hinter jeder R.B.NR. auf militärischen Ausrüstungsgegenständen steht ein rüstungsrelevantes, deutsches Unternehmen mit seinen wichtigsten Firmeninformationen (z. B. Name, produzier-

(tiefgeätzt) (tiefgeätzt) (oberflächengeätzt)

Abbildung 2: Handelsmarken der Weltkriegshersteller

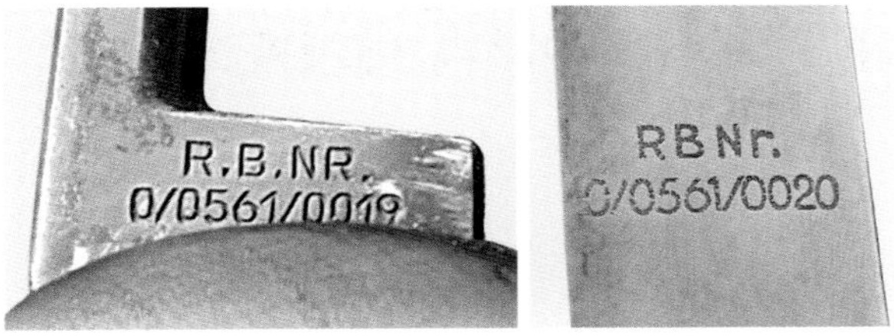

Abbildung 3: Reichsbetriebsnummer auf Aufreiber (SMF) und Klinge (Weyersberg)

te Waren und Güter, Standort, Mitarbeiterzahl), welche auf Reichsbetriebskarten festgehalten waren.[1]

Bei Einführung des Systems in den 1930er-Jahren plante das „Reichsministerium für Rüstung und Kriegsproduktion“ die Implementierung eines „maschinellen Berichtswesens“ (heute: spezielle Software, beispielsweise SAP). Dieses sollte die Grundlage zur zukünftigen Optimierung und Effektivierung der Arbeitskräftezuordnung im Rüstungssektor bilden.

Warum die R.B.NR. die Herstellerlogos auf den persönlichen Ausrüstungsgegenständen der Soldaten (Uniformteile, Helme, Messer, etc.) im Jahre 1943 ersetzten, ist ungeklärt. Fakt ist, dass die kriegswichtigen Betriebsstätten dadurch anonymisiert wurden. Es ist aber nicht ungewöhnlich, dass Ausrüstungsteile auch nach erfolgter Umstellung die R.B.NR. und eine Herstellerangabe tragen. Dieser Umstand spricht gegen eine beabsichtigte Verschleierung des Herstellerstandortes.

Die R.B.NR. ist in drei Zahlenblöcke aufgeteilt, die mit Schrägstrichen getrennt sind. Die anschließende Tabelle beschreibt das System.[2] Einige Historiker beschäftigen sich ausschließlich mit diesem komplexen Thema deutscher Militärgeschichte. Für dieses Werk ist das bisherige Grundverständnis ausreichend. Es sei noch erwähnt, dass weitere Codierungssysteme vor allem für deutsche Blank- und Feuerwaffen wie der RZM-Code, der „Reichszeugmeisterei der NSDAP“ oder das dreistellige Buchstabencode-System existieren. Diese sind jedoch für die Flieger-Kappmesser irrelevant. Nach 1945 wurde die Produktion dieser Messer sowohl im Westen als auch im Osten Deutschlands wieder aufgenommen. Aus dieser Zeit finden sich erneut Messer mit dem SMF-Logo aber auch die Markenzeichen weiterer Solinger Hersteller: der Gebrüder Weyersberg und Carl Eickhorn.

Reichsgruppenleitzahl /	Kreis- und Ortskennziffer /	Betriebs-Nr.	Dekodierter Firmenname
– Sektoren der Wirtschaft – Handel, Banken, Verkehr, etc.	– Code in sich – Kreisstadt (Ziffer 1-2) – i.V.m. Ziffer 2-3 ergibt sich der Firmenstandort	– fortlaufend je nach Gebiet	– hinterlegter Firmenname in Reichsbetriebskartei des „Reichsministeriums für Rüstung/Kriegsproduktion“
0/0561/0019			
0 = Industrie	05 = Köln + 61 → Solingen	0019	Solinger Metallwaren-Fabrik
0/0561/0020			
0 = Industrie	05 = Köln + 61 → Solingen	0020	Paul Weyersberg & Co.

Abbildung 4: Aufbau des Reichsbetriebsnummernsystems

[1] Siehe Anhang VI.: Reichsbetriebskarte der Paul Weyersberg & Co.
[2] Vgl. Stevenson (2012)

Abbildung 5: Handelsmarken der Nachkriegshersteller

In Thüringen repariert Malsch & Ambronn zunächst defekte Restbestände der Wehrmacht, produziert jedoch später eine eigene, leicht veränderte Version des Typ-I-Messers.[3] Alle drei Logos sind oberflächengeätzt.

Die offiziellen Kappmesser der NVA tragen dagegen gar keine Markierungen. Aus der Literatur ist jedoch bekannt, dass es sich beim Hersteller um die Genossenschaft der Messerschmiede Leegebruch (GML) handelt.

2.2 Stempel des Abnahme-Inspizienten

Die Luftwaffendienstvorschrift 422 „Anzugsordnung der Luftwaffe, Abschnitt A, Anhang I" beginnt mit folgenden Worten:

„Die Fl.-Sonderbekleidung und -ausrüstung dient zum Schutz gegen schädliche äußere Einwirkungen auf den Körper und zur Schonung der Dienstbekleidung gegen die sich für den Träger aus der Eigenart des Sonderdienstes ergebenden Beanspruchungen. Es muß daher größter Wert auf einwandfreie Herstellung und beste Materialbeschaffenheit gelegt werden. [...] Herstellungsweise und Materialbeschaffenheit sind in besonderen technischen Lieferbedingungen festgelegt, welche für die Auftragserteilung bindend sind. Die nachstehenden Baumuster und Beschreibungen dienen als Unterlagen hierfür. [...]

Abnahme:
Die Übereinstimmung der gelieferten Sonderbekleidungs- und Sonderausrüstungsstücke mit den besiegelten Proben und Baumustern bzw. Beschreibungen ist bei der Abnahme eingehend zu prüfen." [4]

Als Teil dieser Sonderausrüstung wurde das Flieger-Kappmesser nach Fertigstellung in den Fabriken durch die Abnahmestellen des Waffenamtes der Luftwaffe (W.A.Lw) geprüft. Für die Abnahme übertrug man die technischen Lieferbedingungen (inklusive Zeichnungen) auf Standard-Prüfbögen.

Zur Durchführung der Abnahme unterstanden dem jeweiligen Waffenamt eine bestimmte Anzahl an stempelführenden Abnahme-Inspizienten [in der Literatur auch oft Waffenrevisoren genannt]. Die Beamten des wesentlich komplexer organisierten Heereswaffenamtes waren Abteilungsleiter; ihnen unterstanden weitere untergeordnete Beamte und Arbeiter, die die handwerklichen und administrativen Aufgaben der Abnahme durchführten.

Ob dies auch bei der Luftwaffe der Fall war, ist unbekannt. Der Umfang der Abnahme-Inspizientenbereiche war sehr verschieden und umfasste oft mehrere Rüstungsinspektionsbezirke. Teilweise waren Abnahmestellen auch bei den Firmen selbst eingerichtet.[5]

Die Flieger-Kappmesser beider Solinger und des Steinbacher Herstellers wurden trotz der Ent-

[3] Vgl. Kapitel 9
[4] L.Dv. 422 (1938), S. 5, siehe Baumuster in Kapitel 3.2.2
[5] Vgl. Leeb (1958), S. 20–22; Görtz, Wacker (2005), S. 401

fernung von 350 Kilometern nahezu ausschließlich durch den Inspizienten 5 abgenommen. Abweichend davon sind nur drei Messer der Firma F & A Helbig bekannt, die den Stempel des Inspizienten 8 tragen. Dieser könnte den Raum Steinbach abgedeckt und eine Abnahme stellvertretend durchgeführt haben.

Zudem gibt es Messer mit einem eingeschlagenen „S" anstelle des Abnahmestempels.[6] Die Bedeutung dieser Markierung konnte bisher nicht geklärt werden. Allein aufgrund der Position könnte es sich ebenfalls um einen Inspizientenstempel handeln. Möglicherweise erfolgten Abnahmen nicht nur durch Beamte der Luftwaffe.[7]

Da viele andere Blankwaffen der Luftwaffe ebenfalls vom Inspizienten 5 abgenommen wurden, kann davon ausgegangen werden, dass diese Teilstreitkraft ihre Abnahmen weniger gebiets- sondern eher produktspezifisch organisierte.

Anders als bei komplexeren Handwaffen wurden beim Flieger-Kappmesser sicherlich keine amtlichen Zwischenprüfungen der Güte des Materials bzw. Unterabnahme von Bauteilen der Zulieferer durchgeführt. Dieser Nachweis wurde durch die firmeninterne Qualitätskontrolle und die Ablage entsprechender Dokumente bzw. Nachweise der (Stahl-)Lieferanten erbracht.

Die Güteprüfung erfolgte sehr wahrscheinlich anhand von Stichproben, ähnlich wie im Jahre 1956 bei den ersten Bundeswehr-Kappmessern. Hier wurde in Raten von 1.000 Stück geprüft. Von jeder Rate wurden 10 Kappmesser entnommen und der Prüfung unterzogen. Stellte man hierbei fest, dass zwei Exemplare die Anforderungen nicht erfüllten, so entnahm der Inspizient eine weitere Stichprobe von 20 Stück. Bei zwei weiteren mangelhaften Messern erfolgte die Zurückweisung der gesamten Rate von 1.000 Stück.

Die Prüfung der (per Baumuster) in der L.Dv. 422 festgelegten Konstruktion, Materialstärken und Maße der Einzelbauteile erfolgte mit handelsüblichen Messinstrumenten. Zusätzlich mussten die Werksatteste über den zur Verwendung gelangten, rostfreien Stahl vorgelegt werden.[8]

Das zusammengesetzte Flieger-Kappmesser wurde zudem einer Funktionsprüfung als Endabnahme unterzogen. Dabei mussten gemäß L.Dv. 422, Abschnitt A, Anhang I, Nr. 41 folgende Parameter abgeprüft werden:

- Störungsfreies Vor- und Zurückgleiten der Klinge im Metallkasten,
- fester Halt der Klinge im Messerheft durch Zapfen und Schlitz,
- Feststehen der Klinge in Offenstellung,
- Umlegbarkeit des „Aufreibers" – der Ahle,
- fester Halt des Aufreibers in Ruhe- und Gebrauchsstellung,
- vollständige Einbettung der Aufreiberspitze in die Holzschalen,
- Prüfung der Flachfedern auf Rissbildung vor allem im Bereich der Vernietung (sehr wahrscheinliche Prüfung aufgrund der häufigen Federbrüche).

In Zweifelsfällen konnte die Abnahmestelle eine Nachprüfung durch eine amtliche Materialprüfanstalt auf Kosten des Lieferanten verlangen. Dazu waren mindestens fünf Flieger-Kappmesser notwendig. Im Übrigen konnte der Hersteller bei nicht erkannten Fehlern noch bis zu vier Monate nach Übernahme durch die Truppe zur Abstellung nachträglich festgestellter Mängel herangezogen werden.[9]

Im Anschluss an eine zufriedenstellende Abnahme wurde der Stempel des Abnahme-Inspizi-

[6] Vgl. Pattarozzi (2006), S. 106–110
[7] Vgl. Kapitel 14.4
[8] Vgl. Leeb (1958), S. 20–22; VTL 1095-002 (1956)
[9] Vgl. L.Dv. 422 (1938), S. 5

enten bei allen Kappmessern des Loses in die Angel des Aufreibers eingeschlagen. Von jedem Inspizientenstempel existierte ein Musterabdruck auf einer Zinkplatte mit den persönlichen und dienstlichen Daten des Stempelführers. Stempel mussten bei Unbrauchbarkeit oder bei zukünftiger Wahrnehmung anderer dienstlicher Aufgaben (nicht bei Versetzung zu einer anderen Dienststelle) an den ausgebenden Oberrevisor zurückgegeben werden. Alle Vorgänge in Verbindung mit einem Stempel wurden in einer eigenen Akte festgehalten.[10]

Beim Flieger-Kappmesser sind zwei Arten von Inspizientenstempeln bekannt:

- Reichshoheitsadler der Reichswehr (Inspizient 5 – nur auf SMF-Messern),
- Reichshoheitsadler der Luftwaffe der Wehrmacht (Inspizient 5 – alle drei Hersteller und Inspizient 8 – nur auf F & A-Helbig-Messern).

Wie bereits zuvor erwähnt, wird vermutet, dass es sich bei der „S-Stempelung" ebenfalls um einen Abnahmestempel handelt. Das „S" findet sich lediglich auf SMF-Typ-II-Messern.

Zum heutigen Zeitpunkt lässt sich nicht mehr nachvollziehen, wann genau die Form des Reichshoheitsadlers wechselte. Es ist lediglich bekannt, dass die Reichswehr im März 1935 offiziell in „Wehrmacht" umbenannt wurde. Man muss davon ausgehen, dass die Abnahmestempel nicht über Nacht ersetzt, sondern „aufgebraucht" und Zug um Zug ausgetauscht wurden. Da sehr wenige Messer mit der Reichswehrpunze existieren, vermutet Pattarozzi, dass der Stempel des Inspizienten 5 um die Jahreswende 1937/38 gegen den Wehrmachtsstempel getauscht wurde.[12]

Es ist jedoch denkbar, dass dies bereits etwas früher erfolgte und die wenigen vorhandenen Exemplare Vorserienmodelle sind. Ein Hinweis darauf findet sich im weiteren Verlauf dieses Buches.[13]

Die in mehr als 95 % der Fälle zu findenden Abnahmestempel mit Luftwaffenadler unterscheiden sich teilweise in Größe und Form voneinander. Bei Paul-Weyersberg-Typ-I-Messern sind sie in selteneren Fällen sehr klein.[14]

Ebenso ist ein SMF-Typ-II-Messer mit einem recht großen, fast quadratischen Stempel bekannt.[15]

Abbildung 6: Abnahme-Inspizientenstempel 1937 – 1945

[10] Vgl. Görtz, Wacker (2005), S. 401
[11] Vgl. Pattarozzi (2006), S. 57 und 107
[11] Vgl. Pattarozzi (2006), S. 57 und 107
[12] Vgl. Pattarozzi (2006), S. 53
[13] Vgl. Kapitel 3.2.1
[14] Neueste Erkenntnisse legen nahe, dass es sich dabe um späte Typ-I-Messer handelt.
[15] Diese Messer waren zweifelsfrei Originale.

Abbildung 7: Vier verschiedene Stempel der Abnahme-Inspizienten

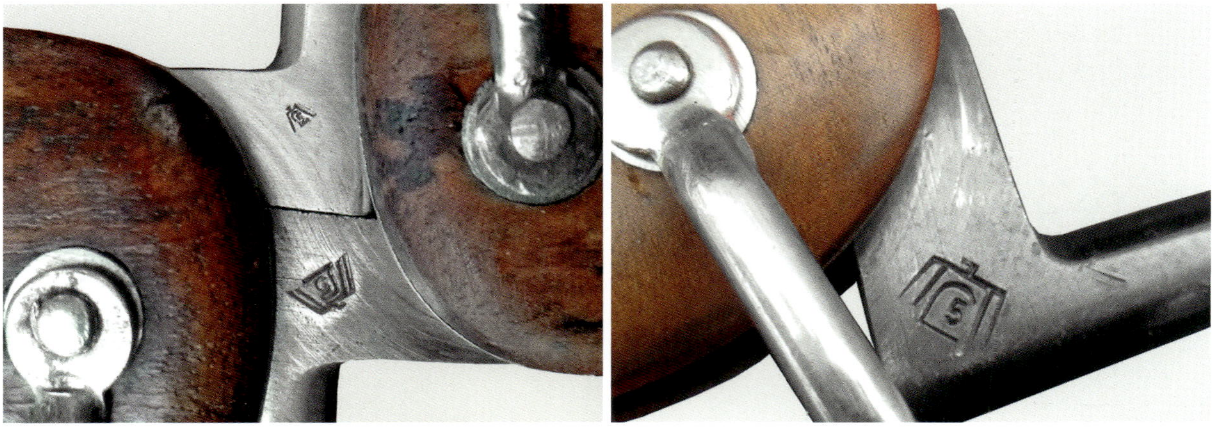

Abbildung 8: Verschiedene Stempelgrößen (von links: Weyersberg-Typ-I-Messer, SMF-Typ-II-Messer)

2.3 Solinger und Leegebrucher Montagehilfen

Bestimmte Teile der Solinger Flieger-Kappmesser tragen Nummern, deren Bedeutung bisher nicht exakt geklärt wurde. In diesem Kapitel erfolgt zunächst eine Darstellung der sichtbaren Besonderheiten. Der Autor erklärt anschließend, warum es sich hierbei wahrscheinlich um Montagehilfen handelt. Im Osten Deutschlands verwendete lediglich die Genossenschaft der Messerschmiede Legebruch nach dem Krieg eine ähnliche Form der Markierung.

Alle Solinger Typ-I- und Typ-II-Messer lassen sich anhand der Nummernstempel bedingt voneinander unterscheiden. Bei den nicht zerlegbaren Exemplaren beider Hersteller sind insgesamt drei Baugruppen nummeriert; es gibt nahezu keine Unterschiede in der Position der Nummern auf SMF- und Paul-Weyersberg-Messern (Abb. 9).

Das Griffunterteil (1) und die Klinge (2) dieser Messer sind immer nummerngleich. Die Nummer auf der Unterbaugruppe „Klingenverriegelung“ (1.1) als Teil des Griffunterteils weicht grundsätzlich immer von dieser einheitlichen Nummerierung ab. Dies fällt vor allem bei den Typ-II-Messern auf, bei denen alle (Unter-)Baugruppennummern durch Zerlegen relativ einfach zugänglich sind.[16] Bei den SMF-Typ-II-Messern bleibt diese Besonderheit bis zirka 1968 bestehen. Vor dem Kauf eines Typ-II-Messers lohnt es sich, dieses Detail zu beachten, da sehr gute Fälschungen oder reparierte Originale existieren, die vollständig nummerngleich sind.

Abbildung 10 zeigt den einzigen Unterschied bezüglich der Stempelungen auf Typ-I-Baugruppen beider Hersteller. Bei SMF ist die Nummer auf dem Nocken der Flachfeder auf der rechten und bei Paul Weyersberg auf der linken Seite eingeschlagen (siehe auch Abbildung 12 → 2 x SMF- und 1 x Paul-Weyersberg-Flachfeder). Diese Eigentümlichkeit bleibt auch nach der Umstellung auf das zerlegbare Modell bis zum vorläufigen Ende der Produktion im Jahre 1944/45 bestehen.

Die folgenden Abbildungen geben zusammenfassend einen Überblick über die Position und Charakteristika der Typ-I-Stempelungen beider Solinger Hersteller. Da die exakte Position und Ausrichtung der Nummern und Zahlen von Messer zu Messer variieren, müssen sie einzeln per Hand eingeschlagen worden sein. Sie sind ein- bis maximal vierstellig (die höchste bekannte Nummer ist 1.954). Charakteristisch für die Typ-I-Modelle ist die Ziffer „3“, welche meist im oberen Bereich abgeflacht ist.

Nummer	Kurzbezeichnung	Bauteile	Position der Nummer
1	Griffunterteil	Abdeckplatte, Metallkasten, Metallkopfunterteil, Flachfeder des Aufreibers	Innenfläche der Abdeckplatte, unten
1.1	Klingenverriegelung (Unterbaugruppe)	Flachfeder	1. seitlich am Nocken: SMF rechts, Weyersberg links 2. mittig an Hebelunterseite
2	Klinge	Klinge, Zapfen	oberhalb des Zapfens

Abbildung 9: Nummerierung der (Unter-)Baugruppen der Typ-I-Messer

[16] Vgl. Pattarozzi (2006), S. 97, 137; Anmerkung: Bei den dort erwähnten nummerngleichen Messern (10 %) handelt es sich um die sehr guten CZ-Kopien (siehe Kapitel 11.3). Pattarozzi war sich deren Existenz nicht bewusst.

Abbildung 10: Nummer auf der oberen Flachfeder (SMF links/Weyersberg rechts)

Abbildung 11: Nummern auf Typ-I-Messern (SMF, Nocken rechts gestempelt)

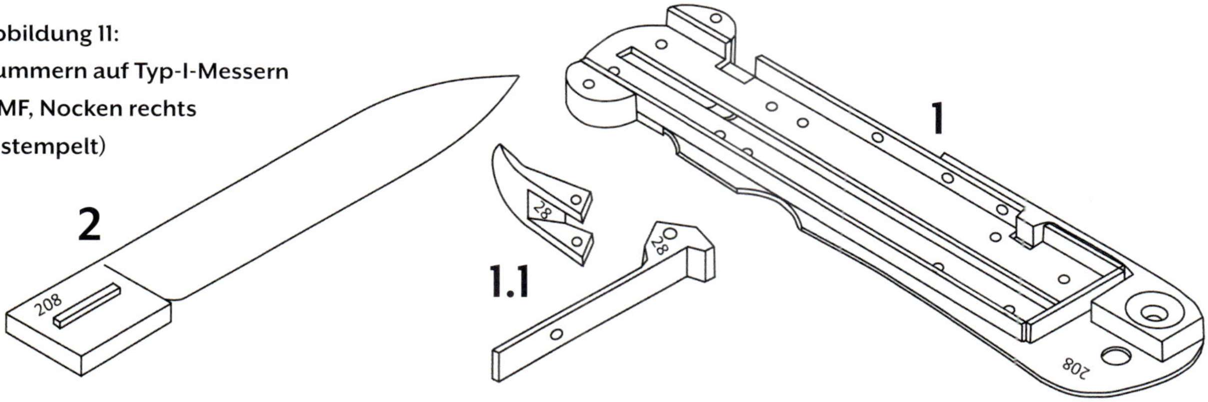

Abbildung 12: Nummern auf Baugruppen des Typ I

Die Schriftart der Nummern verschiedener Messer ist zwar in der Regel identisch, jedoch kann die Schriftgröße stark (von 2,5 bis 5,0 mm) variieren. Bei den nummerngleichen Baugruppen ein und desselben Messers gibt es jedoch keine Unterschiede. Das Bild links unten zeigt eindeutig, dass diese Tatsache sogar für die individuelle Ausrichtung der Nummern gilt.

Bei dem dargestellten SMF-Typ-I-Messer sind die Montagehilfen auf Griffunterteil und Klinge (jeweils Nummer 679) auf beiden Komponenten diagonal und nicht waagerecht eingeschlagen. In diesem Fall verwendete man für die 6 und 9 das gleiche Schlagwerkzeug, welches schon sehr abgenutzt war (diese Besonderheit zeigt sich auf Klinge und Abdeckplatte). Unter Vorwegnahme der Folgerungen am Ende des Kapitels beweist die Verwendung dieses zusätzlichen, visuellen Hilfsmittels, dass dem nächsten Werksarbeiter mit der Stempelung die Zusammengehörigkeit der Teile angezeigt werden sollte.

Mit Einführung der Typ-II-Messer gab es Erweiterungen beziehungsweise Veränderungen der Nummerierung. Die Exemplare beider Firmen haben nun zusätzlich eine Nummer auf dem Unterteil des abnehmbaren Metallkopfes (Baugruppe 3) eingeschlagen.

Paul Weyersberg & Co. behält ansonsten die Position aller Typ-I-Nummern bei. Er markiert jedoch zusätzlich die obere Abdeckplatte (Baugruppe 4 – Griffoberteil), welche nun mit der zusätzlichen Flachfeder vernietet wird, die später den Metallkopf hält. SMF verzichtet vollständig auf die Nummerierung des Griffoberteils und ändert zudem die Position der Nummer auf dem Griffunterteil (Baugruppe 1).

Die Nummer befindet sich nun oben auf der Innenfläche des Metallkastens und nicht mehr auf der angenieteten, unteren Abdeckplatte. Sie ist nun wesentlich einfacher zugänglich. SMF behält die Positionierung dieser Nummern grundsätzlich bis zum Ende der Produktion gegen Mitte/Ende der 1960er-Jahre bei. Lediglich die Montagehilfe auf dem Nocken wechselt von der rechten auf die linke Seite. Erst die Typ-IV-Messer der Bundeswehr sind nicht mehr nummeriert.

Abbildung 13: Nummerngleiche Typ-I-Montagehilfen (oben SMF, unten Weyersberg)

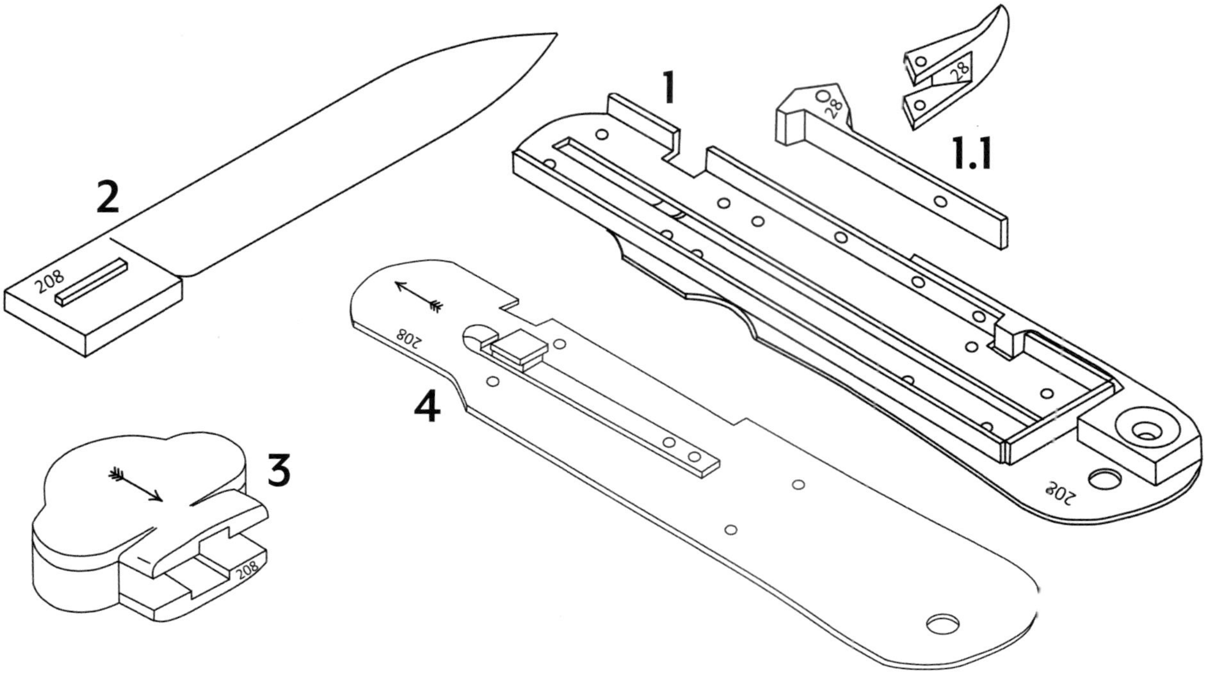

Abbildung 14: Nummernstempel des Paul-Weyersberg-Typ-II-Messers

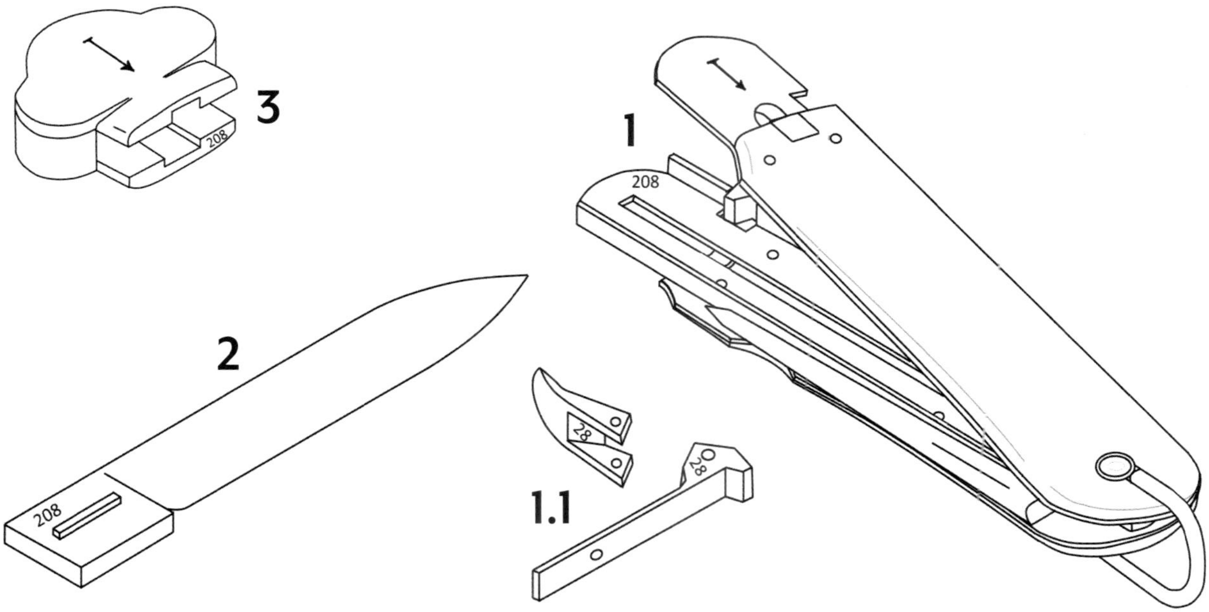

Abbildung 15: Nummernstempel des SMF-Typ-II-Messers

Abbildung 16: Nummerierung der Paul-Weyersberg-Typ-II-Messer

Abbildung 17: Nummerierung der SMF-Typ-II-Messer

Auch die Schriftgröße und -art verändert sich mit Einführung des zerlegbaren Modells teilweise. Die Ziffer „3" ist nun vor allem bei den Paul-Weyersberg-Messern im oberen Bereich rund. Die Schriftgröße dieser Messer erscheint etwas kleiner als zuvor. Position und Ausrichtung der Zahlen und Nummern beider Hersteller variieren weiterhin leicht.

Dies sind die sichtbaren Details dieser markanten Stempelungen. Es gibt einige Vermutungen über deren Sinn und Zweck. Es kann ausgeschlossen werden, dass es sich um fortlaufende Seriennummern handelt, da sie über den gesamten Produktionszeitraum mehrfach vergeben wurden. Bei einer geschätzten Gesamtzahl von mindestens 350.000 Stück sind sie zudem maximal vierstellig. Da Schriftart und -größe der Stempel aller zusammengehörigen Baugruppen (bzw. Bauteile → siehe Unterbaugruppe „Klingenverriegelung") eines Messers identisch sind, liegt es nahe, dass diese Nummern erst bei den beiden Herstellern eingeschlagen wurden.[17] Abbildung 13 beweist, dass man bei nummerngleichen Teilen dazu denselben Schlagstempelsatz verwendete.

Der anschließende Erklärungsversuch des Autors beruht des Weiteren auf folgenden Tatsachen. Die Produktionsverfahren der Flieger-Kappmesser waren zwar bereits sehr fortschrittlich, es gab jedoch zunächst zwei, später drei „lose" Baugruppen, die individuell angepasst werden mussten: Griffunterteil mit bereits montierter Klingenverriegelung, Klinge und Metallkopf (Typ II).

Dies ist vor allem am Klingensockel zu erkennen. Hier wurde entweder passgenau geschliffen oder ein vorhandener Spalt zwischen Flachfeder und Klinge per Hammerschlag ausgeglichen, um den optimalen Sitz der Klinge sicherzustellen.[18] Beim Typ-II-Modell lässt sich zudem die individuelle Anpassung des Metallkopfes recht einfach nachweisen. Tauscht man die Metallköpfe zweier Messer aus, so bleiben die Klingen unter Umständen beim Öffnen im Heft stecken. Zudem ist anhand der Spaltmaße erkennbar, dass es sich nicht um den zum Heft gehörigen Kopf handeln kann. Dies zeigt recht eindeutig, dass es sich bei diesen Nummern um Montagehilfen handelte, die gewährleisten sollten, dass diese passgenauen Teile bei der Endmontage nicht verwechselt wurden.

Nachdem Druckhebel und Flachfeder jeweils die gleiche Nummer eingeschlagen haben, mussten wohl auch diese beiden Rohlinge individuell aufeinander angepasst werden. Die Markierung ordnete anschließend jedem Druckhebel die eine, passgenaue Flachfeder zu. Da sich diese Nummer jedoch immer von denen der anderen Baugruppen unterscheidet, handelt es sich offensichtlich um eine universell zu verbauende Unterbaugruppe. Etwaige Ungenauigkeiten der Maße wurden allein durch die spätere Anpassung der Klinge an den Griff beseitigt.

Es muss sich um eine regelrechte Massenproduktion gehandelt haben, bei der sich gleichzeitig viele Komponenten mehrerer Messer an einem Arbeitsplatz befanden, so dass man bei beiden Solinger Herstellern entsprechende Montagehilfen verwendete. Aufgrund der identischen Position der Stempel wird zumindest der Typ-I-Produktionsprozess beider Solinger Firmen mindestens vergleichbar oder sogar identisch gewesen sein.

Mit den Aussagen dieses Kapitels im Hinterkopf wird es später möglich sein, den Herstellungsverlauf in groben Zügen zu rekonstruieren. Zuvor ist es jedoch notwendig, mit der Beschreibung der Konstruktion des Flieger-Kappmessers eine weitere Grundlage zum besseren Verständnis dieser weiterführenden Aussagen zu schaffen.

[17] Vgl. Pattarozzi (2006), S. 97–98
[18] Vgl. Pattarozzi (2006), S. 137

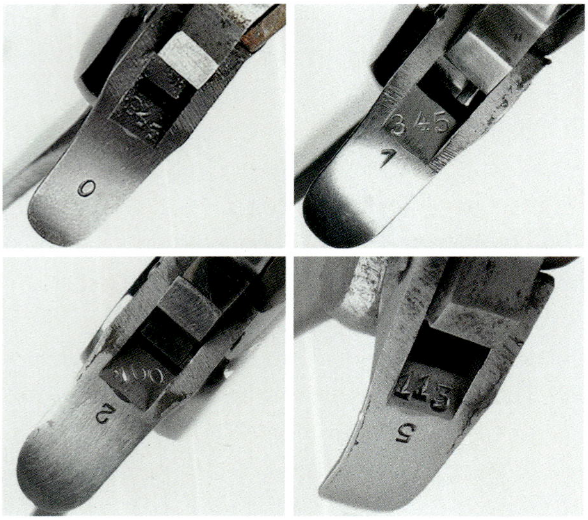

Abbildung 18: Zusätzlich auf dem Druckhebel eingeschlagene Zahl von 0 bis 5

Mit dem Kapitel 3.2.5 wird anschließend der Kreis geschlossen. Es enthält weitere eindeutige Hinweise, dass die zuvor geschilderte Theorie des Autors korrekt ist.

Abschließend sei erwähnt, dass einige SMF-Messer (definitiv vor 1945) auf dem Druckhebel oberhalb der Montagehilfe eine zusätzliche, einstellige Nummer zwischen 0 und 5 eingeschlagen haben. Die Bedeutung dieser Nummer im Rahmen des Herstellungsprozesses ist unbekannt.[19]

F & A Helbig: Abweichend zu der zuvor beschriebenen Solinger Vorgehensweise ist bei den Modellen des Steinbacher Herstellers F & A Helbig lediglich eine manuell gravierte Nummer auf der Innenfläche der unteren Abdeckplatte vorhanden. Es handelt sich um dieselbe Position, die beide Solinger Hersteller ursprünglich für ihre Baugruppe 1 vorsahen. Die höchste bekannte Nummer ist die 7.719. Da die Klinge nicht nummeriert ist, kann man von einem wesentlich rudimentäreren und manuelleren Produktionsprozess ausgehen. Bei dieser Zahl müsste es sich daher tatsächlich um eine echte Seriennummer handeln.

Genossenschaft der Messerschmiede Leegebruch – GML: Lediglich auf dem Druckhebel des Leegebrucher NVA-Messers[20] aus den 1960er-Jahren befindet sich ein aus Punkten und Strichen bestehender Code. Dieser dient ebenfalls zur Markierung aufeinander angepasster Teile eines individuellen Messers.

Abbildung 19: Typ I – gestanzte oder gravierte Nummer (SMF vs. F & A Helbig)

[19] Vgl. Pattarozzi (2006), S. 103–104; Die Stichprobe enthielt auch vier Weyersberg-Messer, welche jedoch ggf. mit einem SMF-Ersatzteil repariert wurden. Ein SMF-Messer hatte eine 0 über einer 2 eingeschlagen.

[20] Siehe Kapitel 10

Abbildung 20: Punkte und Striche auf GML-Druckhebeln

Derzeit sind nur vier verschiedene Zeichen (Punkt, Längsstrich, Querstrich, diagonaler Strich) bekannt, die durchaus mehrfach verwendet wurden. So zeigt der äußerste linke Hebel einen Punkt mit zwei Querstrichen.

Ein Blick ins Innere dieser Messer zeigt, dass auch der Metallkasten, die obere Abdeckplatte (jeweils unterhalb der unteren, linken Niete) sowie beide Flachfedern mit diesen Zeichen versehen waren.

Da zum jetzigen Zeitpunkt nur Kombinationen aus drei Zeichen aufgetaucht sind, konnte man wohl maximal 64 Komponenten/Messer voneinander unterscheiden. Möglicherweise waren auch Kombinationen aus mehr als drei Zeichen möglich. Dennoch war es so kaum möglich, mehrere hundert Messer individuell zu markieren. Die Losgrößen waren also sehr klein.

Auf den Malsch & Ambronn-Messern der frühen Nachkriegsgeschichte und den 1970/80er-Typ-IV-Messern finden sich gar keine Montagehilfen. Im Fall der Typ-IV-Modelle resultiert dies aus der Tatsache, dass SMF bereits 1943 begann, universell verwendbare Griffe herzustellen, was eine individuelle Zuordnung von Komponenten eigentlich unnötig machte. Lediglich die Klingen mussten im letzten Arbeitsschritt auch bei den Typ-IV-Messern weiterhin an den Griff angepasst werden und sind unter Umständen nicht ohne weiteres untereinander austauschbar.

Abbildung 21: Punktmarkierungen im Inneren des GML-Messers

2.4 Richtungspfeile

Mit Ausnahme einzelner Weyersberg-Übergangsmodelle[21] tragen alle zerlegbaren Kappmesser von 1943 – 1984 Richtungspfeile jeweils außen auf der oberen Abdeckplatte und dem Metallkopf. Zwischen 1943 – 1945 sind zwei Pfeilformen und Anordnungen bekannt:

- SMF: Pfeil ohne Befiederung, Pfeilspitzen zeigen in die gleiche Richtung,
- Weyersberg: Pfeil mit Befiederung, Pfeilspitzen zeigen aufeinander zu.

Um das freie Gleiten der Klinge im Schlitz bis in die vorderste Position zu garantieren, war es nicht möglich, beide Innenflächen des Metallkopfes mit der Einrastfunktion in den Griff zu versehen (dies wäre zudem nicht effizient gewesen). Die zusätzlich montierte Flachfeder der oberen Abdeckplatte rastet daher nur in den Metallkopf ein, wenn dieser richtig herum aufgeschoben wird. Dazu müssen beide Pfeile beim Aufschieben des Metallkopfes sichtbar sein.

Der Pfeil auf dem Metallkopf zeigt bei beiden Firmen nach unten in Schubrichtung; dagegen haben die Pfeile auf der Abdeckplatte eine unterschiedliche Ausrichtung. Weyersberg wollte mit der entgegengesetzten Anordnung der Pfeile wohl ausdrücken, dass ein entsprechender Gegendruck auf den Griff ausgeübt werden sollte. SMF kopierte den nach unten zeigenden Pfeil unverändert auf die Abdeckplatte.

Aufgrund dieser Unterschiede können diese Pfeile unter anderem zur Identifikation von Fälschungen verwendet werden. Tatsächlich sind Fälschungen mit Weyersberg-Richtungspfeilen und SMF-Klingen bekannt.[22]

Die Solinger Typ-II-Nachkriegsmodelle verschiedener Hersteller tragen nur noch den SMF-Richtungspfeil. Für den Autor ist dies ein erster Hinweis darauf, dass SMF ab 1950 inkognito auch Messer für andere Solinger Firmen, wie zum Beispiel Gebr. Weyersberg und Carl Eickhorn, produzierte. Diese Theorie wird im Verlauf des Buches an entsprechender Stelle erneut aufgegriffen.

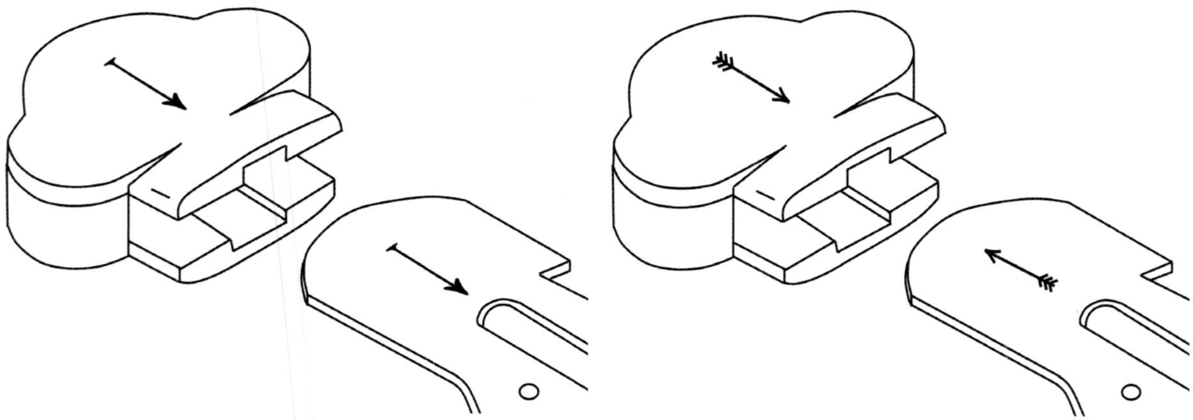

Abbildung 22: Pfeile auf SMF-Typ-II (links) und Weyersberg-Kappmessern

[21] Siehe Kapitel 4.4
[22] Siehe Kapitel 11.3

3 | DAS SMF-MODELL – ENTWICKLUNG DES FLIEGER-KAPPMESSERS

Wer heutzutage ein originales Kappmesser sucht, wird in über 75 % der Fälle auf ein Modell der „Solinger Metallwaren-Fabrik Stöcker & Co." (auch: SOMEFA) stoßen.[23] Das folgende Kapitel enthält wesentliche Hinweise darauf, dass die Burgstraße 101 in Solingen der Geburtsort des Flieger-Kappmessers ist. Tatsächlich produzierte SMF als einziger Hersteller diesen Messertyp durchgängig von 1936 bis etwa 1968. Doch wer war Ernst Stöcker wirklich?

SMF SOLINGEN

3.1 SMF – Solinger Metallwaren-Fabrik Stöcker & Co.

Die Familie Stöcker stammt aus der Gehöftgruppe Wietsche bei Leichlingen im Süden von Solingen. Vater Hermann (1817 – †) heiratete in den 1860er-Jahren die 23 Jahre jüngere Rosina Jansen und verdingte sich in Solingen als Tagelöhner. Ernst Stöcker sen., geboren am 30. November 1874 in Solingen-Höhscheid, wuchs somit in ärmlichen Verhältnissen auf. Mitte der 1890er-Jahre ehelichte der gelernte Vergolder seine erste Frau Bertha und gründete im Jahre 1897 die Solinger Metallwaren-Fabrik in der Nordstraße 24, Solingen.[24] In diesem Jahr kam auch seine erste Tochter Anna zur Welt; kurz danach folgten Sohn Hermann (1899 – 1974) und Tochter Martha (1901 – †).[25] 1905 trug Stöcker sein Unternehmen als GmbH ins Solinger Handelsregister ein. Zweiter Geschäftsführer war der Fabrikmeister Hugo Eickholz.[26] Drei Jahre später brachte Bertha Stöcker den zweiten Sohn Ernst jun. (1908 – †) zur Welt.

Abbildung 23: Ernst Stöckers Fabrik (geplante Größe) und Villa (rechts) um 1927

[23] Vgl. Pattarozzi (2006), S. 40
[24] Vgl. Bauermann (2012)
[25] Vgl. Bauermann (2012)
[26] IHK-Mitteilung 1905

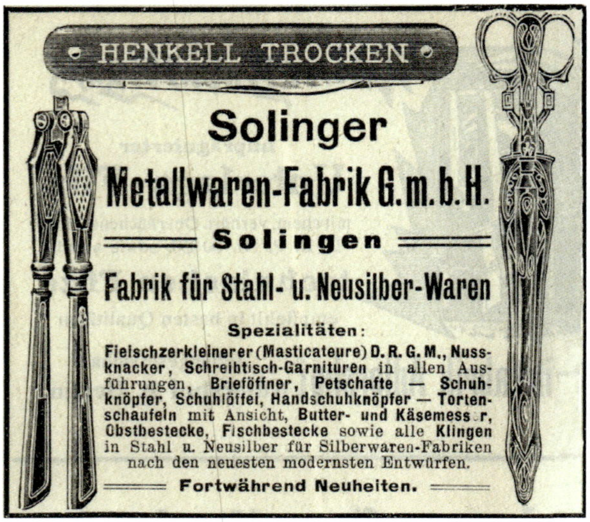

Abbildung 24: Werbeanzeige der Solinger Metallwaren-Fabrik G.m.b.H. (1908)

Abbildung 25: Werbeanzeige mit neuem Firmenlogo (vor 1938)

SMF expandierte schnell und 1910 entstand der neue Firmensitz in der Burgstraße 101. Bis zum Konkurs in den 1970er-Jahren produzierte man in diesem zweigeschossigen Gebäude. Wie zuvor zu sehen, war der Bau ursprünglich mit vier Stockwerken wesentlich größer geplant. 1911 erblickte die dritte Tochter Margaretha das Licht der Welt. Das Markenzeichen des sitzenden Königs wurde am 21. Mai 1921 beim Deutschen Patentamt angemeldet.

Stöckers ältester Sohn Hermann immigrierte mit seiner Ehefrau um 1924 in die USA, um dort das Exportgeschäft aufzubauen. Im Dezember 1924 registrierte er das Markenzeichen auch in den USA. Die Brüder Köster, jüdische Einwanderer aus Wattenheim, übernahmen mit ihrer New Yorker Firma „Adolf Kastor & Bros" (heute: Camillus Cutlery Company) den Vertrieb in den USA. Zu diesem Zeitpunkt verkaufte SMF unter ihrem markanten Logo: Rasierer, Rasierhobel und -klingen, Bestecke, Haarspangen, Fleischer- und Küchenmesser, Scheren, Dolche, Säbel, Hobel, Sägen, Feilen und Äxte.[27] Aber auch Federmesser waren Bestandteil des Produktprogramms – SMF stellte Taschenmesser zu Werbezwecken nach speziellen Kundenvorgaben her.[28]

Der jüngere Sohn Ernst jun. verblieb in Solingen und arbeitete später als kaufmännischer Angestellter und Prokurist im väterlichen Betrieb.

Der Betrieb war mit insgesamt drei Abteilungen recht breit aufgestellt:

- **Abt. I**: Fabrikation feiner Stahlwaren für den praktischen Gebrauch, Reklame, Luxus
- **Abt. II**: Fabrikation von Metallwaren aller Art, nach eigenen und eingesandten Entwürfen (die firmeneigene Entwicklungsabteilung)
- **Abt. III**: Kunstgewerbliche Werkstatt für Damaszieren, Oxydieren, Galvanisieren

[27] Vgl. United States Patent Office Trademark Registration 193,006 (Anhang I), 16.12.1924; Strazors.com

[28] Siehe Anhang II

Abbildung 26: Ernst Stöcker sen. mit der jüngsten Tochter Margaretha (ca. 1938)

Abbildung 27:
Luftwaffendolch
der Solinger
Metallwaren-Fabrik

Abbildung 28: Werbeanzeige für US-Markt (ca. 1941)

Stöckers erste Ehefrau Bertha starb Ende der 1930er-Jahre. 1938 erfolgte die Umwandlung in eine Kommanditgesellschaft, mit dem Kaufmann Artur Hartkopf, Stöckers 43-jährigem Schwiegersohn (Ehemann von Anna), als zweitem Gesellschafter.[29] In den 30er-Jahren begann ebenfalls die Herstellung diverser Blankwaffen für militärische und politische Organisationen des Nazi-Regimes.

Das Vorhaben, das Exportgeschäft in den USA aufzubauen, war vermutlich spätestens mit Kriegseintritt der USA gescheitert. Hermann verblieb jedoch mit seiner Familie in Amerika. Sein Sohn Ralph (1925–2010) diente sogar ab Ende 1943 auf der *USS Sellstrom* – ein Zerstörer der US Coast Guard, der US-Navy-Schiffe und Konvoys gegen Angriffe deutscher U-Boote schützte.[30] Bald erreichte der Krieg auch Solingen. Von den schweren Bombardierungen ab November 1944 war die Burgstraße 101 jedoch nicht betroffen. Im Gegensatz zu vielen anderen Solinger und Steinbacher Konkurrenten, die aufgrund der schnell versiegenden Nachfrage nach militärischen Blankwaffen Konkurs anmelden mussten oder von den Besatzern demontiert wurden, existierte SMF nach 1945 weiter.

Der Firmengründer hatte mittlerweile erneut geheiratet. Nach und nach übernahm der jüngste Sohn Ernst jun. die Firma. Sein Vater arbeitete jedoch weiterhin tatkräftig mit.

Nach dem Krieg versuchte SMF durch innovative Ideen neue Märkte zu öffnen. So meldete beispielsweise ein SMF-Oberingenieur 1949 ein Patent auf einen gefederten Schraubenzieher an, der Schlitzschrauben rein mechanisch in die Klinge des Werkzeugs einklemmte (das Alternativprodukt zum magnetischen Schraubenzieher).[31] Hier zeigt sich die grundsätzlich vorhandene Fähigkeit zur Neuproduktentwicklung, die den Fortbestand der Firma sicherte. Anfang der 1950er-Jahre hatte das Unternehmen etwa 100 Mitarbeiter.[32] Das Flieger-Kappmesser wurde nun auf dem zivilen Markt vertrieben.

Ernst Stöcker sen. starb am 24. August 1959 im Alter von 85 Jahren. Das gesamte Erbe ging an seine zweite Ehefrau Grete, die leider ein sehr schlechtes Verhältnis zu den fünf Kindern aus erster Ehe hatte.[33]

[29] Vgl. Anhang II; Weise (2016)
[30] Vgl. Mruck (2017)
[31] Siehe Deutsches Patentamt München, Antragsformular P.A. 107024/Nr. 1604199, 29.12.1949
[32] Vgl. Mruck (2017)
[33] Vgl. Karalus (2017)

Abbildung 29: Ehemaliges, lediglich zweistöckiges Firmengebäude (um 1990)

Die neu aufgestellte deutsche Bundeswehr erhielt gegen 1959/60 leicht modifizierte SMF-Typ-II-Kappmesser zur Erprobung.[34] Im Jahre 1963 konzentrierte sich die Solinger Metallwaren-Fabrik auf die Herstellung von Bestecken und Tafelhilfsgeräten, Messern, Scheren und Maniküreartikeln. Am 18. September 1970 wurde jedoch der Konkurs eröffnet und der Handelsregistereintrag 1974 gelöscht.[34]

Damit konnte sich SMF noch mehr als 25 Jahre nach dem Krieg auf dem Markt behaupten. Dies zeigt die wirtschaftliche Stärke und vor allem auch Größe des Betriebes.

Traurig aber wahr: Der Zwist zwischen Grete Stöcker und den fünf Kindern aus erster Ehe war so groß, dass nach dem Tod der Stiefmutter das gesamte Erbe inklusive Grundstück und Haus an die Stadt Solingen ging.[36]

[34] Vgl. von Halász (2009), S. 177

[35] Vgl. Weise (2016)

[36] Vgl. Karalus (2017)

3.2. Die Entwicklung und Optimierung zwischen 1936–1945

Die Solinger Metallwaren-Fabrik nahm sowohl vor, als auch nach dem zweiten Weltkrieg die führende Rolle bei der Konstruktion des Flieger-Kappmessers ein. Im Folgenden werden die einzelnen Entwicklungsschritte vom Prototypen bis zum zerlegbaren Modell dargestellt.

3.2.1 Die SMF-Konstrukteure werden tätig

Die Beschaffungsbehörde der Wehrmacht trat vermutlich im ersten Halbjahr 1936 mit dem Auftrag zur Entwicklung eines einhändig zu bedienenden Rettungsmessers an die Solinger Metallwaren-Fabrik heran. Wie bei vergleichbaren Projekten könnte dies durch einen Inspizienten erfolgt sein, der sich zur Abnahme eines Loses bestellter Blankwaffen in der Burgstraße 101 befand.[37] SMF produzierte zu diesem Zeitpunkt bereits Fliegerschwerter und -dolche für die Beschaffungsbehörde der Luftwaffe.

Die Entwicklung selbst dürfte relativ schnell abgeschlossen gewesen sein; beispielsweise benötigten Suhler Ingenieure für die gedankliche Konstruktion des Seitengewehrs 42 mit Multifunktionswerkzeug lediglich 14 Manntage.[38] Die SMF-Konstrukteure stellten der Behörde anschließend einen erfolgversprechenden Entwurf vor, der wesentliche Konstruktionsmerkmale eines Taschenmessers aufwies. Wie bereits zuvor erwähnt, fertigte SMF bereits in den 1920er-Jahren Federmesser (Taschenmesser). Die beiden Flachfedern des Kappmessers sind das Herzstück des Mechanismus und für die Konstruktion der Vorserienmodelle war die vorhandene Erfahrung bei der Auswahl und Verarbeitung des Federstahls absolut notwendig.

Die gefertigten Prototypen müssen anschließend durch entsprechendes Versuchspersonal der Luftwaffe – Flugzeugbesatzungen und Fallschirmjäger – erprobt und für tauglich befunden worden sein. SMF erhielt anschließend den Auftrag zur Fertigung des ersten Loses. Die Vorbereitungen zur Aufnahme der Serienproduktion an speziellen Werkzeugmaschinen dürften, wie im Fall der Firma George Ibberson, etwa sechs Monate in Anspruch genommen haben.[39] Dabei kam SMF erneut zu Gute, dass man bereits auf entsprechende Blechprägetechnik zur maschinellen Fertigung der Abdeckplatten und des Metallkastens zurückgreifen konnte.[40]

Abbildung 30: SMF-Typ-I-Messer mit geradem Druckhebel

[37] Vgl. Thiem (2014), S 274
[38] Vgl. Thiem (2014), S. 275
[39] Vgl. Stephens (1981), S. 90
[40] Vgl. Abb. 12, 19: Abdeckplatten weisen aufgrund der verwendeten Stanzmaschinen noch scharfe Kanten auf.

399. R. d. L. u. Ob. d. L. 24. 5. 37. L. D. Nr. 41975/37 IV, 3 b. L.V.Bl. 37/666.

Flieger-Kappmesser.

I. Das gemäß L.Dv. 123 (L.Bekl.N.) S. 29 und 31 als Sonderausrüstungsstück für das fliegende Personal und für Fallschirmschützen vorgesehene Flieger-Kappmesser wird nach Abschluß der Entwicklung hiermit eingeführt.

II. Wegen des planmäßigen und Liefersolls siehe L.Dv. 423 (L.Bekl.V.) Anlage 3 und 4.

Die L.Dv. 422 (L.A.O.) Abschnitt A Anhang I Nr. 45 (Flieger-Kappmesser) wird durch Deckblätter ergänzt.

Abbildung 31: Verwaltungsverfügung L.D. Nr. 41975/37 IV, 3 b. vom 24.05.1937 [41]

Es existieren einige wenige frühe SMF-Kappmesser (ausschließlich) mit dem Abnahme-Inspizientenstempel der Reichswehr. Diese Markierung ist älter als der vornehmlich zu findende Stempel der Wehrmacht. Die ersten Modelle dieser Variante (jedoch nicht alle) sind mit einem Druckhebel ausgestattet, der sehr stark von allen anderen, späteren Modellen und Herstellern abweicht. Er ist flach und es wird schwer gewesen sein, diesen Hebel – vor allem mit Handschuhen – problemlos zu betätigen.

Die Tatsache, dass der Druckhebel kurze Zeit später konstruktiv geändert wurde, bestätigt, dass es eine entsprechende Rückmeldung des Erprobungstruppenteils gegeben haben muss. Es gibt keine Modelle anderer Hersteller, die mit einem solch unzweckmäßig konstruierten Hebel ausgestattet sind. Auch die Verwaltungsverfügung LD Nr. 41975/37 IV, 3b zeigt im Mai 1937 einen gebogenen Druckhebel in der Konstruktionszeichnung.[42]

Das Vorhandensein dieser Variante belegt, dass SMF den Vertrag zur Lieferung der ersten Kappmesser erhalten haben muss.

3.2.2 Mai 1937: Geburtsstunde des Flieger-Kappmessers der Deutschen Luftwaffe

Am 24. Mai 1937 erfolgt die offizielle Einführung des Flieger-Kappmessers (genauer Wortlaut der Verfügung des Luftwaffenverwaltungsamtes → Abbildung 31).

41. Flieger-Kappmesser.

Das Fl.-Kappmesser besteht aus:

1. Klinge	Materialstärke	. . . .	4,20 mm
2. Abdeckplatten	"	. . . .	1,10 mm
3. Metallkasten	"	. . . .	1,10 mm
4. Holzschalen	"	. . . .	5,00 mm
5. Metallkopf			
a) Materialstärke der beiden Backen		. . . .	4,00 mm
b) Gesamtstärke des Metallkopfes		. . . .	14,40 mm
6. Zapfen	Materialstärke	. . . .	3,00 mm
7. Schlitz	Breite des Schlitzes	. . . .	3,20 mm
8. Flachfeder	Materialstärke	. . . .	1,50 mm
	Breite	. . . .	7,00 mm
9. Nocken	Materialstärke	. . . .	8,30 mm
	Breite	. . . .	6,50 mm
10. Druckhebel	Materialstärke	. . . .	10,10 mm
11. Aufreiber	Materialstärke	. . . .	5,50 mm
12. Angel des Aufreibers	Materialstärke		5,50 mm
13. Feder für den Aufreiber	Materialstärke		5,50 mm
14. Niete	Materialstärke	. . . .	4,00 mm
15. Bügel	Materialstärke	. . . .	3,50 mm

Sämtliche Metallteile werden aus rostfreiem Stahl hergestellt

Abbildung 32: Baumuster und Beschreibung des FKM (Auszug aus L.Dv. 422)[43]

[41] Luftw.Verfg.Slg. (1938), Nr. 399

[42] Vgl. Abbildung 34

[43] L.Dv. 422 (1938), S. 72

> Die Klinge gleitet in einem an 3 Seiten geschlossenen und auf der oberen und unteren Breitseite mit Abdeckplatten versehenen Metallkasten mit aufgenieteten Holzschalen. An seinem offenen Ende ist der Metallkasten mit einem verbreiterten Metallkopf versehen. Die Führung beim Gleiten ist durch einen querstehenden Zapfen am unteren Ende der Klinge gegeben, der in einen an dem Boden des Kastens angebrachten Schlitz eingreift. Im geöffneten Zustande wird die Klinge gleichzeitig durch diesen Zapfen im Messerheft festgehalten. Auf der Schmalseite des Metallkastens befindet sich eine gewinkelte Flachfeder, die in der Schließstellung mit ihrem abgebogenen Ende bis an die abgeschrägte Rückenkante der Klinge heranreicht, wodurch ein Herausfallen der Klinge aus dem Metallkasten verhütet wird. In der Offenstellung verhindert das abgebogene Ende der Schließfeder gleichzeitig ein Zurückfallen der Klinge in den Metallkasten und bewirkt mit dem Zapfen, daß die Klinge feststeht.
>
> Das freie Ende der Flachfeder ist als Nocken ausgebildet, an dem ein umlegbarer Druckhebel angebracht ist. Wird der Druckhebel nach oben umgelegt, so wird dadurch das abgewinkelte Ende der Flachfeder aus dem Metallkasten herausgehoben. Dadurch wird die Klinge freigegeben und kann aus der Schließstellung in die Offenstellung und aus dieser wieder in die Schließstellung gleiten. Der Druckhebel ist an dem Messerheft so angebracht, daß er mit der das Fl.-Kappmesser haltenden Hand betätigt werden kann.
>
> Das Fl.-Kappmesser ist ferner mit einem umlegbaren Aufreiber (Ahle) versehen, der in seiner Ruhestellung auf der federlosen Schmalseite des Messerkastens liegt und in der Ruhe- und Gebrauchsstellung mit seiner Angel gegen eine Feder feststeht, die in der Verlängerung der Flachfeder an der Schmalseite des Messerkastens befestigt ist. Der Aufreiber wird von den aufgelegten Holzschalen teilweise verdeckt. Die Spitze ist ganz in die Holzschalen eingebettet. Eine an der unteren Holzschale angebrachte Ausbuchtung ermöglicht es, den Aufreiber herauszuziehen. Der Aufreiber wird mit seiner Angel durch eine kräftige Niete gehalten; diese dient gleichzeitig zur Befestigung eines Bügels.
>
> G e w i c h t: etwa 250 g.

Abbildung 33: Baumuster und Beschreibung des Flieger-Kappmessers[45]

Die Luftwaffendienstvorschrift 422: „Anzugsordnung für die Luftwaffe, Abschnitt A, Anhang I" enthält die Baumuster und Beschreibungen der Flieger-Sonderbekleidung und Sonderausrüstung. Abschnitt II, Nr. 41 gibt die genaue Konstruktion des nicht zerlegbaren Flieger-Kappmessers wieder (Abbildung 32 und 33).

Drei Autoren verweisen unabhängig voneinander auf eine Konstruktionszeichnung des Typ-I-Messers, welche im Luftwaffen-Verordnungsblatt von 1937 auf Seite 296 enthalten gewesen sein soll.[44] Diese Grafik enthält alle 15, in Abbildung 32 beschriebenen Komponenten und ist auf der nächsten Seite abgedruckt. Dem Autor war es nicht möglich, die zuvor erwähnte Konstruktionszeichnung zu lokalisieren. Er bedient sich daher auf der ächsten Seite einer vorhandenen Sekundärquelle. Die direkt im Anschluss an diese Grafik gezeigte Explosionszeichnung ist vom Autor selbst erstellt. Sie gilt für frühe SMF-Typ-I- und Paul Weyersberg & Co.-Messer, aber grundsätzlich auch F & A-Helbig-Flieger-Kappmesser.

[44] Vgl. Pattarozzi (2006), S. 238; von Halász (2009), S. 308, Peter-Michel (2012), S. 14

[45] L.Dv. 422 (1938), S.73

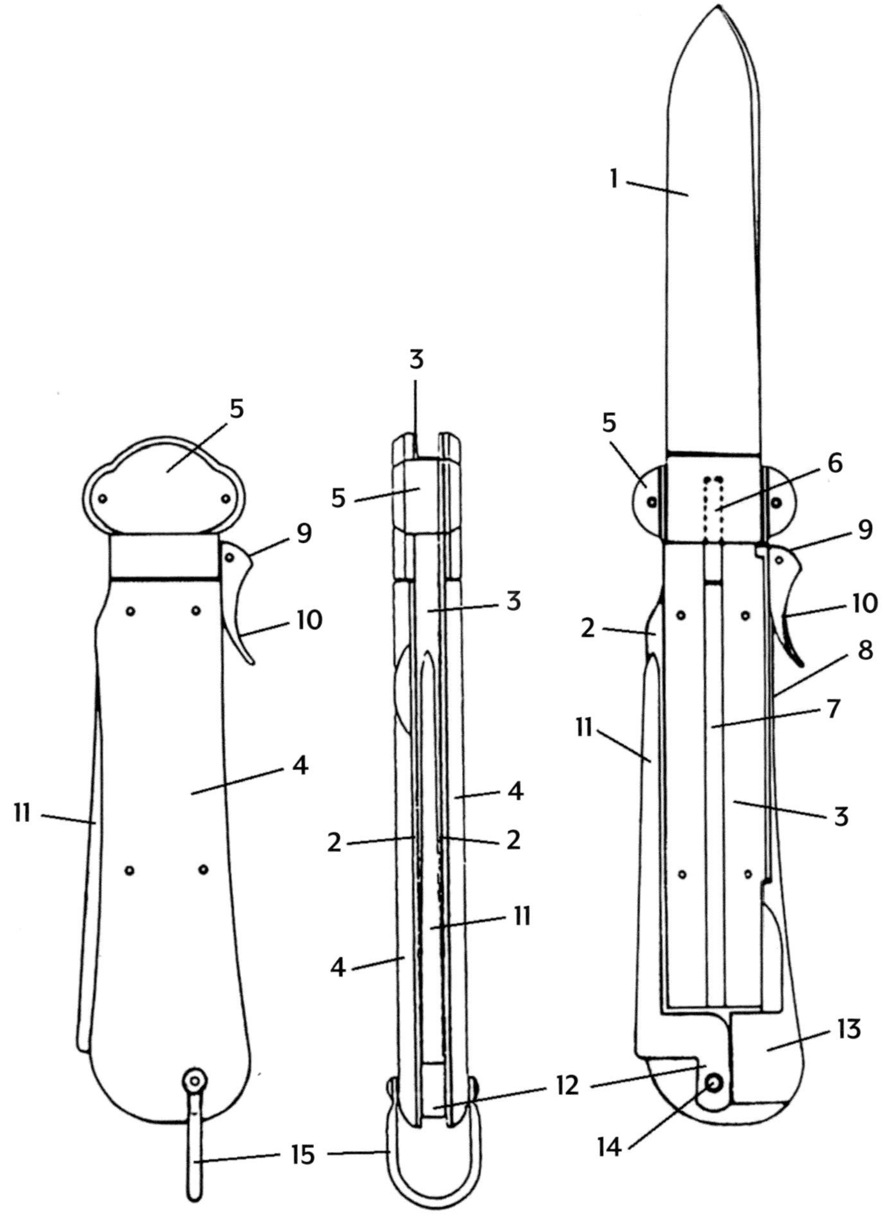

Abbildung 34: Musterzeichnung des Flieger-Kappmessers (1937)

1 | Klinge	6 | Zapfen	11 | Aufreiber
2 | Abdeckplatten	7 | Schlitz	12 | Angel des Aufreibers
3 | Metallkasten	8 | Flachfeder	13 | Feder für den Aufreiber
4 | Holzschalen	9 | Nocken	14 | Niete
5 | Metallkopf	10 | Druckhebel	15 | Bügel

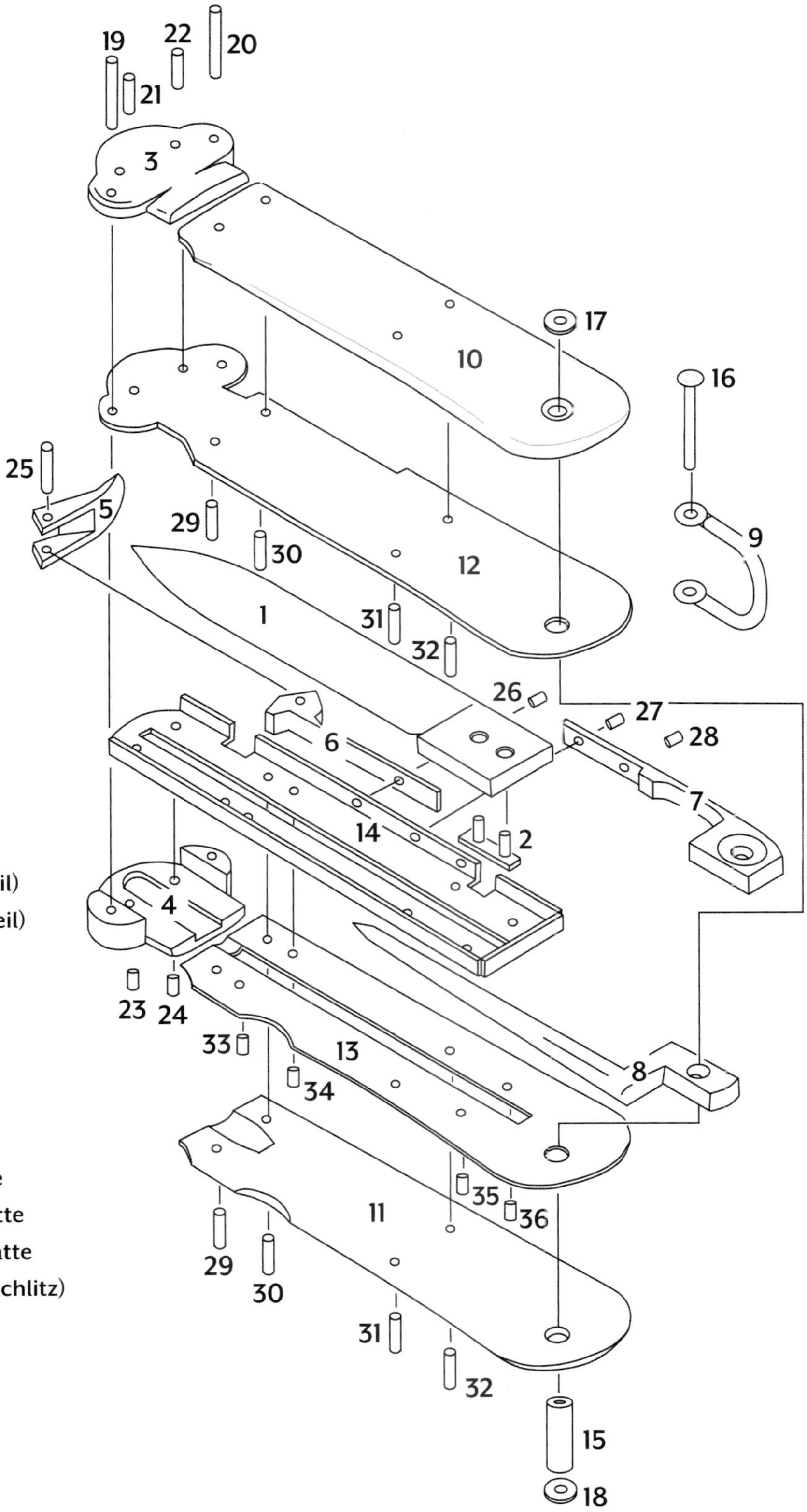

Abbildung 35: Explosionszeichnung des Typ-I-Messers (eigene Grafik)

1	Klinge
2	Zapfen
3	Metallkopf (Oberteil)
4	Metallkopf (Unterteil)
5	Druckhebel
6	Flachfeder
7	Feder für Aufreiber
8	Aufreiber
9	Bügel
10	(obere) Holzschale
11	(untere) Holzschale
12	(obere) Abdeckplatte
13	(untere) Abdeckplatte
14	Metallkasten (mit Schlitz)
15	Spannhülse
16	Niete (des Bügels)
17-18	Unterlegscheiben
19-36	Diverse Nieten

Die L.Dv. 422 beschreibt den generellen Aufbau des Flieger-Kappmessers. Die Genialität der Konstruktion bleibt dem Leser aufgrund des nüchternen Militärjargons jedoch weitestgehend verborgen. Daher soll dieses Dokument zunächst kommentiert und das ursprüngliche Design etwas genauer beleuchtet werden.

3.2.3 Die Genialität der Konstrukteure – wesentliche Designmerkmale

Wie bereits erwähnt, lassen sich in der Konstruktion wesentliche Merkmale eines Taschenmessers erkennen; vor allem die zwei Abdeckplatten mit den aufgenieteten Holzschalen und die beiden Rückenfedern sind die Grundelemente eines jeden Standard-Klappmessers.

Das Design des Aufreibers nutzt das Funktionsprinzip des Taschenmessers vollständig. Er kann in die Fuge des Messerheftes zurückgeklappt werden. Die Klappfunktion wird über ein Rutschgelenk sichergestellt. Die Reibungskraft zwischen Aufreibergelenk und Flach- bzw. Rückenfeder erschwert das unbeabsichtigte Zusammenklappen, verhindert es aber nicht ganz.

Im Gegensatz zum Aufreiber ist die Klinge zwar freigleitend, das Verriegelungsprinzip selbst ist jedoch ebenfalls bei Taschenmessern zu finden. Es handelt sich um eine Rückenfeder-Verriegelung, bei der die mit dem Nocken versehene Flach- bzw. Rückenfeder unterhalb der Klinge (beim Taschenmesser in die Klinge) einrastet und somit das Zurückfallen verhindert.

Die Zahnverriegelung wird gelöst, indem die Flach- bzw. Rückenfeder durch Betätigen des Druckhebels (beim Taschenmesser ggf. auch Zug an einem Ring) angehoben wird. Die Klinge fällt

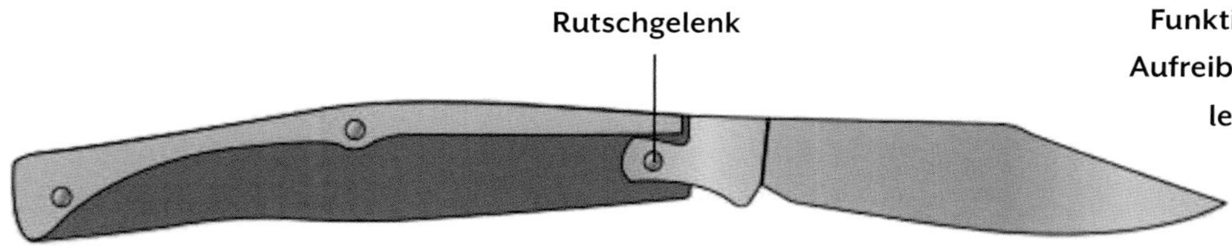

Abbildung 36: Funktionsprinzip des Aufreibers – Rutschgelenkverriegelung

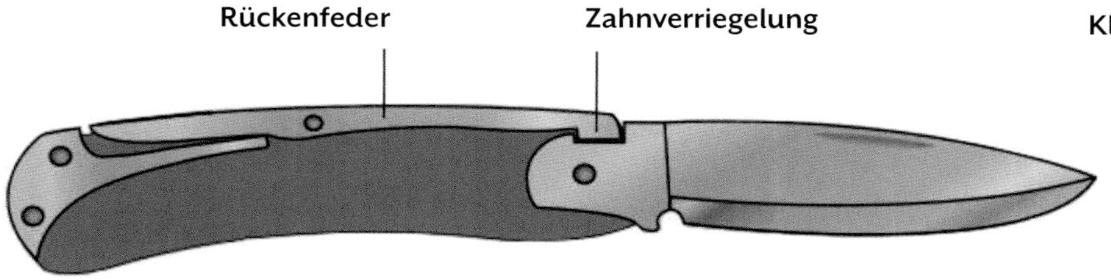

Abbildung 37: Klingenarretierung – Rückenfederverriegelung mit Nocken

Abbildung 38: Arretierung durch Druck auf Klingenspitze/Verkeilung des Zapfens

zurück – bei einem Taschenmesser wird das Klingengelenk wieder frei drehbar.

Die innovativen Elemente sind der (Führungs-) Schlitz im Metallkasten und die schwere Klinge mit aufgenietetem Zapfen, den Pattarozzi recht treffend als „Kiel" bezeichnet.

Der Zapfen hat zwei Funktionen, die er in Verbindung mit dem Schlitz im Metallkasten wahrnimmt. Einerseits verhindert er das Herausfallen der Klinge beim Öffnungsvorgang – das vordere Zapfenende schlägt frontal an das Schlitzende an und die Klinge stoppt in vorderster Position. Andererseits fixiert der Zapfen die Klinge auch in Schließstellung.

Um ein unkontrolliertes Herausrutschen der Klinge aus dem Heft zu verhindern, ist die Konstruktion von Zapfen, Schlitz und Flachfeder vollständig synchronisiert. Der ausreichend lange, im Schlitz liegende Klingenzapfen verhindert das Wegdrehen der Klinge im etwas breiter ausgelegten Metallkasten. In tiefster Schließstellung kann der Nocken der Flachfeder somit seitlichen Druck auf die Klingenspitze ausüben, was zu einer Verkeilung des langen Zapfens im Schlitz des Metallkastens führt. Die Klinge ist arretiert und fällt nicht unkontrolliert heraus.

Bereits bei den ersten Flieger-Kappmessern optimierten einige Arbeiter diese Klingenarretierung sporadisch, indem sie linksseitig eine halbkreisförmige Aussparung im unteren Bereich des Schlitzes einfügten (siehe Abbildung 40)[46]. Diese Änderung führt dazu, dass sich die Klinge bei Druck auf die Klingenspitze stärker nach links neigt und in der Aussparung verkeilt.

Das Messer funktioniert nach dem Schwerkraftprinzip. Die Klinge selbst hat ein entsprechendes Eigengewicht, welches das Herausschleudern ermöglicht. Unterstützt wird diese Funktion durch das Gewicht des Metallkopfes am vorderen Griffende. Das Klingenende dagegen ist mit einem Gewicht ausgestattet, in dem auch der Zapfen integriert ist. Dreht man das geöffnete Messer und entriegelt den Nocken der Flachfeder, so fällt die Klinge aufgrund des Eigengewichtes des Klingensockels zurück ins Heft.[47]

Bei aller Genialität gab es einen wesentlichen Mangel, der erst 30 Jahre später konstruktiv gelöst werden konnte. Ungefähr ¼ aller Typ-I-Kappmesser erlitten bei der Verwendung einen Federbruch.[48] Hiervon waren hauptsächlich die Klingen-Federn betroffen; gleichartige Brüche traten jedoch auch bei Aufreiber-Federn auf.

[46] Dies zeigt die Zerlegung eines Messers mit Abnahme-Inspizientenstempel der Reichswehr

[47] Vgl. Pattarozzi (2006), S. 78

[48] Vgl. Pattarozzi (2006), S. 82

Wie kann man diese Frakturen erklären, die immer an der gleichen Stelle auftraten? Die Flachfeder biegt sich stets an ihrer schwächsten Stelle. Bei den Wehrmachts- und NVA-Modellen war das punktgenau am Bohrloch der Niete. An diesem Punkt weist die Feder nur noch die halbe Materialstärke auf. Die Bohrung selbst liegt relativ weit hinten und somit wirken in diesem Bereich große Hebelkräfte die letztendlich zum Federbruch exakt rechts- und linksseitig der Niete führen. Dieser Konstruktionsfehler wurde erst Ende der 1960er-Jahre beim Typ-IV-Nachfolgemodell final behoben. Das Ausdünnen der Feder unmittelbar vor der Vernietung mit dem Metallkasten führte letztlich zum Erfolg. Durch die bewusste Schwächung der Feder an einer vorgelagerten Stelle verteilt sich der Druck gleichmäßiger auf die Flachfeder und verhindert die Überbeanspruchung im Bereich der Niete. Erstmalig ist diese Modifikation bei einem sehr frühen Typ-IV-Messer aus dem Jahre 1968 zu sehen und taucht anschließend bei allen Typ-IV-Herstellern auf.

In Solingen fertigte man die Holzschalen zunächst aus edlem Nussbaumholz. Später verwendete man auch andere Sorten (vor allem Buche), die jedoch im Nussbaum-Farbton gebeizt wurden. Dadurch ergeben sich die unterschiedlichen farblichen Nuancen von rot über orange bis hin zu fast schwarz.

Bereits während der Produktion des ersten Modells vereinfachten SMF-Ingenieure die ursprüngliche Konstruktion minimal. Bei späten SMF-Typ-I-Messern sind Aufreiber-Flachfeder und Metallkasten nur noch mit einer Niete verbunden. Die halbkreisförmige Aussparung im unteren Bereich des Schlitzes zur Optimierung der Klingenarretierung ist nun fast immer vorhanden.[49]

Abbildung 39: Schwächung der Flachfeder bei Typ-IV-Messer (Eickhorn 73)

[49] Siehe auch Abbildungen 40 (rechts), 49, 50

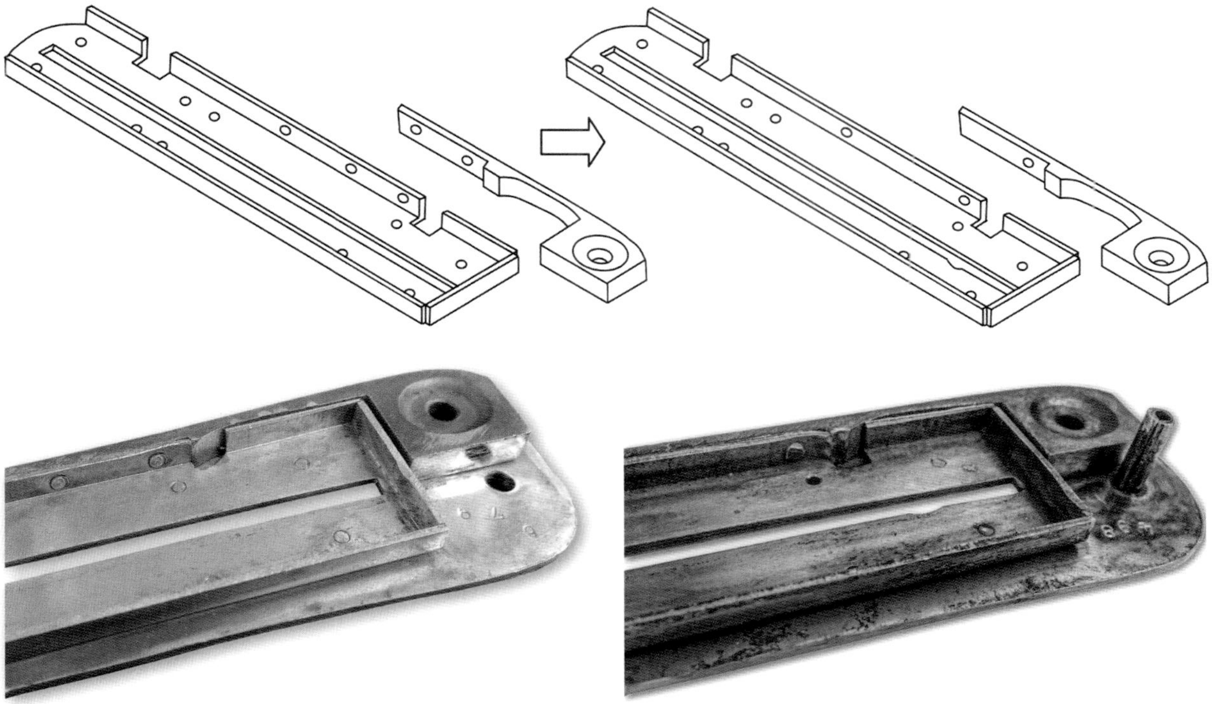

Abbildung 40: Wegfall der zweiten Niete in Flachfeder und Aussparung (nur SMF)

Lediglich 19 % aller SMF-Typ-I-Messer weisen diese Modifikation auf – darunter auch die sehr späten Exemplare mit Karbonteilen. Der Autor interpoliert daher, dass diese Modifikation erst gegen Ende 1941 umgesetzt wurde.[50] Die Position der Hauptbohrungen (Niete 26 und 28) der Flachfedern in den Metallkästen beider Solinger Hersteller ist identisch; hier könnte ein maschinelles Produktionsverfahren verwendet worden sein. Die obere Bohrung (Niete 27) in der Flachfeder des Aufreibers ist bei beiden Herstellern nicht immer an der gleichen Position und daher bei späten Weyersberg-Messern gegebenenfalls manuell hinzugefügt. Die Bohrungen der F & A-Helbig-Messer aus Steinbach/Thüringen befinden sich immer versetzt zu denen beider Solinger Manufakturen. Die Fotos auf den folgenden zwei Seiten zeigen das Standard-SMF-Typ-I-Messer.

Das Waffenamt der Luftwaffe ließ die Forderung nach einer ausschließlichen Verwendung von teurem, rostfreiem Stahl Mitte 1942, kurz vor Einführung des Typ-II-Messers, fallen. Anstatt rostfreiem Stahl durfte nun Karbonstahl verwendet werden. Dies beweist die Existenz weniger, nicht-zerlegbarer SMF-Messer (aber auch einzelner Weyersberg-Messer) , die aus einer Mischung von Edel- und Karbonstahlteilen bestehen. Dabei sind häufig mehrere Bauteile aus minderwertigerem, nicht-rostfreiem Material gefertigt. Bei den entsprechenden Klingen (nur 2 % aller SMF-Typ-I-Messer) fehlt der „ROSTFREI"-Schriftzug unter dem Logo.[51]

[50] basierend auf einer Stichprobe von 140 Messern – Typ-I-Messer wurden bis ca. Ende 1942 produziert (ca. 5 ¾ Jahre), bei gleichbleibender jährlicher Produktionsmenge wurden diese 19 % in den letzten 12 Monaten gefertigt.

[51] Vgl. Fußnote 47 – nur 9% der Stichprobe beinhalten Karbonteile; 5 ¾ Jahre → 9 % → ab ca. Mitte 1942

Abbildung 41: Typ-I-Flieger-Kappmesser der Solinger Metallwaren-Fabrik

Abbildung 42: Späte SMF-Typ-I-Messer mit Karbonstahlteilen

3.2.4 Die Optimierung der Konstruktion – das zerlegbare Flieger-Kappmesser

Die Konstruktionsänderung des Typ-I-Modells verfolgte das Ziel, das Flieger-Kappmesser zerlegbar zu machen, um Folgendes zu erreichen:

- Erleichterung der Reinigung, Störungsbeseitigung, Instandhaltung im Feld,
- Erleichterung von Reparaturen (vor allem Federbrüche, Klingentausch) und
- Erhöhung der Federstabilität.

Bis zum heutigen Zeitpunkt sind keine Dokumente bekannt, die Auskunft über die Arbeit der Ingenieure geben. Dennoch lassen sich folgende Aussagen treffen: Fünf der bereits beim Typ I vorhandenen Teile wurden modifiziert. Zudem ergänzten die Solinger Ingenieure ein neues Bauteil.

Im Einzelnen ergaben sich zahlreiche Änderungen zur Erreichung des oben genannten Ziels (Abbildung 43).

Die dritte Flachfeder mit integriertem Druckknopf und abgerundetem, hakenförmigen Ende ist mit zwei Nieten fest mit der oberen Abdeckplatte verbunden. Das hakenförmige Ende greift in die Klinke der hinzugefügten Ausfräsung im oberen Metallkopfteil ein. Die 43 Millimeter lange Ausstanzung in der oberen Abdeckplatte stellt die beabsichtigte Funktionsweise der neuen Flachfeder sicher. Nur dadurch kann sich die Flachfeder mit Einrastelement bei Druck auf den integrierten Knopf nach unten biegen und den Metallkopf freigeben. Die Abbildungen auf der nächsten Seite zeigen alle sechs Änderungen im Detail.

Nummer	Bauteil	Änderung
1	Obere Abdeckplatte	· Kopfende: Wegfall der halbrunden „Backen“ rechts/links; Wegfall der zwei Nietlöcher zur festen Verbindung mit dem unteren Metallkopfteil · Zusätzliche 43 mm lange Ausstanzung mittig in der oberen Plattenhälfte · Bohrung zweier Nietlöcher unterhalb der hinzugefügten Ausstanzung zur Fixierung eines neuen Bauteils
2	Flachfeder mit Rastfunktion	· neu hinzugefügt (Erläuterung siehe oben)
3	Oberer Metallkopf	· Kopfanfang: T-förmige Ausfräsung mit Klinke zur Ermöglichung der neuartigen Einrastfunktion · Kopfende: Wegfall der zwei Nietlöcher zur festen Verbindung mit der oberen Abdeckplatte
4	Unterer Metallkopf	· Verbreiterung in der Tiefe um 1 mm aufgrund des Wegfalls der oberen Abdeckplatte (der halbrunden „Backen“) als Zwischenblech im Metallkopf · Kopfende: Wegfall der zwei Nietlöcher zur festen Verbindung mit dem Metallkasten
5	Metallkasten	· Kastenende: Wegfall der zwei Nietlöcher zur festen Verbindung mit dem unteren Metallkopfteil · (Vereinfachungen, ohne funktionale Auswirkungen: Wegfall des unteren Durchbruchs, Wegfall von vier Nietbohrungen auch in unterer Abdeckplatte → siehe Abb. 49)
6	Obere Holzschale	· Ausfräsung einer rechteckigen Aussparung zur Aufnahme des neuen Druckknopfes

Abbildung 43: Umsetzung der Zerlegbarkeit durch konstruktive Änderungen

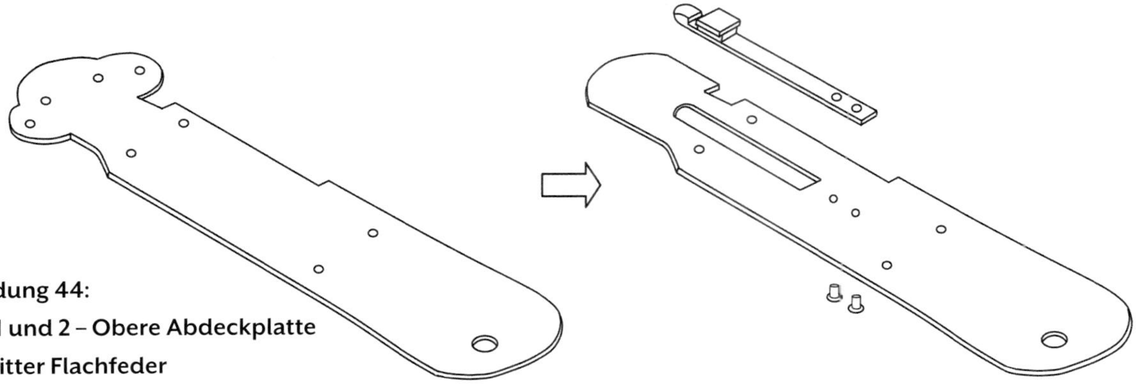

Abbildung 44:
Mod. 1 und 2 – Obere Abdeckplatte
mit dritter Flachfeder

Abbildung 45: Mod. 3 und 4 – Metallkopf: abnehmbar, Fräsung, verbreitertes Unterteil

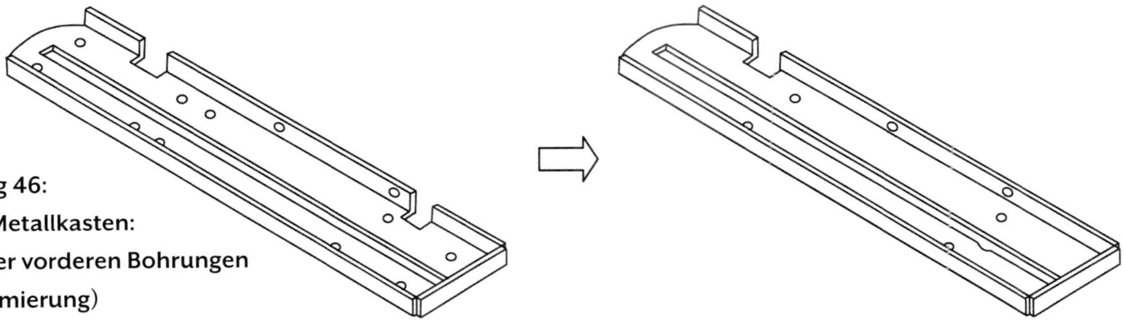

Abbildung 46:
Mod. 5 – Metallkasten:
Wegfall der vorderen Bohrungen
(und Optimierung)

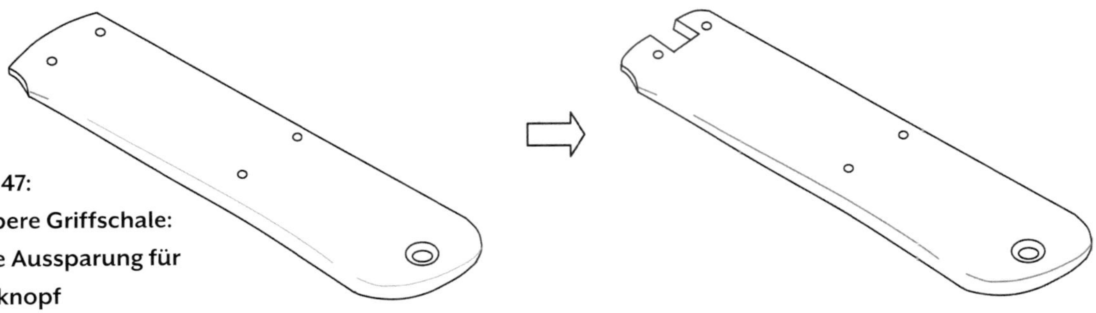

Abbildung 47:
Mod. 6 – obere Griffschale:
rechteckige Aussparung für
Flachfederknopf

Die SMF-Ingenieure nutzten diese Überarbeitung zudem zur Vereinfachung zweier weiterer Komponenten. Die hakenartige Erweiterung der Flachfeder des Aufreibers wurde mitsamt dem Durchbruch im Metallkasten, in den sie hineinragte, eliminiert. Die Funktion des „Hakens" ist unbekannt. Der Autor vermutet jedoch, dass es sich um eine Montagehilfe handelte, um die Feder immer passgenau in den Metallkasten einzurasten. Die Verwendung einer Montagehilfe scheint sinnvoll, da die Feder nach Einsetzen des Aufreibers, also im gespannten Zustand, im unteren Bereich zirka 1 mm vom Metallkasten abstehen muss, um die korrekte Funktion sicherzustellen. Die unteren Flachfedern wurden wohl im Rahmen der Vormontage der Griffunterteile zuerst mit dem Metallkasten vernietet. Anschließend konnte die zweite Flachfeder einfach oberhalb angesetzt und montiert werden. Für diesen zweiten Schritt wurde dann keine Montagehilfe benötigt.

Wie im folgenden Kapitel dargestellt, optimierte man bei SMF im Rahmen der Umstellung auf den Typ II auch den Herstellungsablauf. Der „Haken" verlor dabei anscheinend seine Funktion. Vorstellbar ist, dass die Fertigung mittlerweile so genau war, dass der Metallkasten bereits unmittelbar nach dem Stanzen die zwei seitlichen Bohrungen erhielt. Vorher wurden sie womöglich erst beim Einpassen der vorgebohrten Flachfedern von Hand hinzugeführt.

SMF ging jedoch noch einen Schritt weiter und setzte das neuartige Punktschweißverfahren zur Verbindung des Metallkastens mit der unteren Abdeckplatte ein. Das Widerstandsschweißen hatte sich erst ab 1930 verstärkt in der Industrie durchgesetzt. Durch diese Umstellung konnte SMF auf weitere vier Bohrungen/Nieten verzichten, welches die Produktion erneut wesentlich vereinfachte.

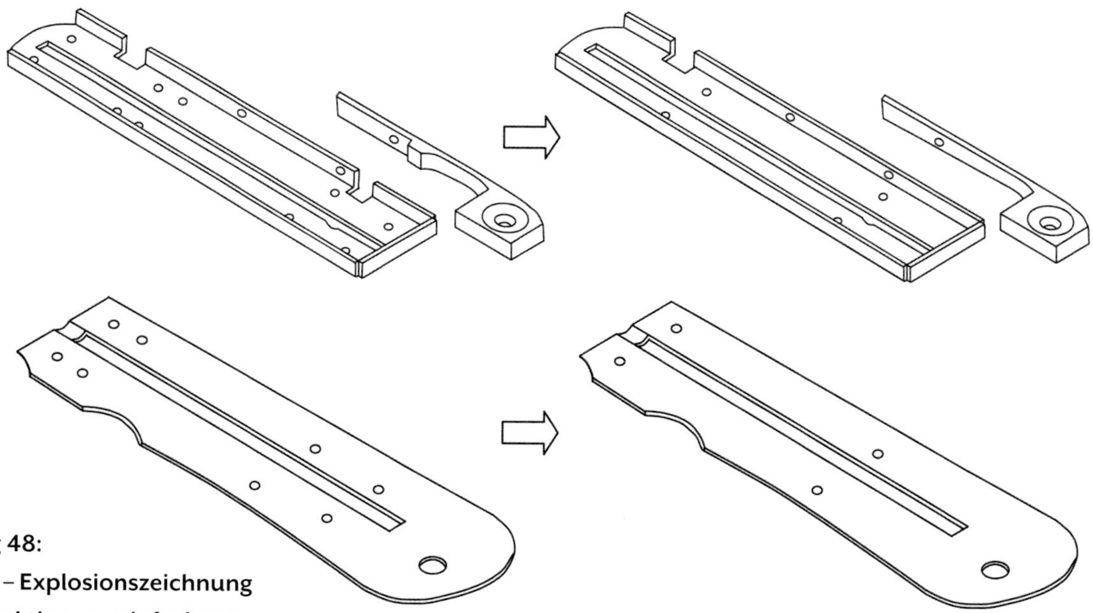

Abbildung 48:
SMF-Typ-II – Explosionszeichnung der Konstruktionsvereinfachung

Bei den Exemplaren des Typs II brachen nur noch 2 % der Flachfedern.[52] Es ist jedoch noch keine konstruktive Veränderung der oberen Flachfeder zu erkennen. Die Verbesserung muss daher durch Verwendung der neuen, nicht rostfreien Stahlsorte erreicht worden sein.

Mit Ausnahme der Vereinfachung des Metallkastens, dessen Vernietung und der Flachfeder mündeten diese Änderungen mit Sicherheit in eine Verwaltungsverfügung, die diesen neuen Konstruktionsstand offiziell bekannt- beziehungsweise freigab.

SMF stellte daraufhin die Markierung der Messerklinge mit dem Firmenlogo abrupt ein – sie blieb fortan blank. Als einzigen Hinweis auf den Hersteller findet man nur noch die R.B.NR. 0/0561/0019 auf dem Aufreiber. Der „Sitzende König" erscheint erst nach dem Krieg wieder auf der Klinge. Konstruktiv inkonsistente Übergangsmodelle der Firma SMF sind nicht bekannt.

Abbildung 49: SMF-Typ-II-Messer – Vereinfachungen Metallkasten, Abdeckplatte und Flachfeder

Abbildung 50:
Punktgeschweißte Verbindung von Metallkasten und Abdeckplatte

[52] Vgl. Pattarozzi (2006), S. 82

Abbildung 51: Typ-II-Messer der Solinger Metallwaren-Fabrik

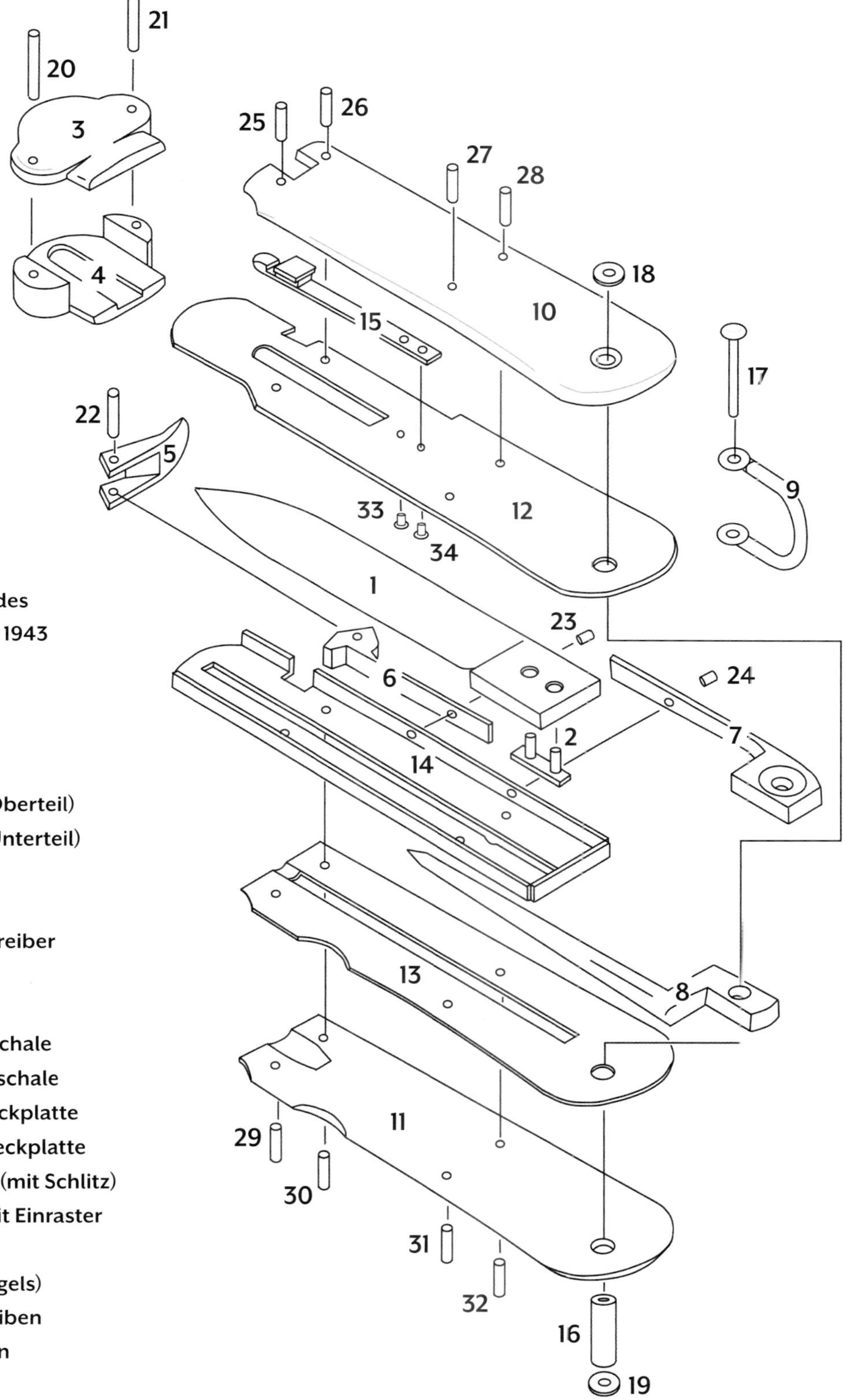

Abbildung 52:
Explosionszeichnung des
SMF-Typ-II-Messers ab 1943

1	Klinge
2	Zapfen
3	Metallkopf (Oberteil)
4	Metallkopf (Unterteil)
5	Druckhebel
6	Flachfeder
7	Feder für Aufreiber
8	Aufreiber
9	Bügel
10	(obere) Holzschale
11	(untere) Holzschale
12	(obere) Abdeckplatte
13	(untere) Abdeckplatte
14	Metallkasten (mit Schlitz)
15	Flachfeder mit Einraster
16	Spannhülse
17	Niete (des Bügels)
18-19	Unterlegscheiben
20-34	Diverse Nieten

Dieser abrupte, jedoch planvoll erscheinende Übergang vom Typ I zum Typ II bestätigt den Autor in seiner Annahme, dass die SMF-Entwicklungsabteilung für die vollständige Überarbeitung des 1937er-Modells verantwortlich war. Dadurch hatte die Firma Zeit, diese umfangreiche Umstellung der Produktion rechtzeitig zu planen und in einem Zuge umzusetzen. Die Ingenieure von Paul Weyersberg & Co. hingegen schienen vom neuen Erlass des Waffenamtes überrascht worden zu sein. Dies lässt sich anhand der vorhandenen Übergangsmodelle erkennen, die in Kapitel 4.4 genauer beschrieben werden.

Als einziger Hersteller produziert SMF ein oder eventuell sogar mehrere Lose, welche anscheinend nicht durch die Organe des Waffenamtes der Luftwaffe geprüft wurden. Diese seltenen Typ-II-Messer tragen ein „S“ auf der Angel des Aufreibers. Die Existenz eines SMF-Typ-II-Messers vor 1945 ohne jegliche Abnahmestempel lässt vermuten, dass die letzten Lose gar nicht mehr geprüft wurden.

Es wird weiterhin Nussbaumholz für die Griffschalen verwendet, aber eben auch andere Hölzer, die entsprechend gebeizt werden. In den technischen Lieferbedingungen des Bundesamtes für Wehrtechnik und Beschaffung wird später die Verwendung von Nussbaum-Griffschalen für die frühen Modelle der Bundeswehr explizit vorgeschrieben.[53]

Abbildung 53: SMF-Messer mit „S“-Markierung

3.2.5 Ablauf des Produktionsprozesses

Aufbauend auf den Informationen aus Kapitel 2.3 lässt sich der damalige Produktionsprozess des Flieger-Kappmessers zumindest grob rekonstruieren. Die Zusammenhänge können nur unter Einbeziehung der Merkmale beider Solinger Varianten verdeutlicht werden. Der Autor wird später noch genauer erklären, warum er eine enge Zusammenarbeit der Solinger Hersteller vermutet. Erste konkrete Anhaltspunkte dafür, aber erneut auch für die Vorreiterrolle der Solinger Metallwaren-Fabrik liefern bereits die folgenden Ausführungen.

Die rekonstruierten Prozessschritte A und B liefen dabei vergleichbar einer Fließbandproduktion ab. Erst beim Arbeitsgang C erfolgte eine individuelle, manuelle Anpassung der Teile aufeinander. Nachdem die Typ-I-Messer beider Firmen exakt gleich gestempelt sind, ist von einem nahezu identischen Ablauf der Produktion aller nicht-zerlegbaren Solinger Messer auszugehen:

A. Massenproduktion der Rohlinge

- A.1: Stanzen, Bohren und Abkanten der Teile für Griffober- und Unterteil (Abdeckplatten, Metallkasten)
- A.2: Herstellung der Griffschalen-, Metallkopf-, Aufreiber-, Klingen-, Flachfeder- und Druckhebelrohlinge
- A.3: Fertigung der Kleinteile (Bügel, Zapfen, etc.)

[53] Vgl. Pattarozzi (2006), 89, 138; VTL 7340-009 (1968)

B. Montage universell verwendbarer Baugruppen/Vorprodukte

- B.1: Griffunterteil
  - ▸ B.1.1: Klingenverriegelung (Unterbaugruppe)
    - – B.1.1.1: Bearbeitung und individuelle Anpassung eines Druckhebel- und zugehörigen Flachfederrohlings inkl. einheitlicher Stempelung beider Teile → zwei zusammengehörige Teile entstehen

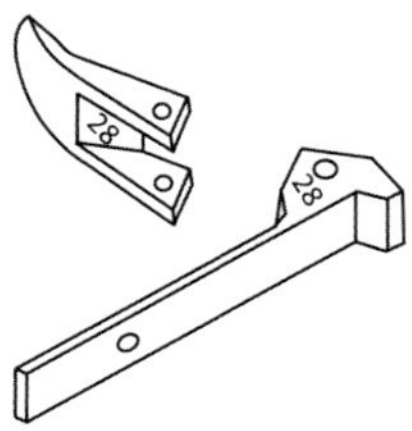

    - – B.1.1.2: Bohren/Vernieten beider zusammengehöriger Teile
  - ▸ B.1.2: Vernietung von unterer Abdeckplatte und Metallkasten
  - ▸ B.1.3: Einpassung und Vernietung der Flachfeder für den Aufreiber, danach Vernietung der gestempelten Unterbaugruppe „Klingenverriegelung“
  - ▸ B.1.4: Bohren/Anpassen eines Metallkopfunterteilrohlings an das Frontende des Metallkastens inklusive Vernietung
- B.2: Klinge
  - ▸ B.2.1: Endbearbeitung der Klinge (Schleifen, Bohrungen)
  - ▸ B.2.2: Vernietung mit dem Zapfen
- B.3: Griffoberteil
  - ▸ B.3.1: Bearbeitung des Metallkopfoberteil- und Griffschalenrohlings
  - ▸ B.3.2: Vernietung mit einer oberen Abdeckplatte

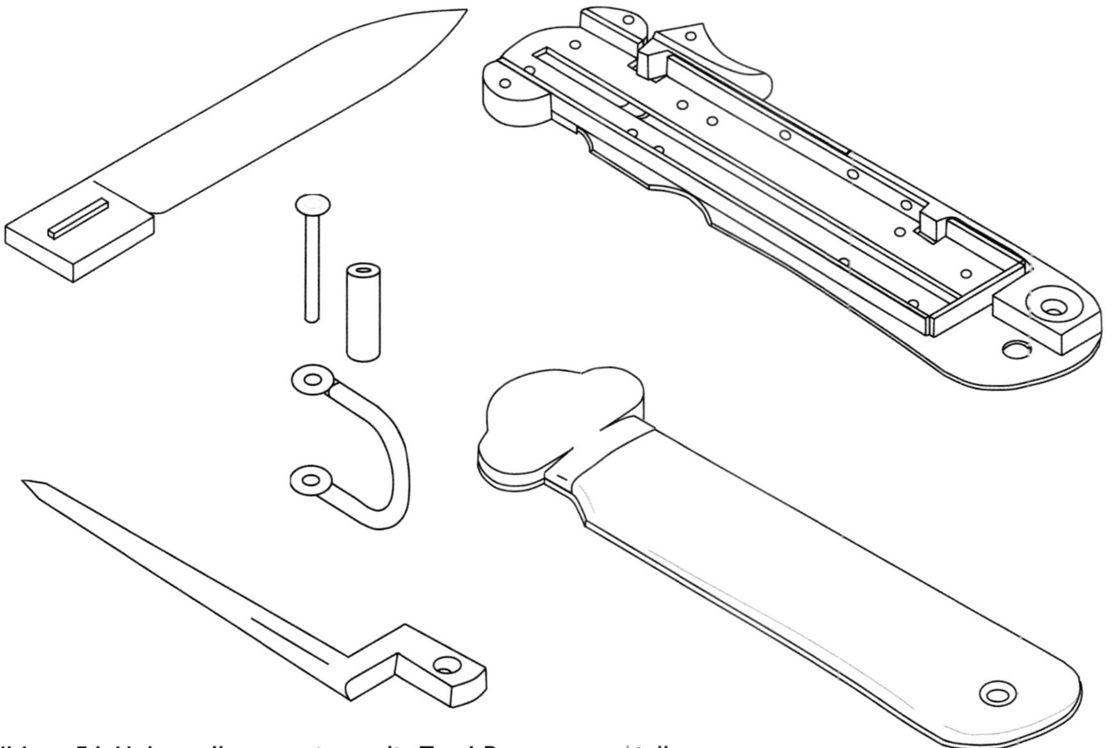

Abbildung 54: Universelle, ungestempelte Typ-I-Baugruppen/-teile

Abbildung 55: Individuell angepasstes Griffunterteil und Klinge

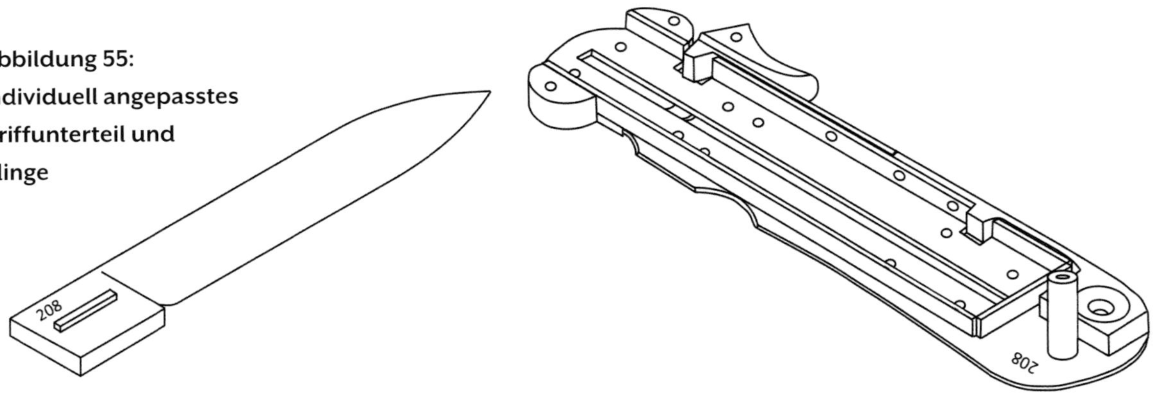

C. Individuelle Endmontage eines Flieger-Kappmessers

- C.1: Individuelles Anpassen von Zapfen und Klingensockel an das Griffunterteil (Schleifen, Ausdehnen per Hammerschlag) und einheitliche Stempelung beider Teile → zwei zusammengehörige Baugruppen entstehen
- C.2: Einpressen der Spannhülse in das Griffunterteil, Anpassung und Vernietung der Holzgriffschale mit gestempeltem Griffunterteil (Vermutung, da bei C.1 das Holz beim Stempeln platzen konnte)
- C.3: Einsetzen des Aufreibers, Zusammenfügen von Griffunter-/oberteil, Aufschieben und Vernieten des Bügels
- C.4: Einlegen der Klinge und finale Funktionsprüfung
- C.5: Bohren und finale Vernietung der Metallkopf-/Messerhälften
- C.6: Nachbearbeitung (z. B. Nietenden des Metallkopfes) und Polieren

Die Metallköpfe und oberen Abdeckplatten (letztere jedoch nur bei Paul Weyersberg & Co.) der Typ-II-Messer sind ebenfalls nummerngleich zu Klinge und Griffunterteil gestempelt. SMF verlegt die Position des Nummernstempels/der Montagehilfe am Griff vom unteren Ende der Abdeckplatte an das Frontende des Metallkastens. So uneinheitlich diese Maßnahmen nun gegen Ende des Krieges wirken, gibt es doch logische Erklärungen dafür.

Typ II – Metallkopf

Die Metallkopfhälften des Typ-I-Messers konnten unmittelbar nach der Bearbeitung fest mit den jeweiligen Unterbaugruppen vernietet werden. Die Gefahr einer Verwechslung war somit nicht gegeben und das Einstanzen einer Montagehilfe (noch) nicht notwendig. Dagegen verwendete man später beim Typ-II-Messer einen abnehmbaren, individualisierten und gestempelten Metallkopf, der nun während der Endmontage der anderen Komponenten zusammen mit der Klinge abseits lagerte.

Die Tatsache, dass sich die Stempelung immer auf dem Metallkopfunterteil befindet, spricht für die Theorie der Montagehilfen. Das Unterteil liegt mit drei Flächen am Metallkasten an. Daher musste es zur Sicherstellung der Leichtgängigkeit des Zerlegemechanismus und der Grundfunktion individuell in Breite und Höhe bearbeitet werden. Das flach gearbeitete Oberteil mit seiner universellen Ausfräsung auf der Innenfläche erforderte dagegen kaum Anpassungsaufwand.

Typ II – Obere Abdeckplatte

Zwei Umstände führten zur Notwendigkeit der individuellen Anpassung der oberen Typ-II-Abdeckplatte: die hinzugefügte Flachfeder mit Einrastfunktion in das obere und der eigentliche Einschub in das untere Metallkopffrästeil. Zur Erläuterung empfiehlt sich ein Blick in die Abbildung 35; sie zeigt unter anderem, dass die obere Platte zuvor fester Bestandteil des Metallkopfes war. Beim Typ II soll sie nun zusammen mit dem Metallkasten in den Metallkopf eingeschoben werden, was eine nachträgliche Bearbeitung erfordert.

Paul Weyersberg & Co. zeigte sich über den gesamten Zeitraum von 1937–1944 sehr reaktiv und kaum innovativ.[54] Daher ist es nicht verwunderlich, dass sich der generelle Ablauf des Herstellungsprozess anscheinend nicht veränderte. Die Vernietung von Griffober- und unterteil am Bügel erfolgte weiterhin erst ganz am Ende. In diesem Fall war die nummerngleiche Stempelung der angepassten, oberen Abdeckplatte sinnvoll, da sie als „lose Komponente“ bis zum Ende vertauscht werden konnte. Die Position des Nummernstempels/der Montagehilfe auf dem Griffunterteil blieb unverändert.

Wie bereits mehrfach erwähnt, sucht man bei SMF eine Nummer auf der oberen Abdeckplatte vergebens. Das Fehlen dieser zusätzlichen Montagehilfe und die geänderte Position der Stempelung auf dem Griffunterteil (siehe Abbildung 15) lassen sich durch einen moderneren, nicht mehr schrittweise erfolgenden Produktionsprozess erklären. Die Vernietung der vormontierten Griffober- und unterteile am Bügel wurde vorgezogen und fand nun gegen Ende der Arbeitsgänge B statt. Somit waren die komplett montierten Griffe immer noch universell verwendbar und blieben zunächst ungestempelt.

Die individuelle Endmontage (C) verkürzte sich somit erheblich und begann erst mit dem Einpassen und Stempeln der Klinge. Die ursprüngliche Stempelposition auf der Innenfläche

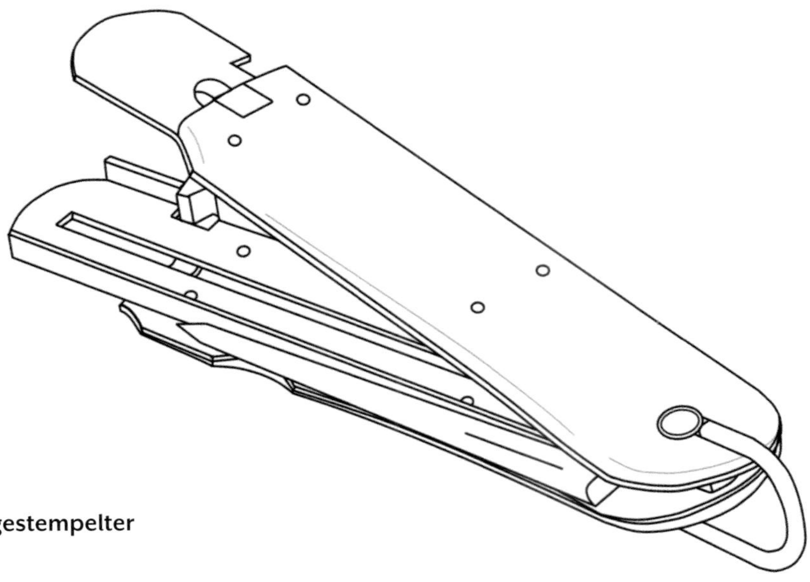

Abbildung 56: Universeller, ungestempelter SMF-Typ-II-Griff

[54] Siehe Kapitel 4.2, 4.4

des Griffunterteils (neben der Spannhülse) war jedoch nun, nach bereits erfolgter Vernietung beider Griffhälften, für die SMF-Monteure nicht mehr zugänglich. Sie schlugen daher die Montagehilfe auf der Innenfläche des Metallkastens ein. Parallel erfolgte die Anpassung der unteren Metallkopfhälfte auf das vordere Griffende (Metallkasten und obere Abdeckplatte) und die Stempelung dieses Frästeils. Hier war vermutlich auch eine Bearbeitung der, nun bereits fest montierten, oberen Abdeckplatte notwendig. Im Anschluss an eine Überprüfung der Einrastfunktion und Leichtgängigkeit des Kopfes wurde er final vernietet.

3.2.6 Produktionsstart des Typ-II-Messers – Zeitliche Einordnung

Ab wann genau die Produktion des Typ-II-Messers begann, ist unbekannt. Pattarozzi schreibt, dass die ersten zerlegbaren Modelle frühestens im Sommer 1941 geliefert wurden.[55] Die Richtigkeit dieser Aussage wird aus folgenden Gründen stark angezweifelt:

Ab 1943 erfolgte die Neuaufstellung einer Vielzahl von Fallschirmjägerverbänden. Gleichzeitig häuften sich die Verlustzahlen dieser Einheiten durch die Erdkämpfe in Russland und den Einsatz in der Normandie (etwa 100.000 Gefallene zwischen 1942–1945).[56] Zwischen 1942 und 1945 gingen daher wohl mehr als 100.000 Messer nur an den Nachwuchs der Fallschirmjägertruppe. Berücksichtigt man zusätzlich die Fliegertruppe die ebenfalls sehr großen Personalzuwachs verzeichnete, so dürften etwa ab 1942 zirka 50 % aller produzierten Messer ausgegeben worden sein.

Eine durch Pattarozzi in den USA durchgeführte Stichprobe von 2.000 Flieger-Kappmessern enthielt jedoch lediglich 25 % Messer des Typs II. Eine eigene, wesentlich kleinere Stichprobe in Europa bestätigt grundsätzlich diese Zahl. Hier waren etwas mehr als 20 % Typ-II-Messer unter den knapp 80 gefundenen Exemplaren. Geht man von einem kontinuierlichen Beschaffungsverhalten zwischen 1937 und 1945 und dem Wechsel zum Typ II ab ungefähr Mitte 1941 aus, so müsste eine Stichprobe rein rechnerisch mehr als 45 % Typ-II-Messer enthalten (vier Jahre Typ-I-Produktion gegen drei bis vier Jahre Typ-II-Produktion).

Ein weiteres Indiz für die überwiegende Ausstattung der Truppe mit Typ-I-Messern bis weit in das Jahr 1943 hinein ist die Tatsache, dass den britischen Streitkräften bis dato kein Typ-II-Messer in die Hände gefallen sein kann. William Ibberson wurde Ende 1943 ein Typ-I-Messer vorgelegt, welches er anschließend kopierte.[57]

Auch bei Recherchen im Internet finden sich Messer(reste), die zeigen, dass auch 1944 noch Typ-I-Messer ausgegeben wurden, zum Beispiel:

- Ein junger Unteroffizier des JG 4 stürzte mit seiner Focke Wulf 190 am 9. November 1944 bei Neudorf ab; bei der Bergung 1995 fand man unter anderem sein Typ-I-Kappmesser.
- Ein Angehöriger des 714th-Tank-Bataillon (US) brachte von seinem Einsatz 1944 in der Normandie ein Typ-I-Kappmesser im Neuzustand mit nach Hause. Das in der Griffschale eingelassene HJ-Emblem deutet auf einen sehr jungen Träger hin, der das Messer unmittelbar vor seinem Fronteinsatz erhielt.
- An die 1. Skijäger-Brigade wurden Anfang 1944 Flieger-Kappmesser ausgegeben. Die Masse der Fotos in Kapitel 14.5 zeigen Typ-I-Modelle.

Erst ab 1943 waren viele Ausrüstungsgegenstände (Helme, Zeltbahnen, etc.) mit einer R.B.NR. gestempelt. SMF, als offensichtlicher

[54] Vgl. Pattarozzi (2006), S. 55–57
[56] Vgl. Stimpel (2001), S. 447 ff.
[57] Vgl. Stephens (1981), S. 87, siehe auch Kapitel 6.2

Initiator dieser zunächst letzten Modifikation, stellte sofort auf die R.B.-Nummerierung um. Daher geht der Autor davon aus, dass alle Typ-II-Messer erst ab 1943 produziert wurden.

Zudem waren nachweislich größere Bestände an Typ-I-Messern in den Bekleidungskammern der ausgebenden Truppenteile gelagert. Neuaufgestellte Verbände erhielten zunächst lediglich einen Kappmesser-Reservebestand von 10 %. Obwohl jeder Soldat nur ein Messer erhielt, schrieb die L.Dv. 423 eine Erhöhung dieses Reservebestandes von 10 % auf 120 % bis spätestens drei Jahre nach Aufstellung vor.

Die 7. Fliegerdivision (erster Fallschirmjägerverband) verfügte Mitte 1941 über etwa 20.000 Mann. Die Auswertung von Verleihungsurkunden des Luftwaffenpersonalamtes zeigt zudem, dass bis Juni 1941 zirka 80.000 „Flugzeugführer" ausgebildet worden waren. Zudem war das Abzeichen „Fliegerschütze" (typischerweise für Bordfunker, Bordmechaniker, Bordschützen) zu diesem Zeitpunkt rund 80.000 Mal verliehen worden. Die Stärke des fliegenden Personals dürfte daher bis Mitte 1941 um die 160.000 Mann betragen haben. Bis Ende 1942 erhöhte sich diese Zahl um weitere 60.000 Mann.

Demnach könnten zu Beginn des Jahres 1943 theoretisch 490.000 Stück Typ-I-Flieger-Kappmesser (ausgegeben 240.000/gelagert 150.000) im Umlauf gewesen sein.[58] Der Abbau dieses enormen Überbestandes an Typ-I-Messern erstreckte sich wahrscheinlich bis weit in das Jahr 1944. Somit hielt sich die Anzahl der nachproduzierten Typ-II-Messer zunächst in Grenzen.

Pattarozzi geht davon aus, dass die Produktion der Flieger-Kappmesser frühestens im November 1944 eingestellt wurde. Albert Speer hatte allen Rüstungsbetrieben befohlen, sich auf die Produktion von Waffen für den Volkssturm zu konzentrieren. Es war zwar nur das Gebiet nahe der Produktionsstätte von Paul Weyersberg von der finalen Bombardierung Solingens im Februar 1945 betroffen (SMF blieb verschont), dennoch werden die katastrophalen Folgen die Produktion der gesamten Stadt spätestens ab diesem Zeitpunkt zum Erliegen gebracht haben.[59]

3.3 Nachkriegsfertigung – Über die Dolchklinge zum Typ-IV/Bw-Messer

SMF produzierte das Typ-II-Messer nach 1945 weiter. Die ersten Nachkriegsmesser fertigte man wohl aus lagerhaltigen Restbeständen. Dies lässt die Existenz eines Exemplars aus Karbonstahl ohne jegliche Stempel auf dem Aufreiber vermuten.

Die neu produzierten Komponenten der Nachkriegsmesser sind dagegen wieder sehr hochwertig. Die rostfreie, blanke Stahlklinge trägt wieder das Firmenlogo; R.B.NR. und Abnahmestempel auf dem Aufreiber fehlen.

Es sind zwei frühe Nachkriegsmesser bekannt, bei denen alle Komponenten blank poliert sind. Auffällig bei diesen Exemplaren ist der Stempel mit dem Buchstaben „R" auf der oberen Abdeckplatte. Die Baugruppen „Metallkopf", „Griff" und „Klinge" sind mit den Nummern 000 (erstes Messer) und 0000 (zweites Messer) gekennzeichnet, was impliziert, dass es sich um Prototypen handelt.

Später folgt die Variante mit geschwärztem/n Metallkopf, Aufreiber, Flachfedern, Druckhebel und Abdeckplatten. Spätestens bei dieser Variante wechselt die Montagehilfe auf dem Nocken der Flachfeder von der rechten auf die linke Seite.

[58] D.h. 2,2 Messer pro Soldat; Vgl. L.Dv. 123 (1939), S. 29–30 ff.; L.Dv. 423 (1941), § 29–30, Anlage 3 und 4 – Die Schätzung basiert auf einer linearen Erhöhung dieses Reservebestandes → 60 % nach 1,5 Jahren.

[59] Vgl. Pattarozzi (2006), S. 57, 50–52

Abbildung 57: Frühe SMF-Nachkriegsmodelle – vermutlich Prototypen

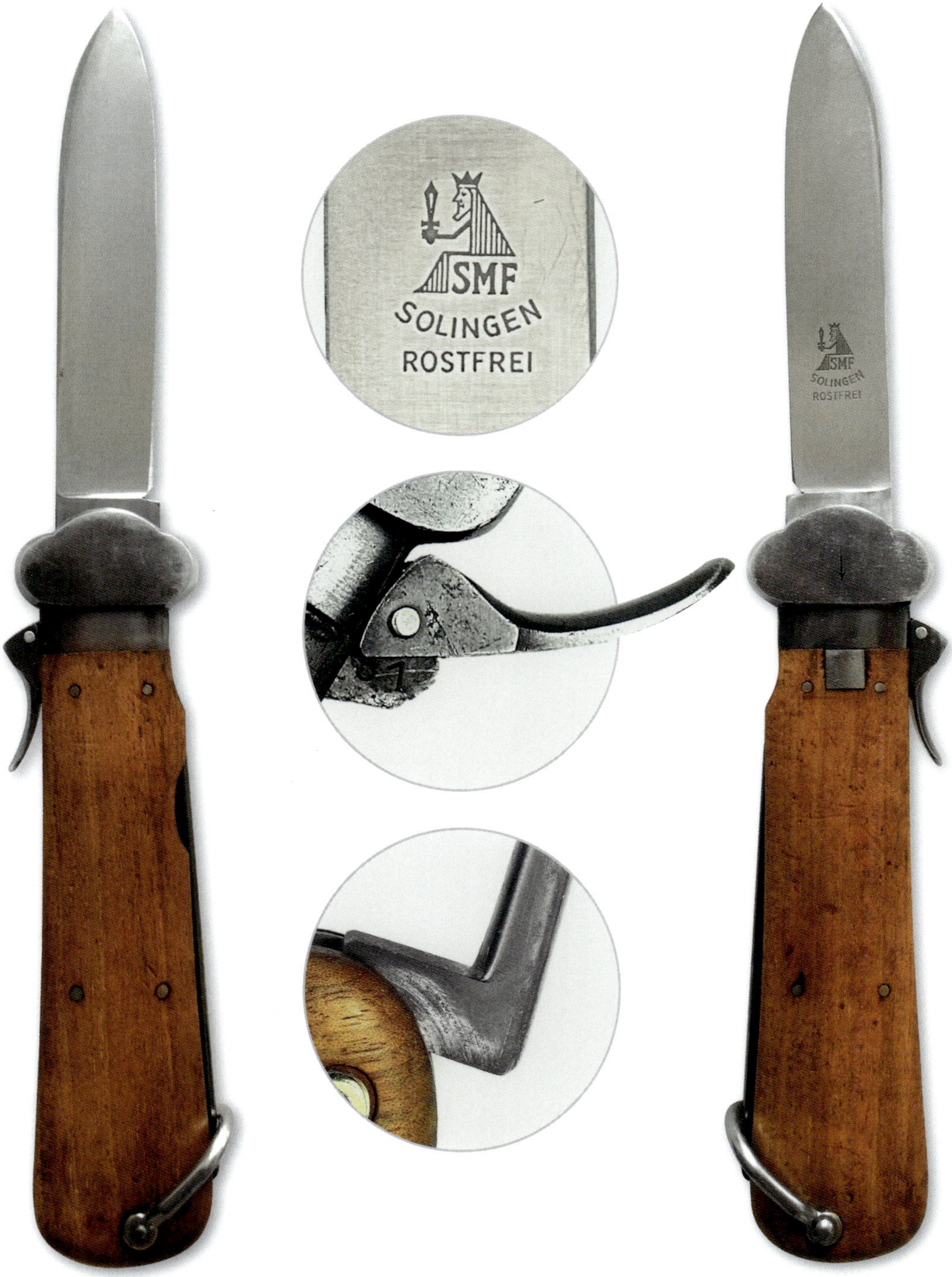

Abbildung 58: SMF-Kappmesser der Nachkriegszeit (geschwärzt)

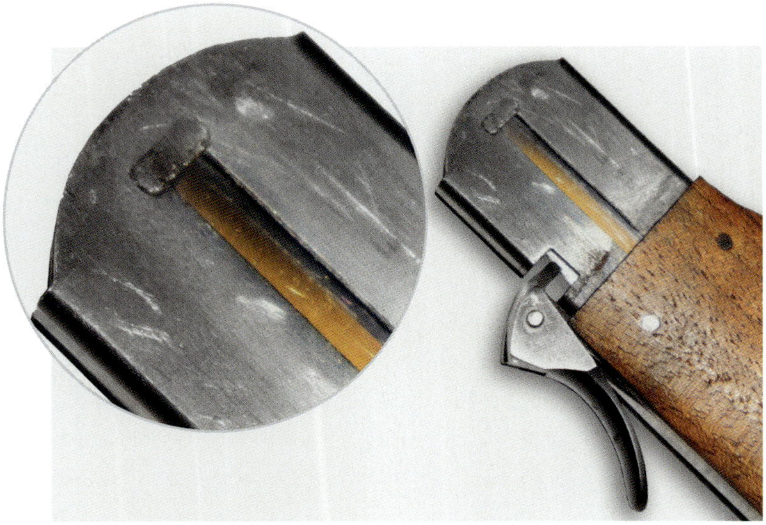

Abbildung 59: Verstärkung am Schlitzende

(Schlitzende vor 1945)

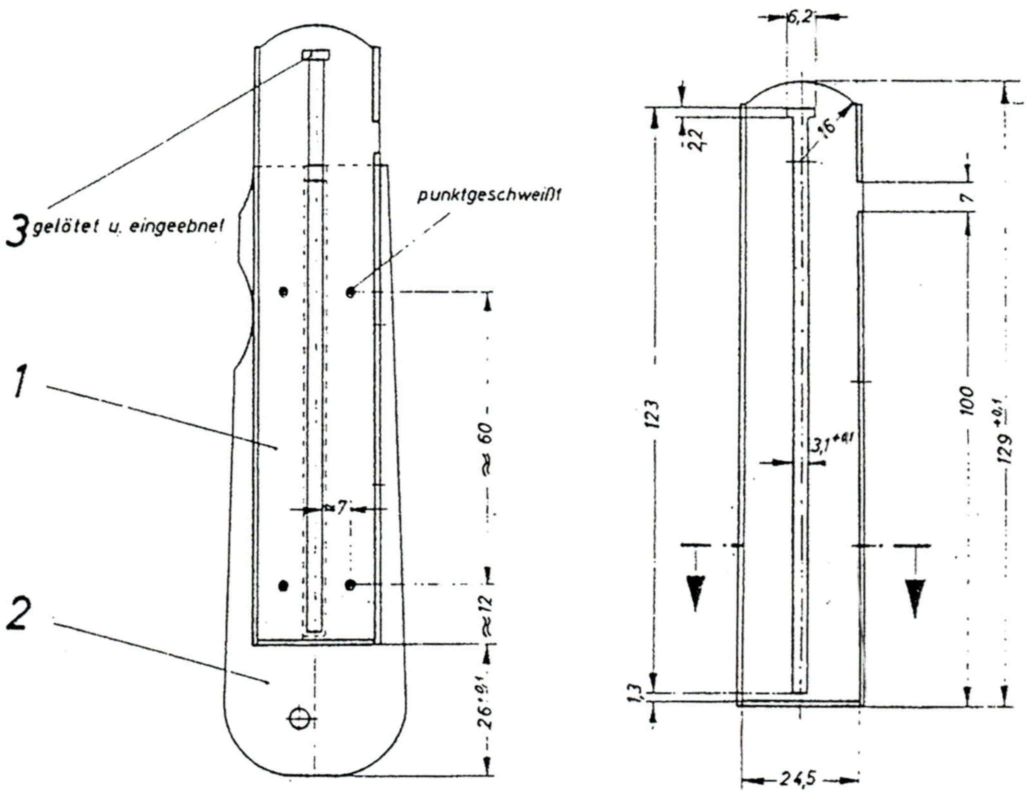

Abbildung 60: Einbettung des Plättchens in den Kasten (1964 – TL 7340-009)

SMF setzt bei diesen späteren Nachkriegsmessern die letzte bekannte Modifikation um. Durch häufiges, kräftiges Herausschleudern der Klinge wurde der Schlitz im oberen Bereich durch den Zapfen nach und nach ausgeschlagen, welches den Festsitz der Klinge negativ beeinflusste – sie begann zu wackeln. SMF wirkt dem entgegen, indem dieser kritische Bereich verstärkt wird.

Dazu wird der Schlitz im Kastenrohling um eine 2,2 mm hohe und 6,2 mm breite Fläche erweitert. Anschließend wird ein 13 mm langes „Plättchen“ durch diese Aussparung geschoben, gelötet und auf 1 mm Länge eingeebnet. Diese aufwändige Verbesserung findet sich ausschließlich bei den Typ-II-Messern der 50er- und 60er-Jahre und fällt später bei den Typ-IV-Modellen wieder weg.

Für die Fallschirmjäger der Bundeswehr suchten die Beschaffungsorgane der BRD Mitte der 1950er-Jahre nach einem Nachfolger für das Flieger-Kappmesser der Luftwaffe. Nachdem die Fallschirme nun durch eigens dafür ausgebildete Fallschirmpacker vorbereitet wurden, entfiel die Forderung nach einem Aufreiber vollständig. Damit wurde die Konstruktion bereits wesentlich kompakter und leichter. Zudem sollte der Öffnungs-/Schließmechanismus optimiert werden, um

Abbildung 61: Gräfrath-, Bonsa- und E.F.-Hörster-Modelle

Federbrüche zu vermeiden und die offene Klinge fest im Heft zu arretieren. Gleich mehrere Solinger Firmen waren an dieser zukünftigen Ausschreibung für das neue „Kappmesser LL-Truppe" interessiert und versuchten, sich durch die Konstruktion eigener Fallmesser-Varianten in eine günstige Ausgangsposition zu bringen. SMF rechnete anscheinend mit der Übernahme des ursprünglichen Messers durch die Beschaffungsorgane des BMVg. Anders ist es nicht zu erklären, dass neben den innovativen Modellen der Firmen E.F. Hörster („Horstrator"), G. Gräfrath, Bonsa und anderer zunächst nur die unveränderten SMF-Typ-II-Messer existieren.

Die Aufträge zur Fertigung der neuen Bundeswehr-Kappmesser wurden schließlich an die Firma Anton Wingen jr. (auch Othello), Carl Eickhorn und WKC vergeben, die das neue Typ-III-Messer gemeinsam konstruiert hatten. Doch bereits kurze Zeit nach Auslieferung der ersten Lose an die Truppe gab es Beschwerden seitens der Angehörigen der Einzelkämpfer-Inspektion der Luftlande-/Lufttransportschule in Altenstadt. Bereits bei leichter Verschmutzung oder Verformung des Griffs blieb die Klinge stecken und tendierte ebenfalls dazu, in geöffnetem Zustand wieder in den Metallkasten hineinzurutschen.[60]

Die Firma Anton Wingen nutzte diesen Großauftrag dennoch dafür, die zivilen Varianten des Typ-III-Messers in großem Stil zu vermarkten. Aus dieser Zeit sind unter anderem Anzeigen aus den USA bekannt.

Nach diesem missglückten Versuch zur Einführung eines neuen, moderneren Fallmessers, schien es das Bundesamt für Wehrtechnik und Beschaffung ziemlich eilig gehabt zu haben.

SMF lieferte nämlich im Jahr 1959/60, unmittelbar nach Bekanntwerden dieser Umstände, Versuchskappmesser an die neu aufgestellten Streitkräfte der Bundesrepublik Deutschland.

Die Form des Metallkopfes eines dieser Modelle entspricht bereits dem Typ-IV-Kopf, besteht jedoch noch aus zwei vernieteten Frästeilen.[61] Aufgrund der Form lässt er sich nun besser als Hammer verwenden.[63] Vorliegende Konstruktionszeichnungen von 1964 zeigen, dass insgesamt sechs verschiedene Stahlsorten zur Verwendung kamen (Tabelle unten).

Sicherlich ist es kein Zufall, dass die Bundeswehr 14 Jahre nach Kriegsende nun die Firma SMF kurzfristig mit der Konstruktion und Lieferung eines verbesserten Prototyps beauftragte. Vielmehr ist dies erneut ein Beweis, dass SMF bereits schon zu Kriegszeiten hauptverantwortlich

Bauteile	Stahlsorte	Bemerkung
Blechteile	X7Cr14	nichtrostend
Metallkopf, Druckhebel, Zapfen	C35	Vergütungsstahl
Federn	X45Cr13	Edelstahl, gehärtet
Klinge	X48CrMoV15	moderner Messerstahl
Bügel und Bügelniete	C22	Nickellegierung
Aufreiber	C45	Vergütungsstahl

[60] Vgl. Pattarozzi (2006), S. 208, 211; von Halász (2009), S. 177 ; Der Spiegel (1966), S. 24
[61] Vgl. von Halász (2009), S. 178
[62] Vgl. von Halász (1996), S. 248

Abbildung 62: US-Werbeanzeige für das Typ-III-Messer

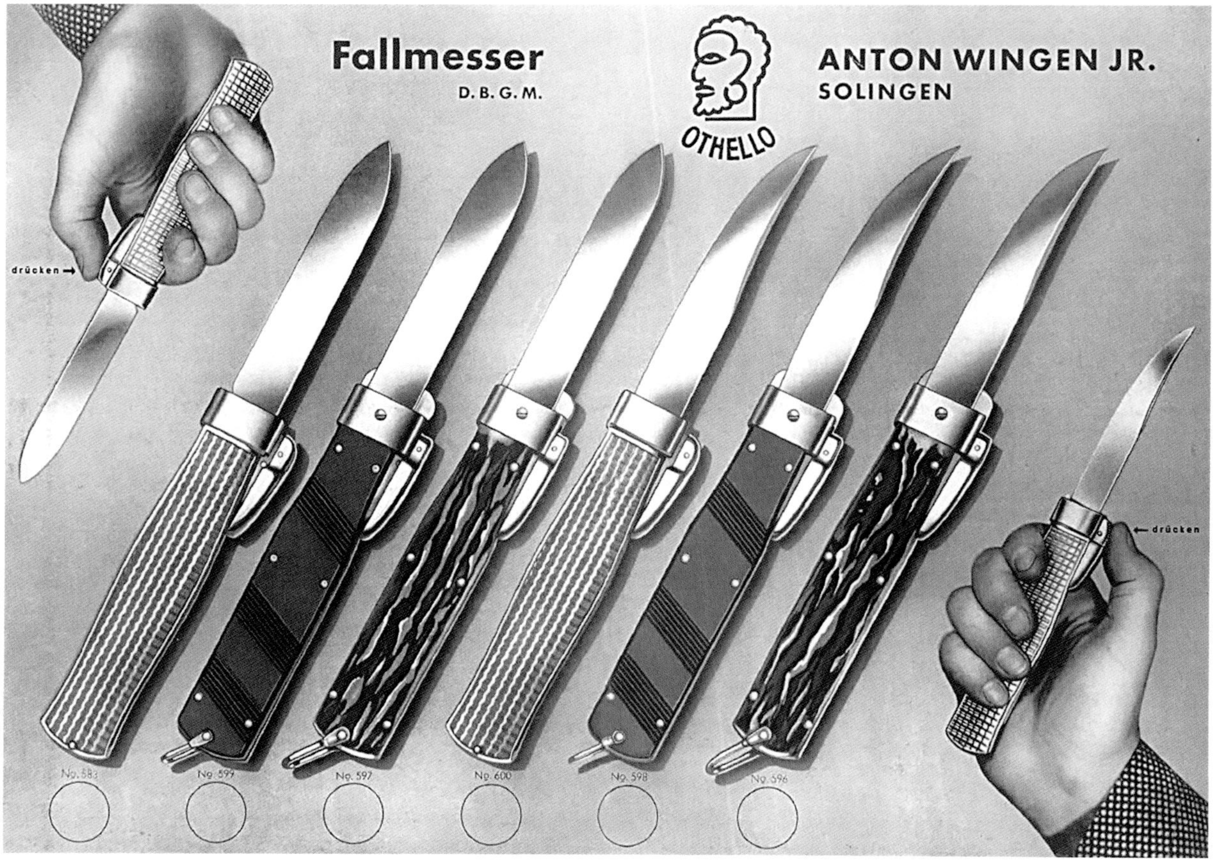

Abbildung 63: Varianten des Typ-III-Messers (Bw-Modell → zweites von links)

für die Entwicklung und Modifikation dieses Messertyps war.

Um die Varianten der Kappmesser-Dolchversion ranken sich seit 2006 einige Mythen. Der Autor wird die vermeintliche Kriegsvariante IIb später anhand von Auffälligkeiten in der Konstruktion als Fälschung entlarven. Man müsste dem Urheber dieser Fälschung jedoch sehr viel Kreativität bescheinigen, wenn er diese in Eigenregie, ohne echte Vorlage kreiert hätte. Diese, definitiv nach 1945 produzierte Vorlage, ist die wahrscheinlich seltenste[63] SMF-Variante, welche vermutlich ebenfalls für die Bundeswehr-Truppenversuche Anfang der 1960er-Jahre produziert wurde. Es handelt sich um den von Pattarozzi so benannten Typ IIb1, welcher sich durch folgende Merkmale auszeichnet:

- Die Form des Druckhebels ist ausschließlich von den SMF-Nachkriegsmodellen (Abbildungen 58 und 59) bekannt. Die Seitenflächen sind nicht spitz zulaufend sondern eckig.
- Die rostfreie Stahlklinge trägt den Schriftzug „INOX“.

[63] Dem Autor ist lediglich ein Messer in den USA mit der Nummer 10 bekannt.

Abbildung 64: Bundeswehr-Prototyp aus dem Jahre 1959/60

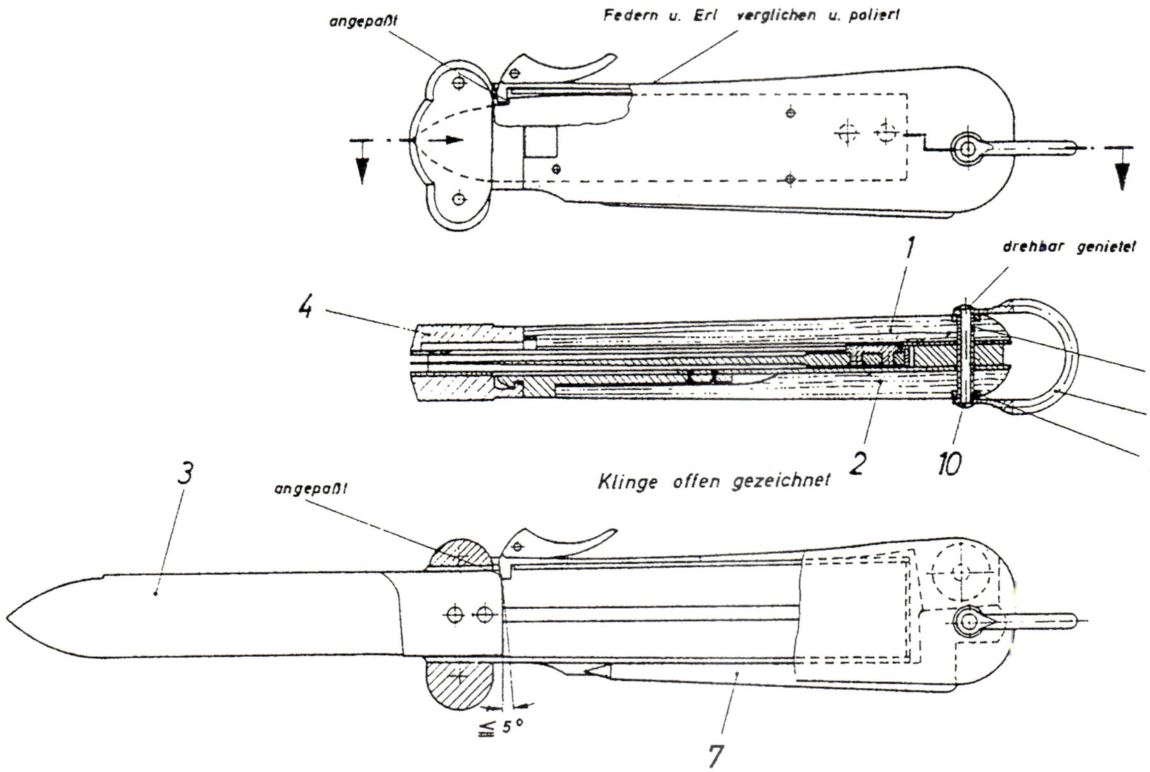

Abbildung 65: Konstruktionszeichnung Typ II(c) (1964 – TL 7340-009)

- Außer Klinge und Bügel sind alle Metallteile geschwärzt.
- Der Stempel des Abnahme-Inspizienten auf der Angel des Aufreibers ist nicht vorhanden.
- Die Messerbaugruppen sind korrekt gestempelt und bis auf die Unterbaugruppe „Klingenverriegelung" nummerngleich. Die Nummer auf dem Nocken befindet sich links. Dies entspricht der bekannten Vorgehensweise nach 1945, beschrieben auf Seite 21.
- Der Metallkopf ist vorschriftsmäßig aus zwei Frästeilen gefertigt (anders als bei den in Kapitel 11.3 beschriebenen Typ-IIb-Fälschungen).

Aus folgenden Gründen ordnet der Autor dieses Messer der Nachkriegszeit zu:

- Die Bezeichnung für rostfreien Stahl „INOX" ist neuzeitlich. Während des Krieges wurde ausschließlich das Wort „Rostfrei" benutzt; zudem fehlte bei den SMF-Typ-II-Klingen jegliche Art von Ätzung; sie waren blank.
- SMF hatte bereits vor Einführung des Typ II auch für die Klingenfertigung auf Karbonstahl umgestellt. Ende des Jahres 1943 stand mit Sicherheit kein rostfreier Stahl für ein so kleines Los von 500 Stück zur Verfügung. Es hätte aus Sicht des Autors auch keinen Sinn ergeben, die Produktion einmalig für eine solch kleine Menge umzustellen. Das Kappmesser war eingeführt und hunderttausendfach bewährt.
- Die Montagehilfe auf dem Nocken befindet sich links (siehe Abbildung 66).
- Das Fehlen des Inspizientenstempels beweist, dass diese Messer nie von den Organen eines Waffenamtes abgenommen wurden.
- Die bekannten Messer (inklusive der Typ-IIb-Fälschungen) und vor allem die Klingen sind alle in nahezu neuwertigem Zustand.
- Es ist nachweislich ein weiteres, minimal verändertes Truppenversuchsmesser (Abbildung 64) aus dem Jahre 1959/60 bekannt, welches in wesentlichen Merkmalen übereinstimmt.

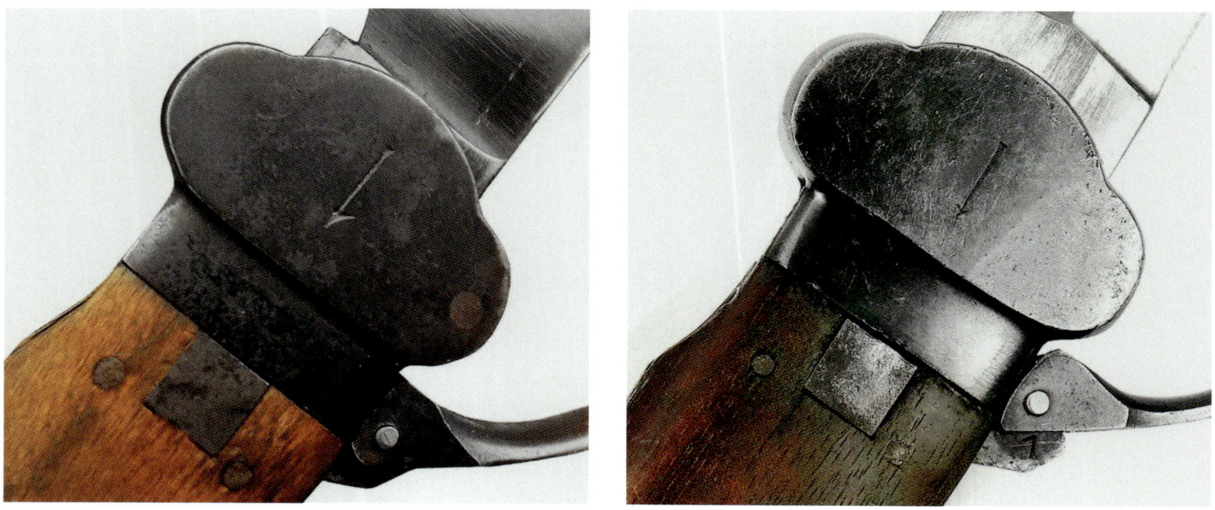

Abbildung 66: Metallkopf-/Druckhebelform und Montagehilfe (von rechts: Typ IIa – IIb[c]1)

Abbildung 67: Fehlender Inspizientenstempel und Nummer auf Metallkasten

Abbildung 68: Dolchvariante mit zweiteiligem, gefrästem Metallkopf

Abbildung 69: SMF-Dolchvariante der Nachkriegszeit (Typ II b[c]1)

Der Ursprung des 2006, von Pattarozzi initiierten Mythos geht also auf eine SMF-Sonderauflage der Nachkriegszeit zurück. Vor allem die geschwärzten Metallteile sind für den Autor ein Hinweis darauf, dass es sich womöglich um ein zweites Versuchsmodell für das Militär handelte.

Pattarozzi erwähnt in seinem Buch zudem eine zweite Variante mit Dolchklinge. Diese unterscheidet sich auf den ersten Blick durch die verwendete Stahlsorte der Klinge. Die Tatsache, dass hier kein rostfreier Stahl zum Einsatz kam, zeigt sich auch durch den fehlenden „INOX"-Schriftzug auf der Klinge.

Dem Autor sind lediglich zwei solcher Exemplare bekannt, die jedoch Besonderheiten aufweisen, die eine abschließende Beurteilung sehr schwierig machen. Es kann nicht ausgeschlossen werden, dass im Fall dieser Messer originale Griffe von Nachkriegsmessern mit gefälschten Dolchklingen ausgestattet wurden. Die Authentizität der Griffe wird nicht angezweifelt. Sie stammen eindeutig aus SMF-Produktion. Dies kann unter anderem durch die Verbindung von unterer Abdeckplatte und Metallkasten durch vier Schweißpunkte nachgewiesen werden.

Aus folgenden Gründen ordnet der Autor diese Messer der Nachkriegszeit zu:

- Es fehlt der Stempel des Abnahme-Inspizienten.
- Es fehlt die R.B.Nr. auf der Rückseite der Angel des Aufreibers.
- Die Montagehilfe auf der oberen Flachfeder befindet sich links.
- Der Druckhebel weist bereits die Nachkriegsform auf.
- Es befindet sich (wieder) das Firmenlogo auf der Klinge.

Es gibt jedoch bei beiden Messern Unregelmäßigkeiten bei den Montagehilfen. Bei Messer Nr. 1 stimmt keine der Montagehilfen mit einer anderen überein.[64] Es erweckt den Eindruck, als ob dieses Messer aus Teilen verschiedener Messer zusammengesetzt wurde. Absolut ungewöhnlich für dieses SMF-Typ-II-Messer ist die vierte Montagehilfe auf der unteren Abdeckplatte nahe der

Abbildung 70: Nachkriegs-Griffmerkmale

[64] Abdeckplatte 993 – Metallkasten 995 – Metallkopf 448 – Klinge 667 (Feder und Hebel sind repariert)

Abbildung 71: Klingenbasis mit runder Vertiefung

Abbildung 72: nicht-rostfreie SMF-Dolchvariante

Aufreiberangel. SMF hatte bereits mit Einführung des Typ-II-Messers im Jahr 1943 vollkommen auf diese Stempelung verzichtet. Sogar diese Montagehilfe „993" stimmt nicht mit derjenigen auf dem angenieteten Metallkasten „995" überein.

Beim zweiten Messer stimmt lediglich die Montagehilfe „479" auf der Klinge nicht mit denen auf dem Griff (Metallkasten und Metallkopf) „421" überein. Eine vierte Montagehilfe auf der unteren Abdeckplatte ist nicht vorhanden.

Die Klingen beider Messer weisen ebenfalls eine Besonderheit auf. Links neben der Montagehilfe befindet sich eine kreisrunde Vertiefung, deren Funktion nicht bekannt ist. Die Interpretation all dieser Fakten ist schwierig. Für den Autor steht mehr oder weniger fest, dass es sich um ein Nachkriegsmodell handelt. Die Klingen sind aus minderwertigem Stahl gefertigt und sind nicht nummerngleich zum Griff. Sie wurden entweder (beide) vertauscht oder nachträglich gefertigt; in letzterem Fall ist die Nummer eventuell eine echte Seriennummer für die Klinge selbst. Mindestens einer der Griffe ist möglicherweise aus Resten der ehemaligen Kriegsproduktion zusammengesetzt.

Es könnte sich bei diesen Messern ebenfalls um Exemplare aus möglichen Truppenversuchen der Bundeswehr oder um zivile Vorgängermodelle aus den späten 1940er- bzw. frühen 1950er-Jahren handeln.

Ab 1968 entwickelt sich das Typ-II-Kappmesser final zum Typ IV. In dieser Übergangsphase werden Material und Fertigungsverfahren letztmalig geändert. Der aus 15Cr3 gegossene und somit nun einteilige Metallkopf behält jedoch zunächst noch seine glatten Seitenflächen. Die Griffschalen sind aus Nussbaumholz gefertigt. Von Halász zeigt in seinem Buch „Kampfmesser II" ein Modell mit einer OFW-Klinge.[65]

Ursprünglich für die Luftfahrzeugbesatzungen der Wehrmacht entwickelt, schien das Kappmesser für die Luftwaffe der Bundeswehr zu diesem Zeitpunkt kaum noch relevant. Dies ergibt sich aus den Aussagen des Luftwaffen-Generals Walter Krupinski im Jahre 1966:

„Wenn Sie nach Wittmund zum Jagdgeschwader „Richthofen" gehen, dann sagen ihnen die Flugzeugführer, sie wollen das amerikanische Messer. Und wenn sie diejenigen Stellen hier im Haus, die für die Ausrüstung der Bundeswehr verantwortlich sind, fragen, dann ist das Messer, das jeder Soldat, auch jeder Flugzeugführer, zu seiner Feldausrüstung empfängt [Anm. des Autors: Es handelt sich um ein Kampfmesser mit feststehender Klinge.], das richtige Messer.

[Beim Flieger-Kappmesser der Wehrmacht] rutscht die Klinge unter gewissen Umständen wieder hinein. [...] es gibt Besseres heutzutage. Es gibt einen echten Leinenschneider, der besser ist als ein Messer. Das amerikanische Messer hat nicht nur eine Klinge, sondern auf der anderen Seite einen Leinenschneider. Das deutsche Messer [...] hat diesen Leinenschneider nicht, sondern einen Dorn [...] Das ideale Messer ist das alte deutsche Fallschirmmesser, [...] aber an Stelle des Dorns ein Leinenkapper." [66]

Die Strahlflugzeugführer sind heute mit dem durch Brigadegeneral Krupinski favorisierten Leinenschneider ausgestattet, welcher in keiner Weise als Messer geeignet ist. Die Transall- und Hubschrauberpiloten tragen weiterhin ein Messer mit feststehender Klinge bei sich. Das Kappmesser reifte somit zu einem reinen Ausrüstungsgegenstand für die Luftlandetruppe der Bundeswehr. Aber auch die Soldaten der Panzertruppe wurden damit ausgestattet.

[65] Vgl. von Halász (2009), S. 178

[66] Der Spiegel (1966), S. 24

3.4 Zusammenfassung

Die vorangegangenen Kapitel enthalten viele Hinweise, die den Autor zum Schluss kommen lassen, dass die Solinger Metallwaren-Fabrik für die Entwicklung und Weiterentwicklung des Flieger-Kappmessers verantwortlich war. Zum Abschluss erfolgt eine kurze Zusammenfassung der bisher präsentierten Fakten:

- 75 % aller Kappmesser sind von SMF gefertigt.[67]
- Die SMF-Abteilung-II produzierte „Metallwaren aller Art, nach eigenen und eingesandten Entwürfen" und war somit eine firmeneigene Entwicklungsabteilung.
- Das Kappmesser weist wesentliche Merkmale eines Taschenmessers auf. Von den drei ursprünglichen Herstellerfirmen sind lediglich Taschenmesser von SMF bekannt.
- Ausschließlich einige SMF-Messer tragen den frühen Abnahme-Inspizientenstempel der Reichswehr. Diese Messer gehören somit zu den ersten gefertigten Losen. Sie wurden geliefert, noch bevor Paul Weyersberg oder F & A Helbig die Produktion aufnahmen.
- Der zu Beginn noch gerade geformte SMF-Druckhebel ist ein weiteres Indiz dafür, dass SMF für die Entwicklung und Optimierung des ursprünglichen Designs verantwortlich war.
- Der abrupte und planvolle Übergang zum Typ-II-Modell beziehungsweise das Nichtvorhandensein sogenannter Übergangsmesser zeigt, dass SMF gegenüber Paul Weyersberg einen Informationsvorsprung hatte. Wahrscheinlich, weil Ernst Stöcker die Konstruktionsänderung selbst steuerte und vorantrieb.
- SMF vereinfachte die Konstruktion sowohl beim Typ I als auch später bei der Umstellung auf den Typ II. Bei Paul Weyersberg finden sich diese Optimierungen nicht.
- SMF lieferte 1959/60 als einziger Hersteller nahezu unveränderte Typ-II-Kappmesser zur Erprobung an die Bundeswehr. Damit ist die Metallwaren-Fabrik die einzige von drei Weltkriegsherstellern, die diese Messer über einen Zeitraum von mehr als 25 Jahren produzierte.
- Die ab 1910 für weitere 60 Jahre betriebene, mehrstöckige Fabrik mit rund 100 Mitarbeitern (nur sieben Jahre nach Kriegsende) und angrenzendem Wohnhaus zeugt von der damaligen wirtschaftlichen Stärke der Solinger Metallwaren-Fabrik. Ernst Stöcker wird zudem von seinen noch lebenden Nachfahren als echter Unternehmer beziehungsweise Industrieller beschrieben. Wie im nächsten Kapitel dargestellt, handelte es sich bei der Paul Weyersberg & Co. lediglich um eine verhältnismäßig kleine Klingenmanufaktur.

[67] Vgl. Pattarozzi (2006), S. 40

4 | DAS MESSER DER PAUL WEYERSBERG & CO

Am zweithäufigsten werden Sammler auf die nicht zerlegbaren, frühen Modelle der Firma Paul Weyersberg & Co. stoßen. Die Geschichte der Familie Weyersberg ist eng mit der Messerschmiedekunst der Stadt Solingen verknüpft und reicht möglicherweise bis in das 13. Jahrhundert zurück.

4.1 Paul Weyersberg – Nachkomme der ersten Solinger Klingenschmiede

„Die Familie Weyersberg [„Weierperg", gem. Steyerer-Chronik 1552] stammt mündlicher Überlieferung zufolge aus der Steyermark und hat sich [...] in der Solinger Gegend niedergelassen. [...] Ein genauerer Bericht über den Zeitpunkt dieser Zuzüge lässt sich nicht auffinden; nur wird erwähnt, dass der von 1259 – 1296 regierende Graf Adolf V. von Berg [...] eine Übersiedelung von steyermärkischen Schwert- und Messerschmieden in sein Land veranlasst habe."[68] Nachweislich jedoch findet sich der Nachname (in seinen Variationen: Weirsberg, Wiersberg, Wirsberg, Wersberg, Wirsberch) seit Mitte des 16. Jahrhunderts in verschiedenen Solinger Dokumenten. Während der Blütezeit Solinger Schwertschmiedekunst (ca. 1550 – 1630) produzierte die Familie Weyersberg, darunter Pether Wirsberch, einige bekannte Stücke auf denen sich die Inschrift „[Hersteller] me fecit Solingen" findet.[69]

Die unmittelbare Geschichte der zweitwichtigsten Kappmesser-Manufaktur beginnt 200 Jahre später mit Nathanael Weyersberg (1809 – 1871), welcher wohl, ab etwa 1840, eine eigene Klingenschmiede betrieb. Es sind frühe Säbelklingen mit seiner Markierung N.W.B. bekannt. Seine Tochter Johanna (aus erster Ehe) heiratete 1855 den Kaufmann Carl Albert Stamm (sen.).

Aus dieser Verbindung beider Familien entstand gemäß Handelsregistereintrag am 29. Dezember 1863[70] die Waffenfabrik „Weyersberg & Stamm" mit Schwiegervater und -sohn als Geschäftsführer. Sie fertigten Bajonette, Säbel und Pallasche für die preußische und bayrische Armee. Aus diesem Kerngeschäft entspringt wohl auch das Schwert im späteren Herstellerzeichen des Enkels Paul Weyersberg.

Nach dem Tod des Vaters führte der älteste Sohn Carl Weyersberg (1842 – 1903) die Firma als Familienbetrieb weiter, bis sie 1899 in Liquidation ging und sechs Jahre später geschlossen wurde. Aus der Liquidationsmasse entstand die Firma „Weyersberg & Co." an exakt gleicher Adresse wie der Vorgängerbetrieb, der Grünewalder Straße 20, mit Carl und seinem ältesten Sohn Paul (1871 – 1941) als Teilhaber. Der registrierte Firmensitz war eine sogenannte „Mietskaserne"[71] im Besitz der Firma J. A. Henckels.[72]

[68] Vgl. Weyersberg (1893), Vorwort

[69] Vgl. Weyersberg (1893), Vorwort, S. 4; me fecit (lat.) = mein Schöpfer

[70] Vgl. DuMont-Schauberg (1863), S. 4

[71] auch Wohnkaserne: für Arbeiter und Angestellte errichtete, mehrstöckige, innerstädtische Wohnblöcke

[72] Vgl. Bauermann (2016)

Abbildung 73: Grünewalder Straße 20 – „Weyersberg & Stamm" Wohn- und Firmensitz

Für die Klingenfertigung wurde sicher einer der „Koten" im direkten Umfeld des Wohnhauses genutzt. Beispielsweise standen die Henkels Fertigungsstätten auch für andere Heimarbeiter zur Verfügung – direkt gegenüber dem Wohnhaus befand sich aber auch die Fabrik der Friedrich Herder Abraham Sohn GmbH, zu deren Besitzern es eine direkte Verwandtschaft gab.[73]

Nach dem Tod des Vaters 1908 übernahm Paul mit seinem Bruder Max die Leitung des Betriebes. Kurz vor dem ersten Weltkrieg wurde der Firmensitz dann in die Grünstraße 24 (Haltestelle Grünewald)[74] verlagert. Die Produktion umfasste weiterhin Blankwaffen wie zum Beispiel Säbel für das Militär; die Firma wird unter anderem im Zusammenhang mit der Lieferung von Prototypen polnischer Offizierssäbel im Jahre 1916 genannt.

Die beiden Brüder entschieden sich Anfang 1921 zur Aufteilung der Geschäftsfelder. Es entstand eine „Spezialfabrik-Zangen aller Art" unter Max und die „Waffen- und Metallwarenfabrik" Paul Weyersberg & Co. – neben Paul war der

[73] Nathanaels Frau war eine Herder.

[74] Heute Haltestelle „Technologiezentrum"; 1935 wird die Grünstraße in Walter-Dodde-Straße umbenannt – das Weyersberg-Haus ist heute nicht mehr existent. Heute steht hier das Grünewaldzentrum.

Fabrikant Richard Küllenberg aus Höhscheid als zweiter Gesellschafter eingetragen.[75]

Werbeanzeigen aus den 30er-Jahren in bekannten Magazinen wie zum Beispiel „Die Klinge" zeigen den Vornamen Paul häufig unterstrichen, um Verwechslungen mit anderen nahezu gleichnamigen Herstellern zu vermeiden. Der Schriftzug „Me fecit Pether Wirsberch. Solingen" stellt den Bezug zum Ursprung der Solinger Schwertschmiedekunst her. Zudem wird die Verbindung zum letzten echten Schwertschmied der Familie geschaffen, indem auf die Gründung des Stammhauses (Weyersberg & Stamm – tatsächlich etwa 15 Jahre später) im Jahre 1840 verwiesen wird. Diese Jahreszahl bezieht sich jedoch wohl eher auf die erste Berufserfahrung des damals 32-jährigen Nathanael Weyersberg.

Dieser Hersteller produzierte zwischen 1933 und 1945 ebenfalls große Mengen an SA- und Postschutzdolchen und Seitengewehren 84/98. Hermann Göring persönlich gab 1934 das Fliegerschwert für verdiente Offiziere der Luftwaffe bei Paul Weyersberg in Auftrag.[76]

Abbildung 74: Paul Weyersbergs Werbeanzeigen (Ende 1930er-Jahre)

[75] Vgl. Weise (2016); Bauermann (2016)
[76] Vgl. Stang (2009), S. 135

Abbildung 75:
Paul-Weyersberg-Fliegerschwert

Nach dem Tod des Inhabers Paul Weyersberg am 24. März 1941 durch eine Herzmuskelschwäche wurde seine zweite Ehefrau Agnes (ursprünglich Dienstmagd bei der Familie) persönlich haftende Gesellschafterin. Außerdem traten Sohn Kurt und Tochter Annemarie ins Unternehmen ein. Im März 1944 produzierte das „Schwertwerk – Paul Weyersberg & Co." auf einer bebauten Fläche von 590 m^2 (Betriebsfläche 1652 m^2) mit insgesamt 98 Mitarbeitern, bis schließlich im November 1944 alliierte Bomber Solingen dem Erdboden gleich machten. Dabei wurde unter anderem die Firma Herder stark zerstört. Der Firmensitz der Paul Weyersberg & Co. befand sich weniger als 300 Meter Luftlinie entfernt und hatte mit Sicherheit ebenfalls Schaden genommen.

Nach dem Krieg konzentrierte man sich auf die Produktion von Schneid- und Besteckwaren und firmierte von 1948 bis 1953 weiterhin als „Schwertwerk", später offiziell als „Besteckfabrik" bis zur Schließung im Jahre 1955. Der Handelsregistereintrag wurde am 15. Februar 1955 gelöscht.[77]

Die Firma Paul Weyersberg war im Gegensatz zu SMF ein eher kleiner Betrieb mit begrenzten Produktionskapazitäten. Die extreme Konzentra-

[77] Vgl. Bauermann (2016); Reichbetriebskarte vom 5.3.1944; Weise (2016)

tion auf das Geschäftsfeld der militärischen Blankwaffen führte zu einer Blütezeit während des ersten und zweiten Weltkrieges. Nachdem die moderne Kriegsführung jedoch immer weniger Gebrauch von entsprechender Bewaffnung machte, schwand nach 1945 sehr abrupt der alternative Bedarf an Blankwaffen zu Repräsentationszwecken. Der Untergang der Firma war damit besiegelt.

4.2 Konkurrent oder strategischer Partner – Das Weyersberg-Typ-I-Messer

Aus dem Kapitel 3.2.1 ist bekannt, dass SMF den ersten Vertrag vom Waffenamt der Luftwaffe erhielt. Es scheint, als ob der schnell steigende Personalbestand an Luftfahrzeugbesatzungen und Fallschirmjägern einen überproportionalen Anstieg der Nachfrage der Beschaffungsbehörde hervorrief. Schließlich bereitete man sich auf einen, in zwei Jahren beginnenden Krieg vor.

Dies könnte zu Produktionsengpässen bei SMF geführt haben. Es ist daher vorstellbar, dass sich Ernst Stöcker zu einer strategischen Kooperation mit dem wesentlichen kleineren und weniger diversifizierten Paul Weyersberg entschied - beide Messerfabrikanten waren nahezu im gleichen Alter und es liegt nahe, dass sie sich gut kannten. Dies hätte SMF die Position als Hauptlieferant dieser Messer frühzeitig gesichert und die Steinbacher Konkurrenz in ihren Möglichkeiten stark beschränkt.

Möglicherweise wurde SMF sogar gebeten, die Firma Paul Weyersberg & Co. bei der Aufnahme der Produktion von Flieger-Kappmessern zu unterstützen.[78] Dieses zweite Solinger Unternehmen war den Beschaffungsorganen der Luftwaffe bereits durch die Entwicklung und Lieferung des Fliegerschwertes bekannt.

Grund zu diesen Annahmen gibt die Tatsache, dass die Typ-I-SMF und Weyersberg-Messer bis auf wenige Details identisch gearbeitet und auch markiert (vor allem die Montagehilfen auf den [Unter-]Baugruppen) sind. Die Analyse von SMF- und Paul-Weyersberg-Abdeckplatten, Holzgriffschalen aber auch die Position der Flachfedernieten zeigt eindeutig den hohen Grad an maschinellen Produktionsverfahren bei der Kappmesserherstellung.

Die Abdeckplatten beider Firmen sind derart identisch, dass sogar die Griffschale eines Typ-I-SMF-Messers mit der unteren Abdeckplatte eines Typ-II-Weyersberg-Messers vernietet werden kann.

Paul Weyersberg & Co. verfügte aus Sicht des Autors nicht über entsprechende Maschinentechnik zur Fertigung der Blechprägeteile. Er produzierte ansonsten nur Blankwaffen mit feststehender Klinge. Aufgrund dieser gemeinsamen Merkmale könnten daher beide Modelle auf denselben Zeichnungen basieren und auf den gleichen Anlagen (bei SMF) hergestellt worden sein.

Auch ein Vergleich der Metallköpfe und Aufreiber beider Firmen zeigt, dass diese nahezu identisch gearbeitet sind. Lediglich minimalste Abweichungen lassen eher die Verwendung unterschiedlicher Werkzeuge als unterschiedliche Hersteller beziehungsweise Zulieferer vermuten.

Erkennbar sind jedoch Unterschiede in der Form der Typ-I-Druckhebel und -Flachfedern. Der SMF-Nocken (und auch der Druckhebel) ist im vorderen Bereich halbrund geformt; beim Weyersberg-Modell ist er vollständig gerade und schließt bündig ab.

[78] Vgl. Kapitel 6.2: Entsprechende Vorgehensweisen der Beschaffungsbehörden zur Abfederung von Produktionsengpässen sind auch aus Großbritannien bekannt.

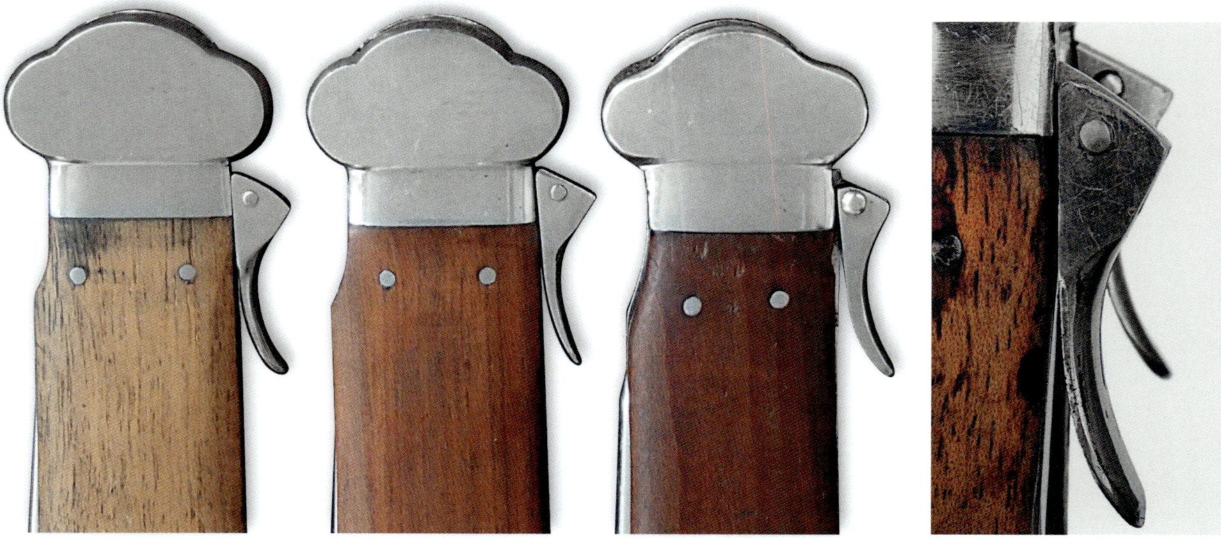

Abbildung 76: Kopf-/Druckhebelform (v. l. n. r.: SMF, Weyersberg, Helbig; Seitenansicht rechts: vorne SMF, hinten Weyersberg)

Die Unterschiedlichkeit der Flachfedern und Druckhebel beider Hersteller deutet nicht notwendigerweise auf unterschiedliche Quellen/Lieferanten hin. In der Länge sind sie identisch, obwohl diese (anders als die Breite) in der Baumusterbeschreibung der Luftwaffe nicht vorgegeben war. Die obere Flachfeder des Thüringer Konkurrenten F & A Helbig ist dagegen etwa ein Millimeter kürzer.[79] Es ist vielmehr davon auszugehen, dass lediglich die finale Bearbeitung und Endmontage gleichartiger Rohlinge erst bei den beiden Solinger Betrieben erfolgte.

Anders als SMF vernietet Paul Weyersberg die Flachfeder des Aufreibers bis zur Aufgabe der Produktion weiterhin mit zwei Nieten. Angenommen, er erhielt seine maschinell vorgebohrten Blechprägeteile aus der gleichen Quelle (womöglich von SMF selbst), so würde das die positionsgenaue aber auch die zweite, abweichende Bohrung in Aufreiberfeder und Metallkasten erklären. SMF bestellte/fertigte für späte Typ-I-Messer nur noch Kästen mit einer Hauptbohrung – Paul Weyersberg musste daher Bohrung Nr. 2 manuell hinzufügen.[80]

Als erfahrene Messerfabrikanten fertigten beide Hersteller die Klingen selbst. Entsprechende Unterschiede in der Klingenform sind erkennbar.

Neben den identischen Merkmalen der Komponenten deutet ebenfalls die anfängliche, gleichartige Verwendung der Nummernstempel als Montagehilfen auf identische oder zumindest sehr ähnliche Produktionsverfahren hin.[81]

Eine solche begrenzte Zusammenarbeit zwischen offensichtlichen Konkurrenten war in dieser Zeit zumindest nicht ausgeschlossen. Aus den Aufzeichnungen von LtCol Thomas Johnson ergibt sich, dass auch in Steinbach/Thüringen eine vergleichbare produktionstechnische Vernetzung stattfand. So nutzten beispielsweise F & A Helbig und Malsch & Ambronn eine Produktionsanlage gemeinsam.[82]

[79] Siehe Abbildung 96
[80] Vgl. Kapitel 3.2.3 (S. 41)
[81] Vgl. Kapitel 3.2.5
[82] Vgl. Pattarozzi (2006), S. 39, 46

Abbildung 77: Typ-I-Flieger-Kappmesser von Paul Weyersberg & Co

Durch die Änderung der technischen Lieferbedingungen bezüglich des zu verwendenden Stahls im Jahre 1942 existieren neben entsprechenden Typ-I-SMF-Modellen auch Paul-Weyersberg-Messer, die einzelne Teile aus nicht-rostfreiem Material enthalten. Sehr seltene Exemplare haben eine Klinge aus Karbonstahl mit Weyersberg-Logo, jedoch ohne den Zusatz „ROSTFREI". Lagerhaltige Restbestände dieser Klingen kommen später auch bei den ersten Typ-II-Messern dieses Herstellers zum Einsatz. Vor allem diese Messer haben den kleinen Stempel des Abnahme-Inspizienten auf dem Aufreiber eingeschlagen.

4.3 Das mögliche Weyersberg-Typ-I-Versuchslos

Dieses Unterkapitel ist mit etwas Vorsicht zu behandeln, da es nur einen Hinweis dafür gibt, dass es sich bei der folgenden Kappmesservariante um ein Modell aus der Produktion von Paul Weyersberg handelt. Eine nachträgliche, teilweise Modifikation mit möglichem Klingentausch kann nicht ausgeschlossen werden; diese Variante

Abbildung 78:
Weyersberg-Typ-I-Messer mit Karbonstahlteilen

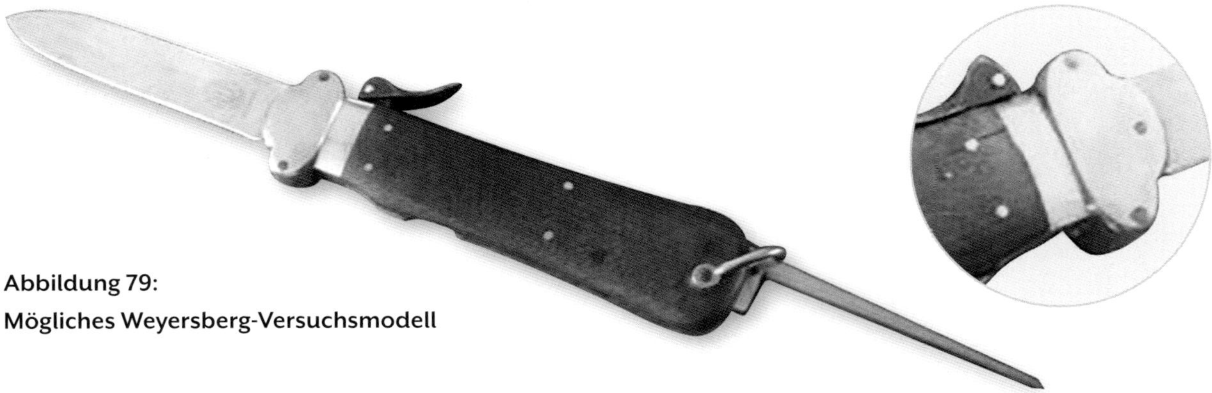

Abbildung 79:
Mögliches Weyersberg-Versuchsmodell

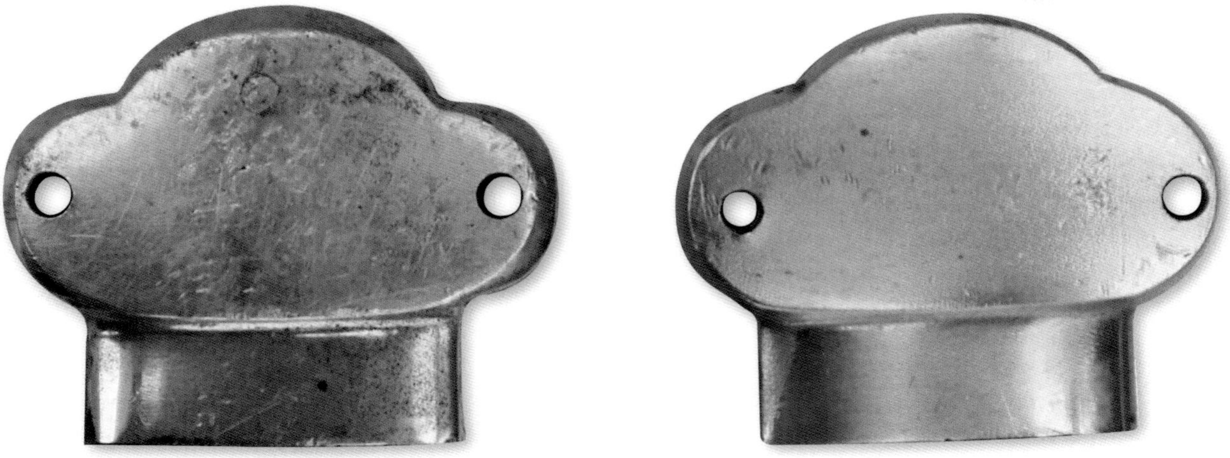

Abbildung 80: Veränderte Kopfform (rechts: Solinger Standard)

könnte somit ebenso aus dem Hause SMF stammen.

Dem Autor sind lediglich zwei solcher Messer bekannt, die sich von außen lediglich durch die leicht veränderte Kopfform mit einer zusätzlichen Niete vom Solinger Standard unterscheiden. Das erste Exemplar enthält eine Paul-Weyersberg-Klinge. Die Form des nicht rostfreien Druckhebels deutet jedoch eher auf ein spätes SMF-Teil oder einen Typ-II-Hebel hin. Auch die Kopfnieten bestehen aus nicht rostfreiem Stahl. Leider liegen keine weiteren Detailfotos dieses Messers vor.

Selbst der Experte würde ggf. dieses Messer als eine schlechte Reparatur einstufen. Auch den besonderen Metallkopf könnte man zunächst als einen „Ausrutscher" in der Produktion abtun. Ein Blick ins Innere eines zweiten Exemplars fördert jedoch äußerst interessante Besonderheiten zu Tage, die jedoch erst im direkten Vergleich mit regulären Solinger Typ-I-Messern richtig zur Geltung kommen. Bei diesem zweiten Exemplar war leider die Klinge zu stark beschliffen, um einen Hersteller erkennen zu können und beide Flachfedern fehlten. Es kam bereits zerlegt.

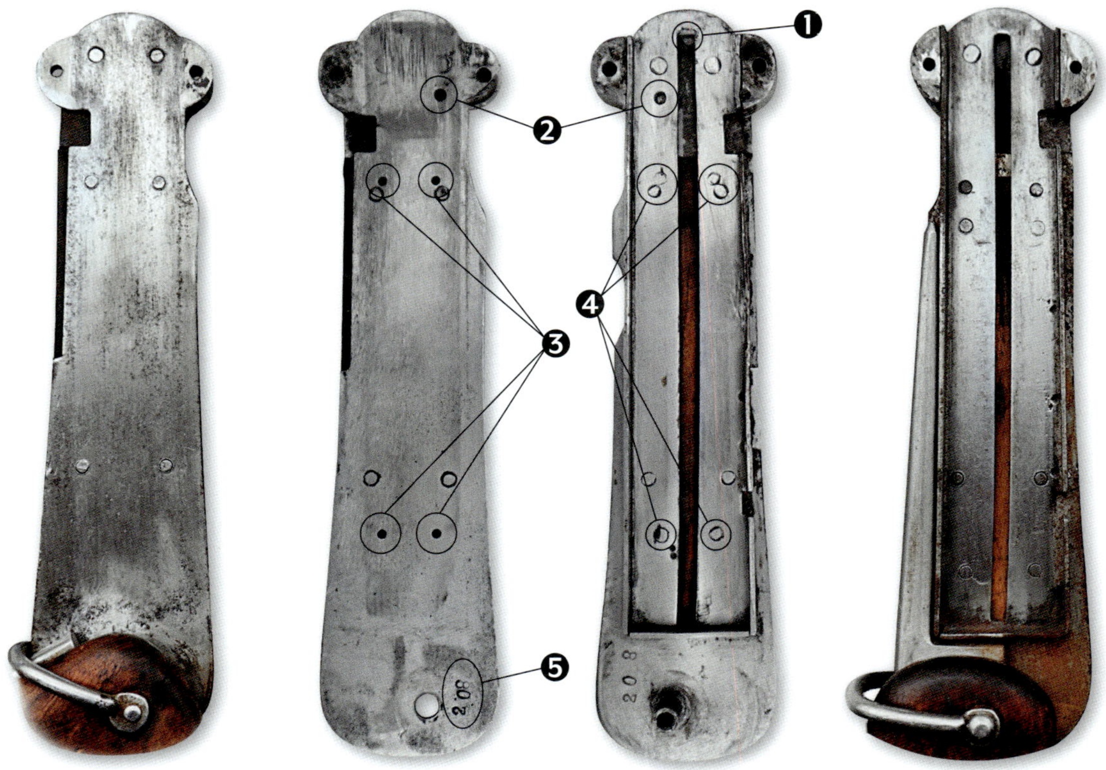

Abbildung 81: Vergleich mit Weyersberg-Typ-I

Beginnen wir mit dem Vergleich zum Weyersberg-Modell. Im Einzelnen sind folgende Besonderheiten erkennbar:

[1] fünfte Niete in unterer Metallkopfhälfte
[2] Bohrungen in Metallkasten und Abdeckplatte mit unbekannter Funktion
[3] nicht verwendete Bohrungen in oberer Abdeckplatte
[4] vollkommen andere Position der Bohrungen/Nieten im Metallkasten; zudem im oberen Bereich sehr bzw. zu eng beieinander
[5] zusätzliche Montagehilfe auf oberer Abdeckplatte

Einige dieser Unregelmäßigkeiten lassen sich erklären. So sind beispielsweise die Besonderheiten 3 und 4 auf die Verwendung der gleichen Bohrschablone für die obere und untere Abdeckplatte zurückzuführen. Nachdem die obere Abdeckplatte lediglich mit der Griffschale (und nicht zusätzlich mit dem Metallkasten) vernietet ist, blieben 4 Löcher „ungenutzt". Über die Gründe, warum sich die Bohrschablone so stark vom Standard unterscheidet und die oberen Bohrungen so eng zusammenliegen, kann jedoch nur spekuliert werden.

Abbildung 82: Fünfte Niete zur Verstärkung des Schlitzendes (oben)

Die fünfte Niete im Metallkopf soll ganz offensichtlich verhindern, dass die vor- und zurückgleitende Klinge den Schlitz im oberen Bereich durch den Zapfen nach und nach ausschlägt.[83]

Wer nun glaubt, es handle sich eventuell doch um ein SMF-Messer, der irrt! Der entsprechende Vergleich zeigt dieselben Unregelmäßigkeiten (Abbildung 83).

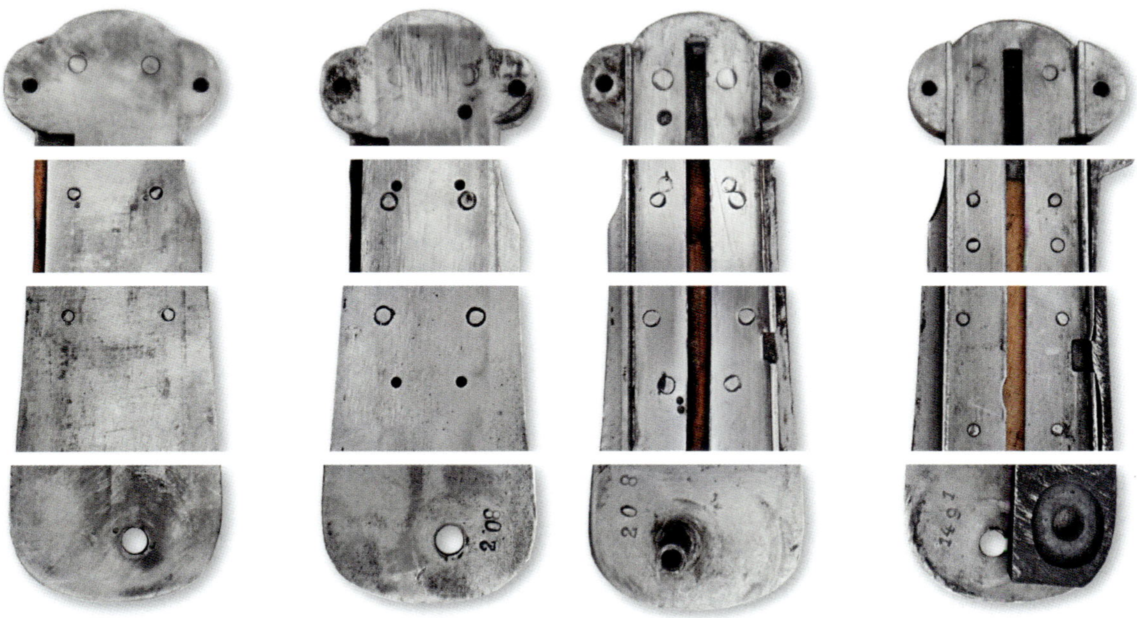

Abbildung 83: Vergleich mit Typ I von SMF

[83] Vergleiche auch entsprechende Maßnahme von SMF auf Seite 58

Wie erwähnt, kann diese Messervariante nicht genau eingeordnet werden. Es können lediglich etwaige Vermutungen kommentiert beziehungsweise entkräftet werden.

Vermutung 1: Das (zweite) Messer ist eine Fälschung! Diese Vermutung kann aus folgenden Gründen ausgeschlossen werden:

- Es ist nur eine Typ-I-Fälschung (S. 144) bekannt, die jedoch anders aussieht.
- Die Schriftart der Montagehilfen entspricht der der Solinger Originale.
- Die Alterungsspuren sind absolut authentisch.
- Der Aufreiber trägt eindeutig einen originalen Abnahmestempel.

Vermutung 2: Die Messer wurden nachträglich repariert oder modifiziert!

Dies ist vor allem aufgrund der nicht rostfreien Nieten im rostfreien Metallkopf und der Form des Druckhebels des ersten Messers möglich. Auch die fünfte Niete im Metallkopf könnte nachträglich im Rahmen einer solchen Reparatur angebracht worden sein.

Wie groß ist jedoch die Wahrscheinlichkeit, dass man zwei Messer mit dieser individuellen Kopfform findet, die auch noch beide mit dieser sehr speziellen Modifikation ausgestattet sind? Die einzige Erklärung wäre, dass man im Rahmen des nachträglichen Einsetzens der Niete auch die Kopfform änderte. Aber warum sollte sich jemand diese unnötige und aufwändige Arbeit antun.

Die Möglichkeit einer nachträglichen Reparatur/Modifikation erklärt jedoch nicht die veränderte Position der Bohrungen/Nieten in den Abdeckplatten und im Metallkasten. Auch ein Vergleich der „Schriftart" der zusätzlichen, sonst bei keinem anderen Messer vorgefundenen Montagehilfe mit der regulär vorhandenen zeigt zudem eindeutig, dass sie mit demselben Stanzwerkzeug eingeschlagen wurde. Sie kann daher nicht Jahre später bei einer Reparatur entstanden sein.

In Ermangelung weiterer Informationen kommt der Autor zur finalen Vermutung, dass es sich um zwei Messer aus einem Truppenversuchslos handelt. Die Montagehilfe „208" könnte bedeuten, dass nur eine geringe Losgröße gefertigt wurde. Die Problematik des sich abnutzenden Schlitzendes war bereits hinreichend bekannt, was in Verbindung mit der potenziellen Verwendung nicht rostfreien Materials auf ein späteres Produktionsjahr hindeutet.

Der Abnahmestempel des Inspizienten 5 und die teilweise starken Gebrauchsspuren beweisen,

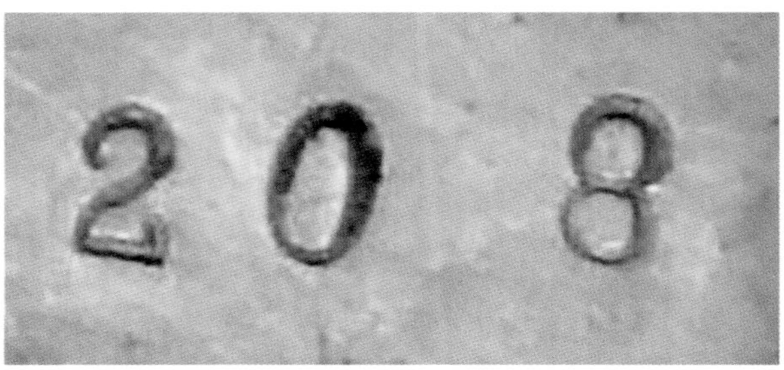

Abbildung 84: Stempel auf beiden Abdeckplatten (2. Messer)

dass diese Messer an die Truppe ausgegeben und dort verwendet wurden. Die Verstärkungsniete im Metallkopf war bei frisch polierten Messern sicher nur schwer zu erkennen. Daher sollte eventuell die veränderte Kopfform helfen, diese Messer zu einem späteren Zeitpunkt eindeutig zu identifizieren und einzusammeln, um anschließend die Wirksamkeit der Modifikation zu untersuchen.

Dieses spezielle Versuchslos wurde möglicherweise abseits der maschinellen „Fließbandproduktion" gefertigt, entspricht daher im Inneren nicht dem etablierten Standard und wirkt improvisiert.

Wahrscheinlich verhinderte die Einführung des Typ-II-Messers die serienmäßige Implementierung dieser Modifikation bei weiteren Typ-I-Losen. Sie ist durch den abnehmbaren Metallkopf konstruktiv nicht mehr umsetzbar.

Abbildung 85: Weyersberg-Typ-II-Messer mit gelochtem Typ-I-Metallkasten

4.4 Vom Typ II überrascht – schrittweise Produktionsumstellung

Zum Zeitpunkt der offiziellen Einführung der zerlegbaren Variante durch das Waffenamt der Luftwaffe war Paul Weyersberg bereits verstorben. Seine Nachfolger scheinen von der Umstellung auf die zerlegbare Konstruktion überrascht worden zu sein. Sie ließen vermutlich aus ökonomischen Gründen vorproduzierte Lagerbestände an Typ-I-Komponenten (Klingen aus Karbon- und rostfreiem Stahl, rostfreie Metallköpfe, aber auch Metallkästen mit Bohrungen zur Befestigung des Metallkopfunterteils) in die Produktion der neuen Typ-II-Messer einfließen. Diese Tatsache beweist eindeutig, dass der Übergang zum finalen Weyersberg-Typ-II-Modell ungeplant und Zug um Zug erfolgte.[84]

Die Mitarbeiter von Paul Weyersberg & Co. setzten nur die notwendigsten, der von SMF implementierten, konstruktiven Änderungen um. Keine der Optimierungen zur Vereinfachung der Konstruktion wird übernommen.

Wie zuvor erwähnt, verwendet das Unternehmen bereits bei den Typ-I-Modellen weiterhin zwei Nieten für die untere Flachfeder. Bei Umstellung auf das zerlegbare Messer behalten die Facharbeiter nun auch die Aussparung im Metallkasten und die hakenförmige Erweiterung der

[84] Vgl. Pattarozzi (2006), S. 54–55

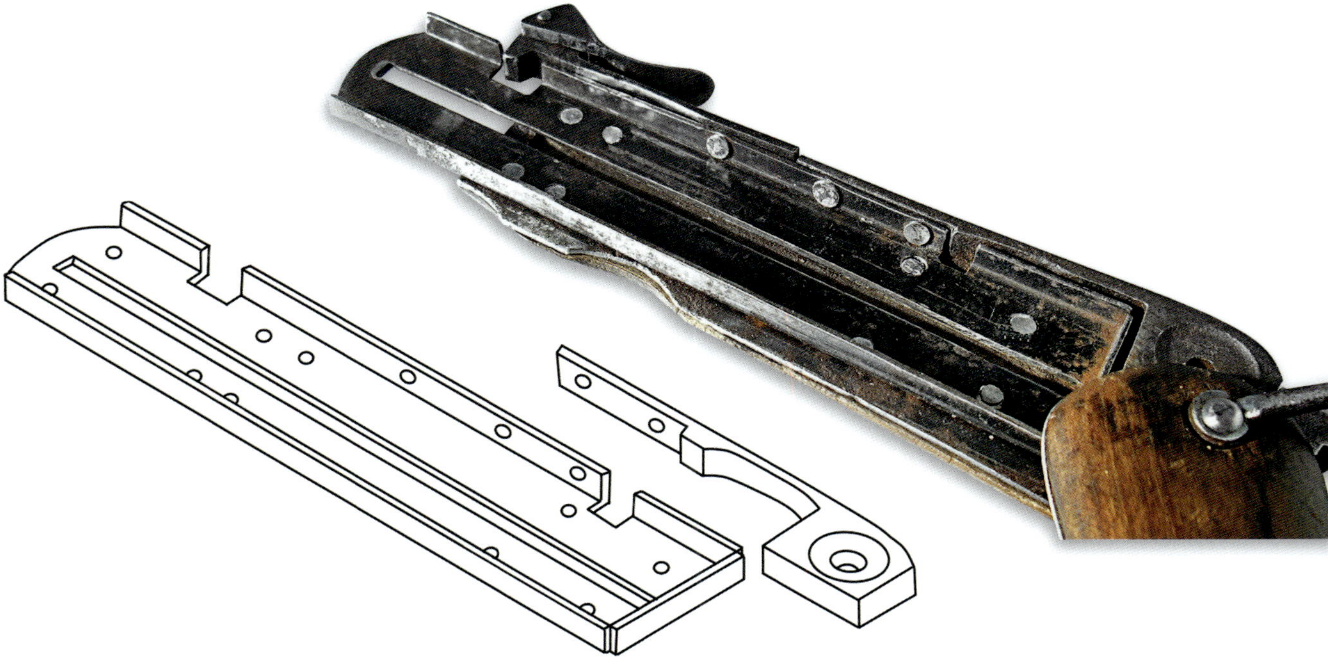

Abbildung 86: Keine Produktionsvereinfachung (Metallkasten, Flachfeder, Nieten)

Flachfeder des Aufreibers bei. Der Metallkasten wird weiterhin auf klassische Weise durch vier Nieten mit der unteren Abdeckplatte verbunden. Daran kann man erkennen, dass die Produktionsverfahren dieses Herstellers weniger fortschrittlich waren als die der Solinger Metallwaren-Fabrik, welche diese beiden Metallteile bereits punktschweißte. Dieser minimalistische Ansatz führte dazu, dass man in der Grünstraße für die Herstellung eines Typ-II-Messers insgesamt fünf Nieten mehr benötigte.

Die Abbildung auf der nächsten Seite zeigt ein Typ-II-Übergangsmodell, welches keinerlei Art von Herstellerkennzeichnung trägt. Der Metallkopf (ohne Montagehilfe/Nummer) und die blanke Klinge (nummerngleich mit den Stempeln auf beiden Abdeckplatten) sind noch aus rostfreiem Stahl gefertigt; alle anderen Teile sind bereits aus Karbonstahl hergestellt.

Rechts daneben ist ein weiteres Übergangsmodell [85] abgebildet. Das Messer entspricht grundsätzlich dem finalen Design. Die Klinge zeigt jedoch das geätzte Logo der „Paul Weyersberg & Co“ ohne den Zusatz „ROSTFREI“. Es handelt sich um eine Karbonstahlklinge aus dem letzten Typ-I-Los des Jahres 1942.

Die finale Version hat die R.B.NR. 0/0561/0020 auf der Klinge eingeätzt. Der Aufreiber trägt lediglich den Stempel des Abnahme-Inspizienten. Wie auch zuvor bereits bei SMF verwendete man nun gebläuten Karbonstahl. Es sind zwei Varianten dieser Messer bekannt: Version 1 mit blanker Klinge und Bügel und Version 2, bei der alle Metallteile gebläut sind.

[85] Dies ließ sich aufgrund des Weyersberg-Pfeils auf dem Metallkasten (hier nicht abgebildet) feststellen.

Abbildung 87: Paul-Weyersberg-Typ-II-Messer – Übergangsmodelle

Abbildung 88: Finale Typ-II-Version der Paul Weyersberg & Co. (JS)

Die nachfolgende Explosionszeichnung scheint auf den ersten Blick identisch mit der Abbildung des Typ-II-SMF-Messers auf Seite 37. Der Autor hält es jedoch für wichtig, die minimalen Unterschiede anhand einer vollständigen Grafik aufzuzeigen:

- Vernietung (anstatt Punktschweißung) des Metallkastens (14) mit der unteren Abdeckplatte (13) → dadurch vier zusätzliche Nieten (36-39),
- zweite Bohrung/Niete (24) in der unteren Flachfeder (7),
- untere Flachfeder (7) mit hakenartiger Montagehilfe,
- Metallkasten (14) mit Durchbruch für Flachfedereinpassung.

Ein direkter Vergleich eines Paul-Weyersberg-Typ-II-Flieger-Kappmessers mit dieser Zeichnung kann helfen, Fälschungen zu identifizieren.

Abbildung 89: Explosionszeichnung des Weyersberg-Typ-II-Messers

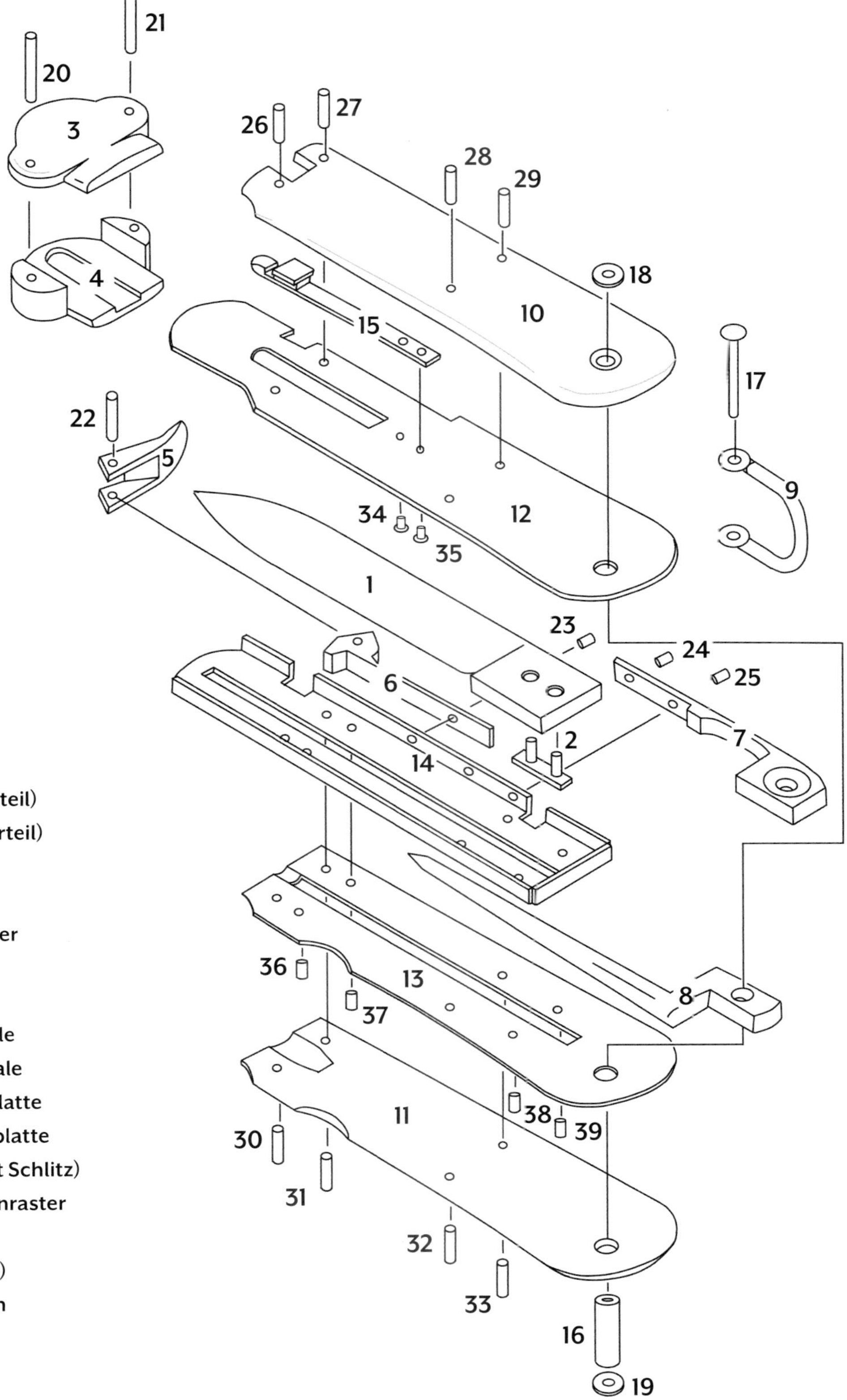

1	Klinge
2	Zapfen
3	Metallkopf (Oberteil)
4	Metallkopf (Unterteil)
5	Druckhebel
6	Flachfeder
7	Feder für Aufreiber
8	Aufreiber
9	Bügel
10	(obere) Holzschale
11	(untere) Holzschale
12	(obere) Abdeckplatte
13	(untere) Abdeckplatte
14	Metallkasten (mit Schlitz)
15	Flachfeder mit Einraster
16	Spannhülse
17	Niete (des Bügels)
18-19	Unterlegscheiben
20-39	Diverse Nieten

5 | DER THÜRINGER KONKURRENT – F & A HELBIG OHG

Anders als die Metropole deutscher Messerschmiedekunst – Solingen – sind Thüringer Ortschaften wie Steinbach, Brotterode, Schmalkalden und Zella-Mehlis in dieser Hinsicht heute vollkommen unbedeutend. Daher scheint ein kurzer Exkurs zur Geschichte der Region um Steinbach angebracht, bevor näher auf den einzigen Kappmesserhersteller vor 1945 außerhalb Solingens eingegangen wird.

5.1 Steinbach – Die vergessene Klingenhochburg

Aufgrund der Eisenerzvorkommen war der Ort Steinbach (bei Bad Liebenstein) bereits seit Jahrhunderten bekannt für seine unzähligen Messerschmiede. Die Grafik auf der nächsten Seite zeigt, wie viele Betriebe es tatsächlich vor 1945 im Raum um Steinbach gab. Dies erklärt, warum gerade hier eine alternative Produktionsstätte des Flieger-Kappmessers existierte.

Die erste urkundliche Erwähnung Steinbachs stammt vom 10. August 1330. Damals wohnten in Steinbach Messerschmiede, Schlosser und Bergleute. In einem Abgabenverzeichnis von 1378 heißt es des Weiteren in der deutschen Fassung: „Steinbach eyn dorff, do die smyde wonen". Das Messer- und Schlosserhandwerk arbeitete in kleinen, meist Einmannbetrieben, die man Schleifkoten nannte. Der am nordöstlichen Dorfrand von Steinbach gelegene „Schleifkotengrund" entlang der Steinbach (Bach) verweist noch heute auf die florierende Herstellung von Messerklingen und Kleineisenwaren durch die Klingenschleifer.

Auch im Steinbacher Eisenerzbergbau und Verhüttungswesen gab es zunächst kaum große Betriebe. Erst im frühen 18. Jahrhundert entstanden zahlreiche einzeln arbeitende Bergwerke, aus denen das 1718 errichtete Eisenbergwerk des Georg Schenk als einziger größerer Betrieb hervorstach. 1735/36 förderte dieser Betrieb insgesamt 5.080 Tonnen Eisenstein, während die Einmannbetriebe zusammen nur 700 Tonnen zutage brachten. Seit dem Ende des 18. Jahrhunderts ging der Eisenbergbau jedoch schnell zurück und kam um 1850 ganz zum Erliegen.

Mitte des 19. Jahrhunderts stellten 130 Messerschmiede und 80 Schlosser jährlich 1,5 Millionen Messer und 100.000 Schlösser her. Das Rohmaterial wurde nun fast ausschließlich von auswärts eingeführt. Im weiteren Verlauf wuchsen aus Handwerksbetrieben kleine und mittelgroße Unternehmen. Die Herstellung von Vorprodukten in dieser Region erfolgte häufig dezentral. In den kleinen „Koten" wurden Einzelteile produziert beziehungsweise vormontiert, welche dann zur Endmontage an größere Fabriken gingen. Nach Kriegsbeginn stufte man die Steinbacher Betriebe als nicht kriegsentscheidend ein. Das Personal wurde nach und nach zum Kriegsdienst eingezogen. Das Dorf mit seinen Industrieanlagen blieb

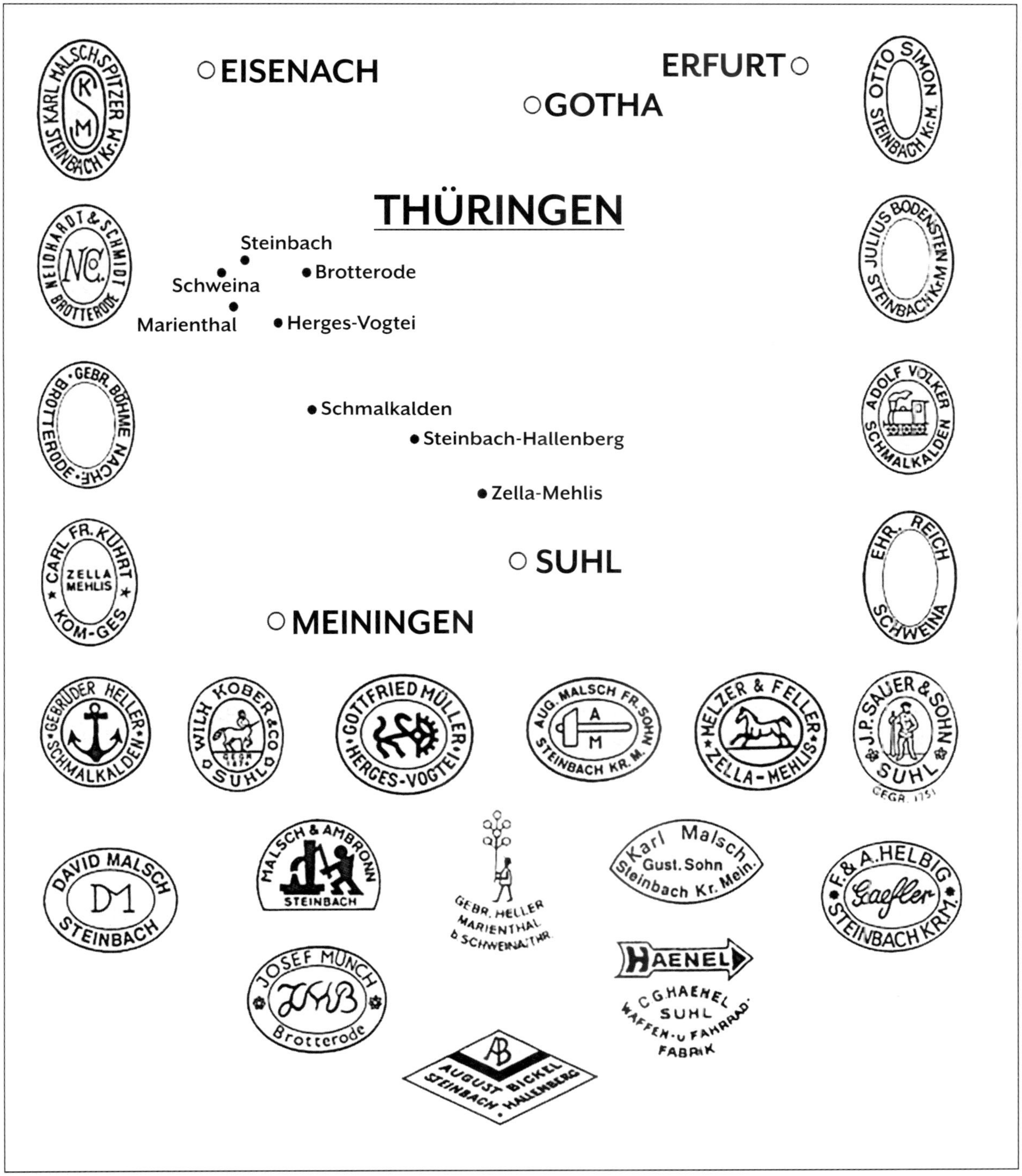

Abbildung 90: Ehemalige Klingenmanufakturen auf der Linie „Eisenach – Suhl“

von den alliierten Bombenangriffen weitestgehend verschont, war jedoch anschließend von den Demontageaktivitäten der russischen Besatzungsmacht sehr stark betroffen.

1984 gab es nahezu 1.000 Industriebeschäftigte im Ort. Der größte Betrieb, der VEB Stahl- und Schneidwaren, produzierte Bestecke, Messer und Metallgeräte. Er entwickelte sich aus ehemaligen Handwerksbetrieben und besaß daher 15 Produktionsstätten. 1990 brachte dann die Wende für die letzten überlebenden Betriebe das Aus.[86]

5.2 Die „Gabelmacher“ – Frieda und Alfred Helbig

Die „F & A Helbig oHG“ in der Hauptstraße[87] 23 am nordöstlichen Rand des Steinbacher Dorfkerns erhielt diesen Namen gegen Ende der 1920er-Jahre.

Der Schriftzug „Gaefler“ im Herstellerzeichen ist ein Spitzname, wie ihn viele Familien in Steinbach tragen – er bedeutet Gabelmacher. Bei diesem Betrieb handelte es sich um die Nachfolgefirma der Gebrüder Ferdinand und Wilhelm Helbig, die bereits um die Jahrhundertwende existierte. In den frühen Jahren produzierte man hier unter anderem Hupen für LKW. Die Geschwister Frieda und Alfred (F & A Helbig) waren die Kinder von Ferdinand und Elise (geb. Trautvetter) Helbig. Dieser vierköpfigen Familie gehörten ein drittel der Firma. Der unverheiratete Wilhelm Helbig erhielt ebenfalls 33 % der Unternehmensanteile. Auf Friedas Ehemann, Ernst Kehr-Ritz, entfiel das verbleibende letzte Drittel. Er führte offiziell die Geschäfte und war zudem aktives Mitglied der NSDAP. Die Geschwister wohnten zusammen mit den Eltern und dem Onkel direkt gegenüber dem Firmengebäude in der Hauptstraße 38, wo hin und wieder auch Treffen der Nationalsozialisten stattfanden. 1938 beschäftigte das Unternehmen rund 80 Arbeitskräfte (davon 25 weibliche).

Zu diesem Zeitpunkt war die Nachfrage nach entsprechenden Blankwaffen so stark angestiegen, dass man beim örtlichen Bauamt eine Kapazitätserweiterung der firmeneigenen Hammerwerke von zwei auf fünf Fallhämmer beantragte. Diese Baugenehmigung wurde jedoch aus vielerlei Gründen nie erteilt, was die geplante Ausweitung der Produktion stark behinderte.[88]

F & A Helbig beschäftigten in den späteren Kriegsjahren viele Zwangsarbeiter, sogenannte „Ostarbeiter“, die in Baracken untergebracht waren. Es handelte sich hierbei vorwiegend um junge Frauen und Mädchen, die im Drei-Schichtbetrieb arbeiteten und in einem angrenzenden Gasthaus die Verpflegung einnahmen. Die Aufseher gingen vereinzelt sehr hart mit den Zwangsarbeiterinnen um.

Neben den Flieger-Kappmessern produzierte man in den Firmengebäuden ebenfalls Flieger-Dolche und -schwerter, SA-Dolche, aber auch andere kriegswichtige Güter, wie Lafetten für die Bordmaschinenwaffen der Flugzeuge.[89]

Um 1943 wurden die männlichen Mitarbeiter zum Kriegsdienst eingezogen, wovon die Fertigung sehr stark betroffen war. Dennoch produzierte die Firma im Rahmen ihrer Möglichkeiten weiter, bis 1945 zunächst die Amerikaner und dann die Russen den Ort besetzten. Der Geschäftsführer wurde recht bald danach von der russischen Besatzungsmacht abgeholt und kehrte nie zurück; die Helbigs wurden enteignet und mussten sogar ihr Elternhaus räumen.

---

[86] Vgl. Akademie Verlag Berlin (1989) [aus Sekundärquelle]; Wikipedia → Steinbach (Bad Liebenstein); Pattarozzi (2006), S. 39

[87] 2014 umbenannt in Schleiferstraße 23

[88] Vgl. Staatsarchiv Meiningen (5643); Ullrich (2016)

[89] Vgl. Staatsarchiv Meiningen (5643); Ullrich (2016); Reich (2016)

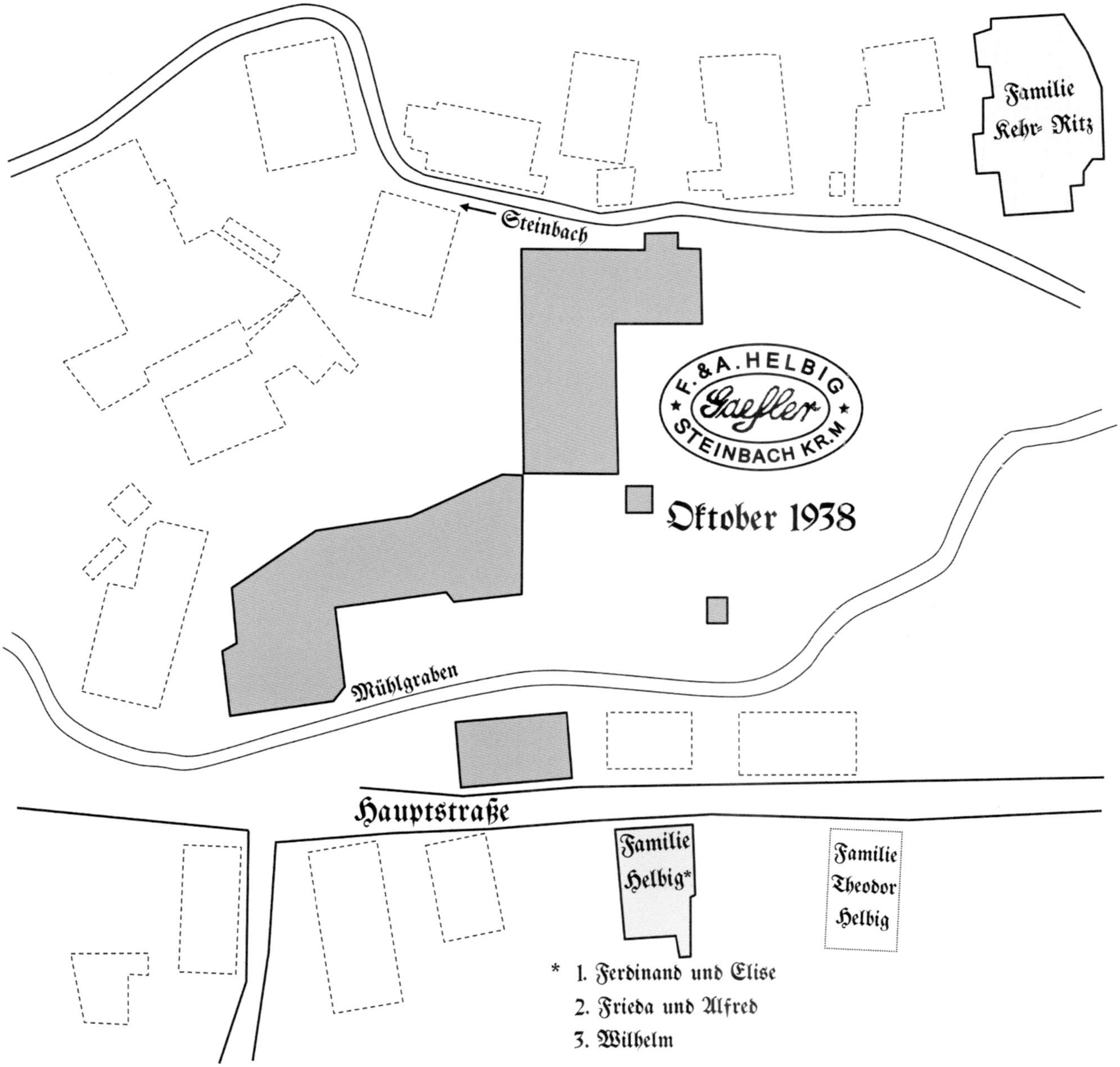

Abbildung 91: Firmengelände der F & A Helbig (Quelle: Staatsarchiv Meiningen)

Abbildung 92: F & A-Helbig-Gebäude (rechts: ehemaliges Helbig-Wohnhaus)

Abbildung 93: F & A-Helbig-Gesamtansicht (2017)

Die Demontage der Betriebsmittel fand von April bis Juni 1946 statt. Das Material verfrachtete man anschließend nach Russland. Diese Stilllegung wurde sehr gründlich ausgeführt; sogar Kabel riss man aus den Wänden, um jegliche alternative Verwendung vorerst zu unterbinden. Die Mitarbeiter mussten anschließend beim Rückbau weiterer Produktionsanlagen der Firma Ludwig Heller in Bad Liebenstein helfen.[90]

Die DDR-Regierung etablierte später in den ehemaligen F & A Helbig Gebäuden den „Jugendbetrieb Walter Ulbricht", welcher zum Beispiel Verlängerungsschnüre und Zuliefererteile zur Lampen- und Bügeleisenfertigung herstellte. Anschließend wurde der Betrieb zum Teilbetrieb (Werk 3 Steinbach) des „VEB Elektroinstallation Ruhla." Die Geschwister waren nach der Enteignung drei Häuser weiter, in die Hauptstraße (heute Schleiferstraße) 29, gezogen. Dort wagte Alfred Helbig nach Kriegsende den Neuanfang mit der Herstellung von Heizstrahlern, Fußboden- und Dachrinnenheizungen. Frieda Kehr-Ritz unterstütze ihn bei den Geschäften, während sie parallel ihre drei Töchter großzog und als Nebenerwerb Nylon- und Perlonstrümpfe reparierte. Die kleine Firma entwickelte sich in den folgenden Jahren erfolgreich und stellte später sogar Türgummiheizungen für die Kühlräume von Schiffen her.[91] Die Firmengründer Frieda und Alfred starben beide im Jahre 1984.[92]

Abbildung 94: Fliegerdolch des NSFK

[90] Vgl. Arnold (2014), S. 647; Ullrich (2016)
[91] Vgl. Reich (2016); Ullrich (2016)
[92] Vgl. Pattarozzi (2006), S. 45

5.3 Die autonome Fertigung in Thüringen

Das Steinbacher Unternehmen könnte aus Redundanzgründen ausgewählt worden sein, um sich in Kriegszeiten nicht vollständig vom Standort Solingen abhängig zu machen. Die latente Gefahr von Bombenangriffen machte eine solche Strategie notwendig.[93]

Auffällig bei diesem Hersteller ist, dass einige wenige dieser Messer den Stempel des Abnahme-Inspizienten auf der Klinge eingeschlagen haben. Die Position selbst ist nicht ungewöhnlich, da dies auch bei Luftwaffendolchen der Fall ist.

Warum der Abnahme-Inspizient den Stempel nicht auf der Angel des Aufreibers platzierte, ist unbekannt. Vielleicht schickte er am Tag dieser Abnahme einen Stellvertreter oder die Stelle selbst war erst kurz zuvor neu besetzt worden – somit könnte Unwissenheit der Grund gewesen sein.

Wie im Kapitel 2.2 erwähnt, ist bei sehr seltenen Exemplaren dieses Herstellers der Abnahmestempel des Inspizienten 8 auf der Angel des Aufreibers eingeschlagen.

Als dritte Besonderheit findet sich bei diesen Flieger-Kappmessern nur eine gravierte Seriennummer auf der unteren Abdeckplatte. Weder auf dem Druckhebel, der Flachfeder oder der Klinge sind weitere Zahlen vorhanden.

Schaut man sich die Konstruktion etwas genauer an, so findet man gleich mehrere Merkmale, in denen das Steinbacher Messer von beiden Solinger Gegenstücken abweicht.

Man verwendete für die Griffschalen hauptsächlich günstigere Hölzer wie Buche, Rüster oder Obstholz, die man jedoch anschließend im Nuss-

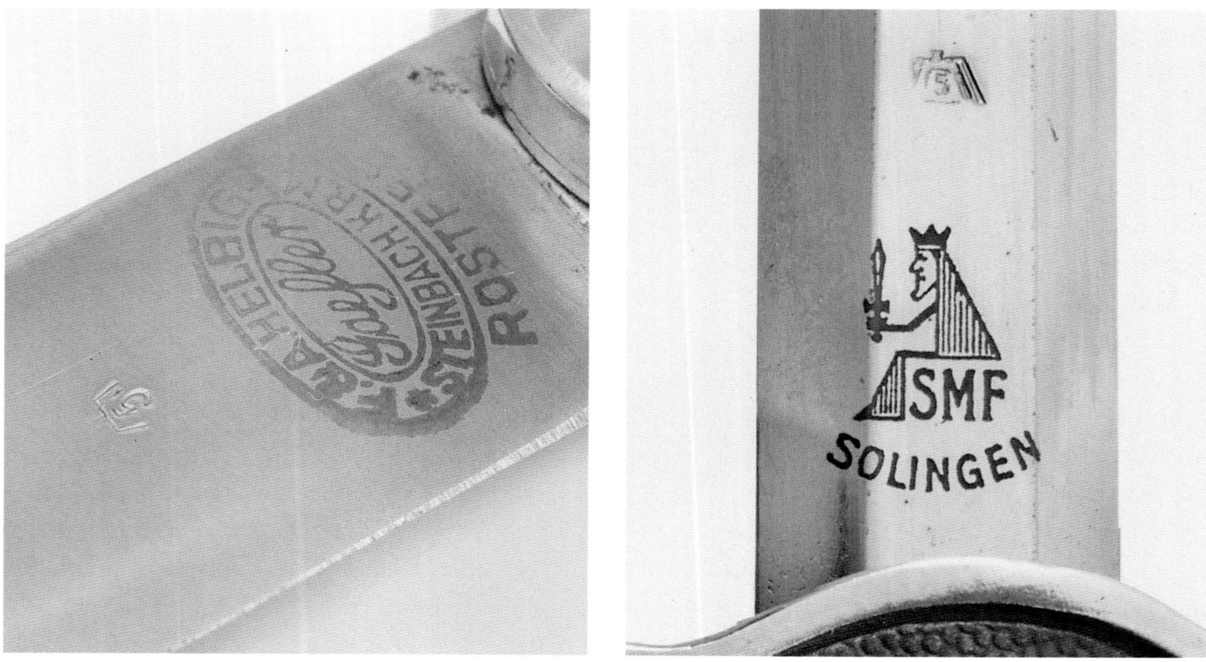

Abbildung 95: Stempel oberhalb des Logos (Helbig-FKM/SMF-Lw-Dolch)

[93] Tatsächlich wurde 1944 vor allem das Areal nahe der Firma Paul Weyersberg & Co. in der heutigen Walter-Dodde-Straße stark zerstört. Die SMF-Produktionsstätten blieben von diesen Angriffen verschont.

Abbildung 96: Federlänge und Nietenposition (SMF oben)

baumfarbton beizte. Beide Gaefler-Flachfedern unterscheiden sich zudem in der Länge von den Solinger Modellen. Das obere Foto zeigt, dass die Flachfeder des Aufreibers etwa 1 mm länger ist – dementsprechend kürzer ist die obere Flachfeder. Da die L.Dv. 422 lediglich die Breite dieser Komponenten vorgab, war dies zulässig. Die Arbeiter verwendeten ebenfalls zwei Nieten zur Befestigung der unteren Feder. Die Position aller Flachfedernieten/-bohrungen unterscheidet sich jedoch ebenfalls von denen der Solinger Konkurrenz.

Von außen für den Betrachter unsichtbar ist die Konstruktion der Gaefler-Flachfeder, für den Aufreiber stark vereinfacht. Die hakenartige Montagehilfe sowie die beidseitig ovale Vertiefung und das Loch im massiven, unteren Teil der Feder wurden weggelassen.

In diesem Zusammenhang ist auch der Metallkasten in diesem Bereich vereinfacht. Die angenietete Flachfeder verdeckt den zirka 2 cm langen Durchbruch im Metallkasten. Beide Änderungen sind auf den nächsten Abbildungen dargestellt. Zusätzlich erkennt man Abweichungen in der Art der Vernietung beider Metallkopffrästeile. Die Nieten sind nicht nebeneinander sondern diagonal angeordnet und die Vernietung selbst erscheint etwas grober.

Die obere Abdeckplatte weist auf der Innenfläche eine halbkugelförmige Erhebung auf, welche wohl zur Stabilisierung der Klinge in versenkter Position dient.

Die Abbildung auf der übernächsten Seite zeigt eines der selteneren F & A-Helbig-Messer mit dem Stempel des Abnahme-Inspizienten auf der Klinge. Die gestauchte Kopfform und der vereinfachte Druckhebel sind ebenfalls sehr gut zu erkennen.

Ab wann genau F & A Helbig die Produktion aufnahm, kann nicht mehr ermittelt werden. Fest steht jedoch, dass Teilnehmer des Unternehmens „Weserübung“ im April 1940 mit Gaefler-Messern ausgestattet waren. Dies beweist ein im Internet erwähnter Bodenfund in Dombas/Norwegen.

Der Steinbacher Hersteller erhielt wesentlich weniger Aufträge als seine Solinger Konkurrenz.

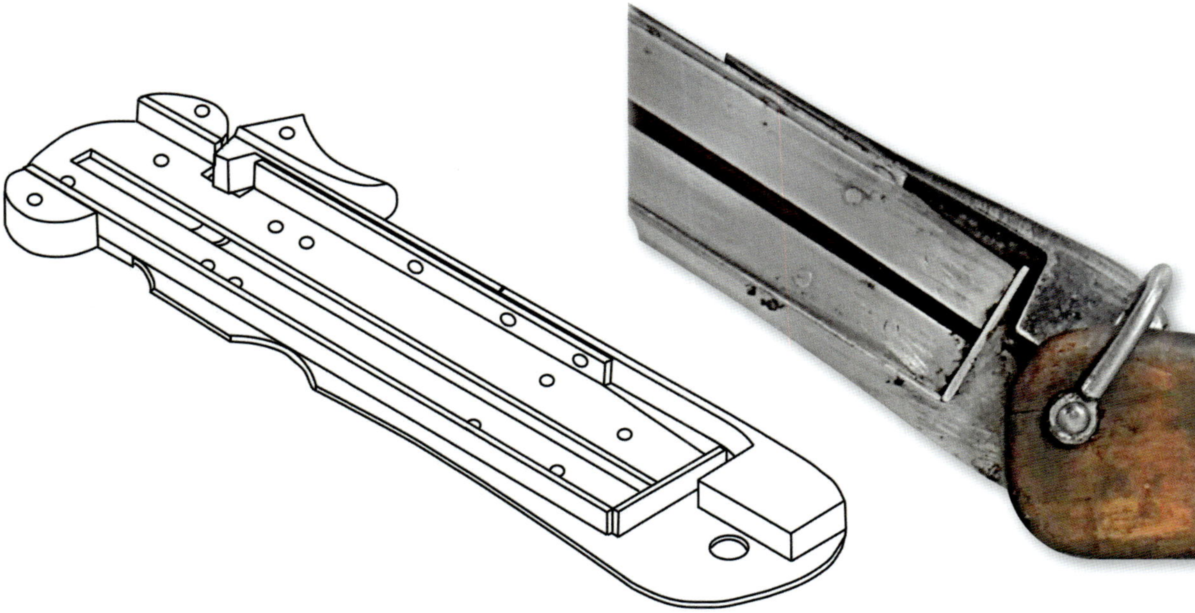

Abbildung 97:
Vereinfachter Metallkasten und Flachfeder

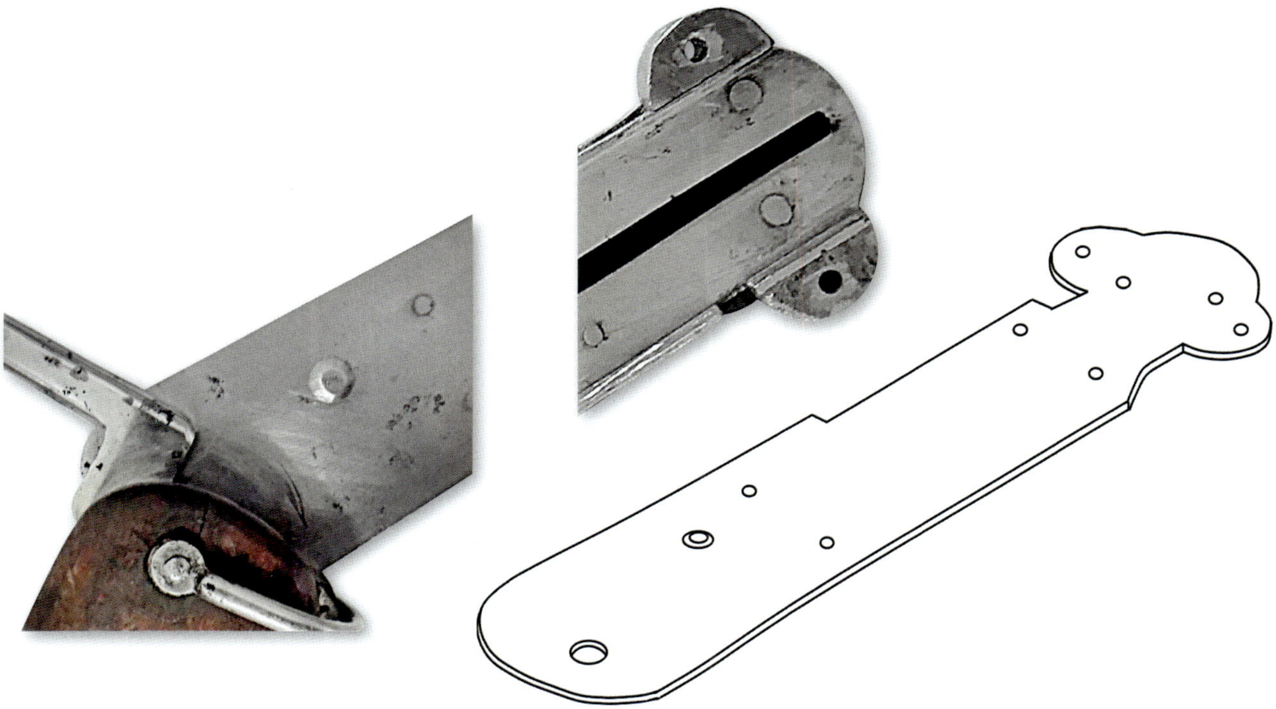

Abbildung 98: Erhöhung und beidseitig versetzte Kopfnieten

Abbildung 99:
F & A-Helbig-Typ-I-Flieger-Kappmesser

Wie bereits geschrieben vermutet der Autor aufgrund der zunächst identischen Konstruktionsweise der Typ-I-Modelle eine Kooperation zwischen SMF und Paul Weyersberg. Dies wird erneut indirekt durch die Tatsachen bestätigt, dass F & A Helbig nicht die in Solingen übliche Nummerierung der Bauteile verwendet und zudem einzelne der Komponenten veränderte Konstruktionsmerkmale aufweisen. In Solingen konnte man durch diese Kooperation Skaleneffekte nutzen und somit die Produktionskosten auf einem wesentlich geringeren Niveau halten.

Aus Steinbach ist zwar mit der Firma Malsch & Ambronn ein weiterer Hersteller bekannt. Jedoch dürften sich die jeweiligen Produktionszeiträume nicht überschnitten haben. Anders ist es nicht erklärbar, dass sich die beiden Steinbacher Typ-I-Kappmesser trotz direkter Nachbarschaft der Hersteller, etwaiger Kooperation und gemeinsamer Nutzung von Produktionsanlagen optisch und konstruktiv so stark voneinander unterscheiden. Die Unterschiede in der Metallkopfform und Federkonstruktion werden später im Kapitel 9.2 beschrieben. Aufgrund der bis 1945 ausbleibenden Baugenehmigung für die Erweiterung der Hammerwerke waren dem Unternehmen zudem natürliche Kapazitätsgrenzen gesetzt, die es bis zur Demontage im Jahre 1946 nicht überwinden konnte.

Die Produktion muss zwischen 1940 und 1942 eingestellt worden sein, denn aus Thüringen sind (außer einer vermeintlichen Fälschung – siehe Kapitel 11.1) keine zerlegbaren Modelle bekannt. Wie bereits erwähnt, dürfte der Hauptgrund in den nicht wettbewerbsfähigen Produktionskosten und -mengen für diese doch recht komplexen Blankwaffen gelegen haben. Es liegt nahe, dass sich die Geschwister Helbig erneut auf ihre Kernfähigkeiten – die Produktion von feststehenden Klingen – konzentrierten. Zudem wurde die männliche Arbeiterschaft Steinbachs ab 1943 verstärkt zum Kriegsdienst einberufen. Zeitlich würde sich dies auch mit der Annahme des Autors decken, dass das Typ-II-Messer erst im Jahre 1943 eingeführt wurde.

6 | DIE ENGLISCHE KOPIE – DAS IBBERSON-KAPPMESSER

William Ibberson selbst gibt in einem Interview Ende der 1970er-Jahre an, dass er auf Anweisung der Beschaffungsbehörde die Firma Joseph Rodgers bei der Aufnahme der Produktion der englischen Kappmesser-Variante unterstützte. Bis heute sind jedoch keine Messer dieses zweiten Sheffielder Unternehmens aufgetaucht. Es wird daher nur auf die Geschichte der Firma eingegangen, welche nachweislich den Auftrag zum Nachbau von der britischen Regierung erhielt.

6.1 Das Sheffielder Traditionsunternehmen „George Ibberson & Co“

Ähnlich wie Weyersberg in Solingen ist Ibberson ein bekannter Name in der Schneidwarenindustrie Sheffields (damals Hallamshire) in England. Von Mitte des 17. Jahrhunderts bis zum Beginn des 19. Jahrhunderts gab es in der Gegend knapp einhundert Klingenschmiede namens Ibberson/Ibbotson.

Die erste Erwähnung findet sich im Jahre 1673, als William Ibberson das Recht zur freien Berufsausübung von der Gilde der Klingenschmiede erhielt. Ein Joseph Ibberson stellte ebenfalls um 1700 Klingen her. Zu diesem Zeitpunkt konnte man nicht von Firmen im heutigen Sinne sprechen. Vielmehr handelte es sich um selbstständige Ein-Mann-Betriebe. Mitte des 18. Jahrhunderts produzierte die „Joseph Ibberson & Son“ in der Norfolk Street in Sheffield. 1759 wurde Joseph Ibberson zum „Master Cutler“ (einjähriger Vorsteher der Hallamshire Gilde der Klingenschmiede) ernannt. Im Rahmen dieses Amtes erhielt er den Auftrag, billigeren Tiegelgussstahl zu entwickeln. Es tauchen die Messerfabrikanten John und George Ibberson in den Sheffielder Archiven auf – der Weg der Familie Ibberson in den nächsten Jahrzehnten ist jedoch unklar.

Der Firmengründer George Ibberson (1835–1901) ging zunächst in die Lehre bei „Joseph Rodgers & Sons“. Im Jahre 1871 gründete er zusammen mit Albert Wilson die Firma „Wilson & Ibberson“ und machte sich drei Jahre später als „George Ibberson“ selbstständig. Fortan wurde in den Central Works, 102 West Street gefertigt. Einige Monate zuvor hatte Ibberson bereits das bekannte Firmenlogo, die Stradivari-Violine, von John C. Skinner erworben, welche bis heute die Marke repräsentiert. Berühmt wurde er vor allem für seine hochwertigen Taschenmesser mit den exotischen Griffmaterialien wie zum Beispiel Elfenbein, Perlen und Schildkröten-Hornschuppen. Des Weiteren produzierte das Unternehmen eine große Bandbreite an Schneidwaren, Rasiermessern, Scheren und Messer für den Sportbedarf. Als weiteres Logo kam später der Schriftzug „double sharp ##“ hinzu.

Abbildung 100:
Schleifer der Firma George Ibberson, ca. 1925

Als George Ibberson 1901 verstarb, übernahm sein Sohn Joseph William Ibberson (1870–1954) die Geschäfte der umbenannten „George Ibberson & Co". Im Jahre 1912 erfolgte der Umzug in die Violin Works, 112-116 Rockingham Street. Hier wurde bis Ende der 1970er-Jahre produziert.

Joseph versuchte sich 1914 auf Anfrage und nach den Vorgaben Harry Brearleys, Metallurg und Direktor der „Brown Firth Research Laboratories" in Sheffield, an der Produktion der weltweit ersten Messerklingen aus rostfreiem Stahl. Er bewertete dieses neue Material jedoch als unmöglich zu schmieden, schleifen, härten und polieren. Außerdem blieben seine Klingen nicht scharf – er lehnte das Material somit für die Messerherstellung ab. 1915 produzierte die R.F. Moseley, Ltd. als zweite Sheffielder Firma Messer aus diesem Material. Die Klingen trugen die Aufschrift „Firth's Stainless Steel" und das Material begann sich langsam im Bereich der Schneidwarenindustrie durchzusetzen.[94] Während des ersten Weltkriegs produzierte das Unternehmen Grabendolche mit integriertem Schlagring, die jedoch von den Soldaten privat beschafft werden mussten.

Ibbersons Sohn William George „Billy" (1902–1988) übernahm wohl um 1930 die Geschäftsleitung. Er war ein passionierter Hobbyfotograf und -filmer und drehte unter anderem den 1929

[94] Vgl. Waldman (2015), S. 57; Cobb (2010), S. 267–270

Abbildung 101: Billy Ibberson mit einem der drei Kappmesser in Firmenbesitz (ca. 1978)

erschienenen Werbefilm: „Hand Forging the Blades of Spring Knives".

Im zweiten Weltkrieg produzierte das Unternehmen die weltweit bekannten Fairbairn-Sykes-Commando-Dolche (ab Mitte 1943), britische Marinebordmesser, Überlebensmesser für die Piloten der RAF und eben auch die Kopie des deutschen Flieger-Kappmessers. Nach dem zweiten Weltkrieg wurden die Lieferungen von Blankwaffen an die britische Armee eingestellt.

Als zweiter Ibberson in der Geschichte die Gilde der Klingenschmiede trat „Billy" Ibberson 1954 das einjährige Amt des „Master Cutlers" an. In den nächsten Jahren war er maßgeblich beteiligt am Aufbau des Sheffielder Stahlindustriemuseums „Abbeydale Industrial Hamlet". Es öffnete 1970 die Pforten.

In der zweiten Hälfte des 20. Jahrhunderts führte das Unternehmen die mit besonders stabilen Griffen und extrem scharfen Klingen ausgestatteten „Action Knife"-Taschenmesser und die Bordmesser für den Yachtsport ein, die bis heute verkauft werden.

Aufgrund von Überschuldung erfolgte im Jahre 1980 die Übernahme durch die „British Syphons Industries". Die anhaltenden finanziellen Schwierigkeiten führten kurze Zeit später zu einem erneuten Verkauf an die „MAB Industries", welche die Produktion in die Western Works in der Portobello Street verlagerte.

1983 kam es zur finalen Insolvenz. Die Egginton Brothers Ltd. kaufte die Markenrechte, sowie die Werkzeuge und vertreibt bis heute Messer und Taschenmesser unter dem Namen Ibberson.[95]

6.2 Das englische Flieger-Kappmesser

Die folgenden Informationen stammen von Frederick Stephens, der Ende der 1970er-Jahre mit William Ibberson persönlich über die Entwicklung des Sheffielder Flieger-Kappmessers sprach.

„Gegen Ende des Jahres 1943 wurde William G. Ibberson [...] nach London gerufen, um eine die Herstellung von Messern betreffende Angelegenheit von nationaler Bedeutung zu besprechen. Die Einladung kam von der „Experimental Station 6" einer Abteilung des „Ministry of Supply", die für die Vergabe von Aufträgen für die Ausrüstung der Kommando-Einheiten zuständig war. [...]

Es hatte sich die Notwendigkeit ergeben, ein ganz besonderes Messer herzustellen, eines, das

[95] Vgl. Egginton Group

wirkungsvoll in der Doppelfunktion als Survival-Werkzeug und als Waffe verwendet werden konnte.[...] Der Vertreter des Ministeriums holte ein seltsam aussehendes Messer hervor, das keinem englischen Messer ähnlich war. „Wir möchten, daß sie diese Messer herstellen", sagte der Vertreter des Ministeriums „und wir möchten wissen, wie schnell das geschehen kann". Es war ein deutsches Messer, das später allgemein als Fallschirmjägermesser bekannt werden sollte.[...]

Ibberson untersuchte das deutsche Fallmesser und überdachte die für eine Serienproduktion erforderlichen Vorbereitungen. Das Messer sei auch für englische Zwecke ideal geeignet, wurde ihm gesagt, und die Leute vom Ministerium wollten wissen, wie lange es dauern würde, bis die Serienproduktion anlaufen könnte. Man kam zu dem Schluß, daß es etwa sechs Monate dauern würde, bevor alle Werkzeugmaschinen für die Herstellung bereit wären. Es sollten jedoch einige kleinere Änderungen gegenüber dem Original durchgeführt werden, und zwar: Der Dorn sollte einfacher zu öffnen sein. Es war dies der Teil der Waffe, der sich am besten zum Töten eignete, und es war daher wünschenswert, ihn im Bedarfsfall rasch und leicht öffnen zu können. In einer simulierten Vorführung wurde gezeigt, wie der Angreifer eines Kommando-Unternehmens von hinten an sein Opfer herankroch, seine linke Hand über dessen Mund und Nase hielt [...] und dann mit seiner freien Hand den Dorn in die rechte Seite des Halses stieß. [...] Das Originalmesser hatte einen glatten Holzgriff, der wahrscheinlich verbessert werden konnte; es wurde gewünscht, daß die englische Version geriffelte Griffschalen haben sollte, um rutschfester zu sein. Holz wäre nur dann akzeptabel, wenn kein synthetisches Material besser geeignet oder dauerhafter sein sollte, aber es sollte sich zeigen, daß ein synthetisches Material mit dem Namen Bexoid sich als ideal für die Griffschalen erwies. Das Messer sollte keinerlei Markierungen tragen, um keinen Hinweis auf sein Herkunftsland zu geben. Ibberson kehrte mit dem deutschen Original [Anm.: Man hatte ihm ein Typ-I-Messer überlassen] nach Sheffield zurück; er hatte vereinbart, die Serienproduktion vorzubereiten. Der erste Kontrakt [...] erforderte eine Produktion von 30.000 Exemplaren [...]. Anfang des Jahres 1944 [...] ergab sich bei den Fallmessern eine neue Entwicklung. Die benötigte Gesamtmenge würde die ursprüngliche Bestellung von 30.000 Exemplaren überschreiten, und das Ministry of Supply hatte beschlossen, einen zweiten Hersteller zu beauftragen. [...] Das Ministry of Supply bat die George Ibberson Company, der Firma Rodgers [Anm.: ebenfalls aus Sheffield] dabei behilflich zu sein, mit der Produktion so rasch wie möglich zu beginnen. Deshalb wurden Muster, Zeichnungen und Messgeräte an die Joseph Rodgers Company ausgeliehen.

[...] Sofort, nachdem der erste Kontrakt über 30.000 Exemplare erfüllt war, erhielt die Firma Ibberson einen zweiten Kontrakt über die gleiche Anzahl. Diese zweite Serie unterschied sich jedoch insofern von der ersten, als die Waffen diesmal den Namen des Herstellers und eine Code-Bezeichnung trugen"[96] – diese lautet C.O.S.D/2194. Dabei handelt es sich um eine Inventar-Nummer des „**C**ombined **O**perations **S**upply **D**epot", jener Behörde, die vor allem die amphibischen Kommandotrupps (ähnlich den deutschen Kampfschwimmern) der Briten ausrüstete. Beispielsweise verbirgt sich unter der C.O.S.D Nummer 2335 eine wasserdichte Uhr, unter C.O.S.D 2290 ein Taucheranzug und unter C.O.S.D 2111 ein schallgedämpfter Kurzkarabiner.

[96] Stephens (1981), S. 87–91

Abbildung 102: Drei verschiedene Klingenätzungen

Wer waren die Männer, die diese Messer erhielten?

Um es mit Winston Churchills Worten zu sagen: „ ... speziell trainierte Truppen mit Jagdinstinkt, welche den Terror auf die Küstenabschnitte des Feindes herabregnen lassen können.“[97]

Zeitlich dürfte die Auslieferung des ersten Loses mit der Operation „Overlord“ zusammengefallen sein. Da die detaillierte Planung für die Landung in der Normandie seit August 1943 im Gange war, lässt sich auch ein zeitlicher Zusammenhang mit William Ibbersons erster Beorderung nach London herstellen.

Zur Vorbereitung des D-Days erfolgten viele Kommandoeinsätze, unter anderem zur Erkundung der Strandabschnitte. Die dazu eingesetzten „Kampfschwimmer“ werden wohl mit diesem Messer ausgestattet gewesen sein. Man könnte zudem spekulieren, dass auch Teile der bereits im Vorfeld des 6. Juni 1944 abgesetzten Britischen Fernaufklärer und Fallschirmjäger mit dem Ibberson-Messer ausgestattet waren. Dies würde zumindest den sich ab Beginn 1944 abzeichnenden erhöhten Bedarf an Fallmessern erklären.

Laut den Aussagen des 77-jährigen William G. Ibberson wurden mindestens drei Verträge über etwa 30.000 Messer platziert. Tatsächlich sind Messer mit drei verschiedenen Logos sowie ein weiteres, optisch unvollendetes Exemplar ohne jegliche Kennzeichnung bekannt, welche ein US-amerikanischer Sammler von Billy Ibberson erwarb. Stephens nimmt an, dass die Firma Joseph Rodgers einen Vertrag über 30.000 Stück erhielt.[98] Ob dieses Los überhaupt produziert wurde, ist unklar – jegliche Annahmen in der Literatur stützen sich auf dieses eine Gespräch zwischen Stephens und Ibberson etwa 35 Jahre nach Ende des Krieges. Bisher sind keine englischen Kappmesser mit dem Rodgers-Logo aufgetaucht. Dies wird auch durch den oben genannten US-amerikanischen Fallmesserexperten bestätigt.

Trotz einer Produktionsmenge von mindestens 90.000 Messern sind diese auf dem heutigen Sammlermarkt kaum zu finden. Eine mögliche

---

[97] Vgl. Zabecki (2015), S. 668

[98] Vgl. Stephens (1981), S. 91

Erklärung findet sich bei Pattarozzi. Laut Auskunft eines ehemaligen Mitarbeiters der George Ibberson Company verlud man die Restbestände dieser Messer zusammen mit anderem, nicht mehr benötigtem Kriegsmaterial auf ein Schiff. Anschließend wurde die Ladung weit draußen in der Nordsee über Bord geworfen.[99]

Es befinden sich zwei Nieten in der Aufreiberfeder; daher wurde entweder ein Paul-Weyersberg-Messer oder ein frühes SMF-Modell kopiert.

Außer der offensichtlichen Verwendung von Bexoid für die Griffschalen weicht das Messer in folgenden Punkten vom deutschen Vorbild ab:

- Es befindet sich lediglich eine gestanzte Nummer seitlich am Metallkasten (sichtbar bei aufgeklapptem Aufreiber); sollte es sich hierbei ebenfalls um eine Montagehilfe handeln, so ist wohl auch die Klinge markiert.
- Die Enden des Bügels sind eckig geformt.
- Die Flachfeder des Aufreibers ist bewusst schwächer ausgelegt.

Die folgenden Fotos zeigen das Ibberson Fallmesser mit allen diesen Details.

Abbildung 103: Ibberson-Kappmesser – Draufsicht

[96] Vgl. Pattarozzi (2006), S. 143

Abbildung 104: Ibberson-Kappmesser – Seitenansicht und Nummer auf Metallkasten

7 | DIE SMF-OEM-PRODUKTION FÜR DIE „GEBRÜDER WEYERSBERG“

Anders als von einigen Sammlern vermutet, gibt es keine direkte Verbindung zwischen dem Handelshaus der Gebrüder Weyersberg und der Klingenmanufaktur Paul Weyersberg & Co. Lediglich der gemeinsame Nachname lässt eine entfernte Verwandtschaft der Firmengründer erkennen. Tatsächlich gab es zu dieser Zeit unzählige Weyersbergs in Solingen.

7.1 Gebrüder Weyersberg – 200 Jahre Firmengeschichte

GEBR.WEYERSBERG
SOLINGEN

Die Geschichte der Familie Weyersberg wurde bereits unter Kapitel 4.1 genauer beschrieben. Ein Zweig der Familie gründete in den 1780er-Jahren die Firma „Gebrüder Weyersberg“. Nach dem Tod des Vaters Peter (1721–1782) hatte der älteste Sohn Johann Wilhelm zunächst die Leitung des Familienbetriebes übernommen. Als seine beiden Brüder Peter und Johann Ludwig volljährig waren, erfolgte am 1. Januar 1787 die offizielle Firmengründung.[100]

Größere Bestellungen aus Frankreich und Italien bildeten im Jahre 1788 die Grundlage zur Eröffnung eines Klingengeschäfts in Frankfurt am Main.

Wilhelm starb bereits 1793; nach Peters anschließendem Tod übernahmen sein Sohn Albert Weyersberg und Gustav Berg (Wilhelms Enkel) 1829 das Geschäft. Als Firmenzeichen existierten bereits zwei blattartige Zeichen. Um 1840 wurden erstmals der Hahn und auch ein puppenartiges Zeichen verwendet. Die Trompete kam 1877 hinzu.

Albert und Gustav gaben die Firma wiederum an ihre Söhne Hermann Weyersberg und Fritz Berg weiter. Nach dem plötzlichen Tod von Herrmann fusionierte das Unternehmen mit der W.R. Kirschbaum & Cie zur Weyersberg, Kirschbaum & Cie – WKC.

Am 1. Mai 1902 erfolgte die Neugründung der „Gebrüder Weyersberg“ durch Richard Berg, Wilhelm Weyersbergs Ur-Ur-Enkel. Seitdem befand sich der Stammsitz des Unternehmens in der Wilhelmstraße 29 in Solingen-Ohligs. Im Firmengebäude wurde zunächst noch produziert, aber es diente auch als Wohnhaus für Angestellte.

Ab 1922 übernahmen Bergs Söhne Richard, Eugen, Hans und Fritz das väterliche Geschäft.[101]

Seit dem Zweiten Weltkrieg agierte die „Gebrüder Weyersberg“ nur noch als Handelshaus, ohne eigene Produktion.[102]

1964 erfolgte die Gründung des produzierenden Tochterunternehmens Imacasa in Santa Ana, El Salvador. Aus dieser Unternehmung sind vor allem die „Corneta“-Macheten bekannt. Im Jahre 1996 wurde das bis dahin älteste Handelshaus Solingens geschlossen.[103]

[100] Vgl. Weyersberg (1893), S. 11–12
[101] Vgl. Walter (1973), Nr. 174
[102] Information des Solinger Stadtarchivs
[103] Vgl. Imacasa; Melchior (2012)

Abbildung 105: Darstellung des Firmengebäudes der Gebrüder Weyersberg

7.2 OEM-Produktion der 1950er-Jahre

Ab Mitte der 1950er-Jahre vertrieb die „Gebrüder Weyersberg“ kleinere Mengen der zerlegbaren Kappmesser-Version auf dem Zivilmarkt der Nachkriegszeit.[104]

Nachdem das Handelshaus keine eigene Produktion mehr hatte, müssen diese Exemplare von einem Zulieferer hergestellt worden sein. Bei diesen Messern existieren ebenso blankpolierte als auch geschwärzte Modelle.

Abweichend zu den SMF-Messern ist der Metallkasten in beiden Fällen nicht geschwärzt. Ansonsten sind keine Unterschiede zum SMF-Standard feststellbar:

- Die Form des Pfeils auf dem Metallkopf entspricht exakt dem SMF-Pfeil.
- Die eingestanzten Montagehilfen befinden sich in der richtigen Position.

[104] Vgl. Peter-Michel (2012), S. 84

- Metallkasten und untere Abdeckplatte sind an vier Punkten geschweißt.[105]
- Der Druckhebel hat die typische SMF-Nachkriegsform.[106]
- Alle, von SMF implementierten Vereinfachungen der späten Kriegsjahre, sowie die nach 1945 durchgeführte Verstärkung des Schlitzes am Zapfenanschlag sind vorhanden.[107] Auch die Montagehilfe auf dem Nocken befindet sich, wie nach 1945 üblich, links.

Die Zeitungsanzeigen auf der übernächsten Seite bildeten das Gebrüder-Weyersberg-Kappmesser ab. Als reines Handelshaus investierte diese Firma natürlich verstärkt in die korrekte Vermarktung des Flieger-Kappmessers.

In Kapitel 4.2 vermutet der Autor bereits, das SMF zumindest Komponenten zur Endverarbeitung an Paul Weyersberg lieferte. Ernst Stöcker führte anscheinend diese Art der Kooperation nach dem Krieg in größerem Maßstab, nämlich als OEM[108], mit der „Gebrüder Weyersberg“ fort.

Abbildung 106: Polierte und geschwärzte Version des „Gebrüder Weyersberg“-Messers

[105] Siehe Abbildung 50

[106] Siehe Abbildungen 58 und 66

[107] Siehe Abbildungen 48, 49, 59, 60

[108] OEM = Original Equipment Manufacturer; (Parallele) Produktion eigener Ware unter dem Namen eines anderen Unternehmens, Händlers, etc.

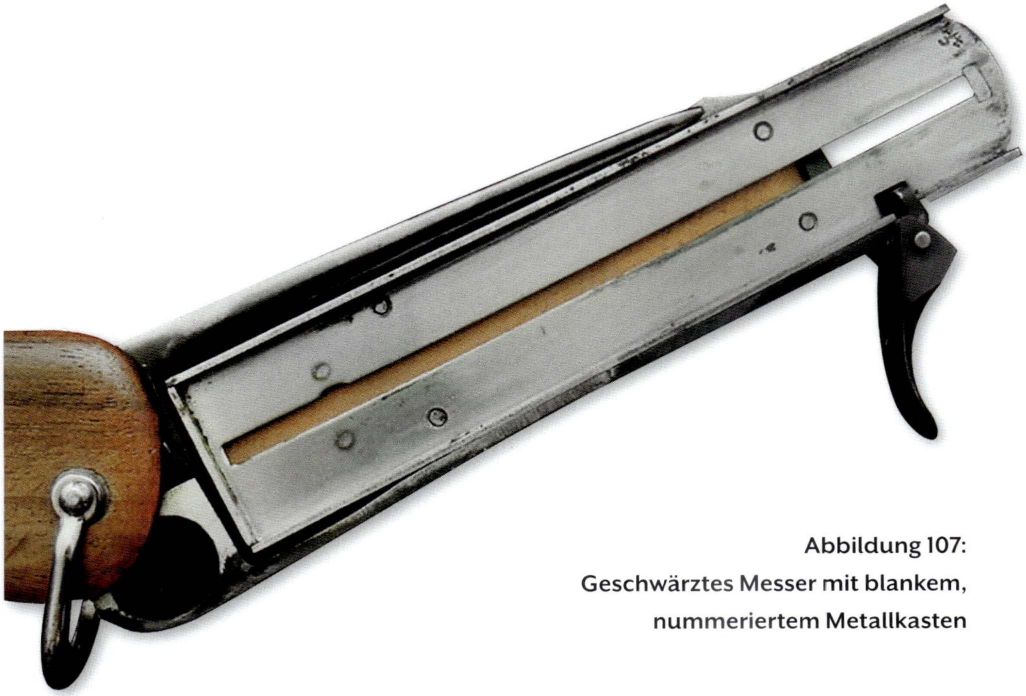

Abbildung 107:
Geschwärztes Messer mit blankem, nummeriertem Metallkasten

Abbildung 108:
Klinge mit Logo der Gebrüder Weyersberg und SMF-Pfeil auf Metallkopf

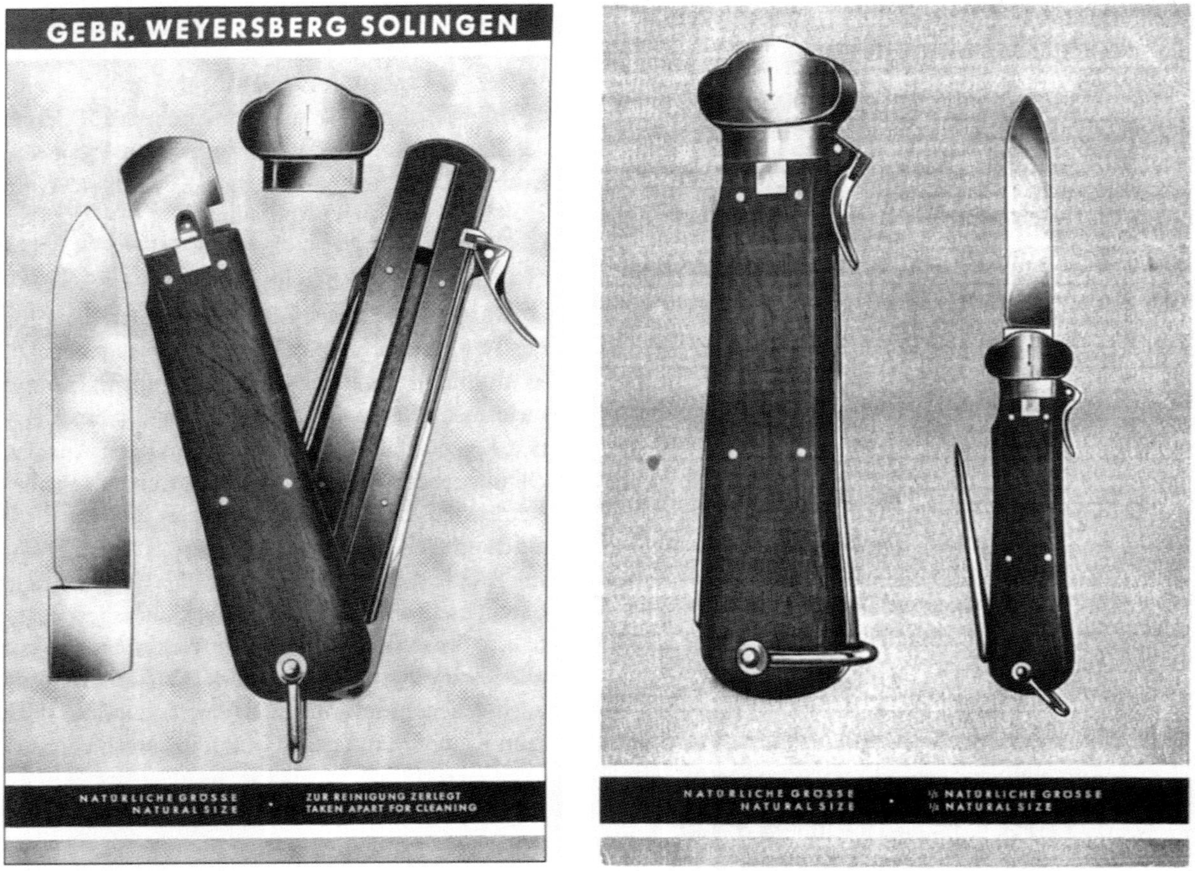

Abbildung 109: Werbekampagne der Gebrüder Weyersberg

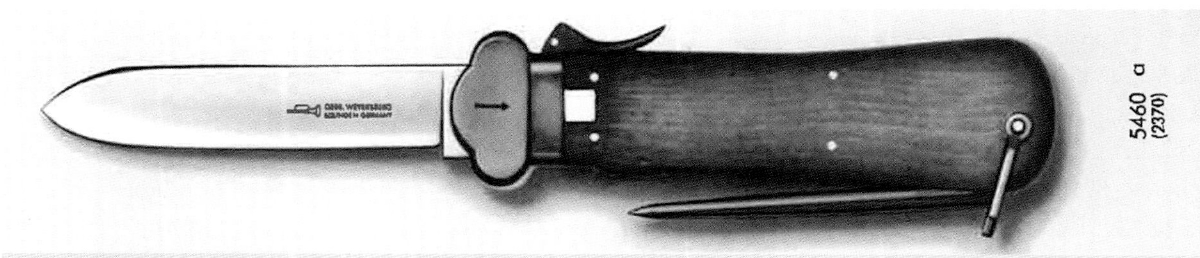

5460 (2370)
5460 R (—)

Fallmesser, Holzgriff, Metallbeschläge und Ahle brüniert,
Switch blade knife, gun metal steel pricker, wooden handle,
Navaja para aviadores, hoja con salida vertical a botón, cachos de madera, punzón de acero bruñido,
Couteau pour aviateur, manche en bois, garniture et alêne en métal bruni,

Abbildung 110: Auszug aus einem Gebrüder-Weyersberg-Verkaufskatalog der 1950er-Jahre

8 | OEM-PRODUKTION FÜR CARL EICKHORN

Als Nachfolger der Carl Eickhorn AG produziert Eickhorn Solingen bis heute militärische Blankwaffen, darunter auch das Typ-V-Kappmesser. 80 Jahre nach Einführung der ersten Flieger-Kappmesser ist dieser Hersteller der alleinige Anbieter eines Fallmessers, welches auf der damaligen Konstruktion aufbaut.

8.1 Carl Eickhorn Stahlwarenfabrik – Mutter des modernen Kappmessers

Aus einem kleinen Schleifkoten nahe des Dorfes Rüden an der Wupper, nicht weit von Solingen entfernt, ging das Unternehmen 1865 hervor. Die zunächst nach dem Gründer und Schleifer Carl Eickhorn (1833–1889) benannte Firma ließ sich um die Jahrhundertwende ebenfalls in Solingen-Höhscheid, ganz in der Nähe der Paul Weyersberg & Co., in der Brühler Straße 53-59 nieder.[109] Zu diesem Zeitpunkt wurde sie bereits durch den Sohn Richard (1873–1950) geführt. Bis zum ersten Weltkrieg stellte auch Eickhorn hauptsächlich Blankwaffen für internationale Militärkunden her und wandte sich zwischen den beiden Weltkriegen zunächst der Besteckfertigung zu.

1921 entschied sich die Firmenleitung zur Ausgabe von Aktien und war bis 1972 börsennotiert als „Carl Eickhorn Waffenfabrik AG". Vom aufkeimenden Hunger an Parade-Blankwaffen der Nationalsozialisten profitierte auch dieses Solinger Unternehmen und stellte zwischen 1933 und 1945 die gesamte Bandbreite an Blankwaffen für Heer, Luftwaffe, Marine, SA, SS, HJ, RAD und dergleichen her.

Ein interessantes Aufeinandertreffen eines Eickhorn-Produktes – dem Seitengewehr 42 – mit dem Kappmesser ereignete sich 1943/44 im Rahmen von Truppenversuchen des Heeres an der Ostfront und in Norwegen (siehe Kapitel 14.4). Die in Suhl entwickelte und später durch Carl Eickhorn produzierte Kombination aus Bajonett, Kampf- und Gebrauchsmesser bewährte sich hierbei exzellent; ihm wurde ein „hoher Gebrauchswert" bescheinigt. Die Einführung wurde durch Adolf Hitler persönlich freigegeben, jedoch auf einen Zeitpunkt nach dem Krieg verschoben.[110]

Eickhorn erhielt jedoch vom Heereswaffenamt bis Ende 1944 zumindest zwei Aufträge über 1.100 und 10.000 Stück, von denen lediglich der erste vollständig abgewickelt werden konnte.[111] Auch ausgewählte Fallschirmjägereinheiten erhielten das SG 42 in den letzten Kriegsmonaten zusätzlich zu ihrem vorhandenen Kappmesser. Bei den Bombenangriffen auf Solingen wurden die Produktionsanlagen teilweise zerstört.

[109] Vgl. Bröhan (1990), S. 140
[110] Vgl. Kliethmann (1988), S. 109
[111] Vgl. Kliethmann (1988), S. 109

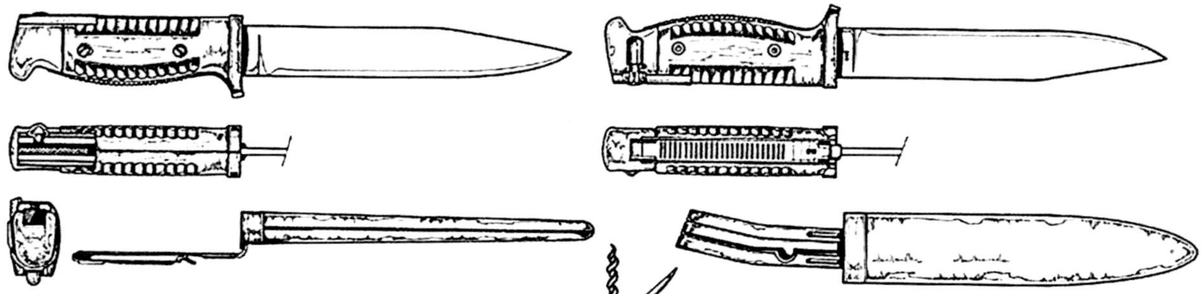

Abbildung 111: SG 42 – das Mehrzweckmesser der Carl Eickhorn AG

Abbildung 112: Carl-Eickhorn-Firmengebäude in der Brühler Straße

Nach Kriegsende übernahm Helmut Eickhorn (1909 – 1994) die Firmengeschäfte. Zwischen etwa 1950 und 1976 wurden sowohl Typ-II-[112], Typ-III- und Typ-IV-Kappmesser für das deutsche Militär, aber auch private Kunden gefertigt. Das 120 Mitarbeiter zählende Unternehmen musste jedoch am 7. Mai 1976 Konkurs anmelden.

Es wurde die AES [113] – Annette Eickhorn Solingen – gegründet, welche während der Übernahme des urgroßväterlichen Unternehmens durch die Firma GMS (1976 – 1981) und des anschließenden Übergangs der Marke zur E.F. Hörster GmbH & Co KG (1981 – 1998) parallel weiterexistierte. Im Rahmen der Insolvenz der E.F. Hörster kaufte die AES die Marke „Eickhorn Solingen" 1998 zurück und 12 Jahre später erfolgte die Gründung der heutigen „Eickhorn Solingen Ltd.".[114]

8.2 Die SMF-Fertigung für Carl Eickhorn

Die Carl Eickhorn AG ist als dritter vermeintlicher Hersteller von Typ-II-Messern in der BRD bekannt. Einen Inspizienten-Abnahmestempel sucht man auch hier vergebens. Dafür ist das nach dem Krieg eingesetzte Metallplättchen am Schlitzende deutlich erkennbar und die Nummer auf dem Nocken der Flachfeder befindet sich links. Außer Klinge und Bügel sind alle Metallteile geschwärzt. Die Messer sind auch ansonsten, bis hin zur Position der gestanzten Montagehilfen, konstruktionstechnisch identisch mit den bereits zuvor beschriebenen SMF- und Gebrüder-Weyersberg-Messern. Daher geht der Autor ebenfalls davon aus, dass SMF bis zur Typ-IV-Einführung zunächst als OEM für Carl Eickhorn agierte. Es sind bisher nur vier dieser Messer bekannt.

[112] Vermutlich SMF-Lizenzfertigung

[113] Die frühen Modelle des Typ-V-Kappmesser tragen die Bezeichnung „AES 78" auf der Griffschale; später werden diese Messer umbenannt in LL 80 bzw. LL 100 (Zivilversion RT I oder RT I TAC)

[114] Vgl. Eickhorn-Solingen

Abbildung 113:
Carl-Eickhorn-Messer mit SMF-Pfeil und -Druckhebelform

Abbildung 114:
Kappmesser mit „ORIGINAL Eickhorn Solingen"-Anhänger

9 | ZWISCHEN DEN EPOCHEN – DAS MALSCH & AMBRONN-MESSER

Die „Malsch & Ambronn"-Messer waren für die internationale Sammlergemeinde lange Zeit ein Rätsel. Vor allem die besondere Federkonstruktion ist einmalig und auch die dreieckige Kopfform recht ungewöhnlich. Am interessantesten sind die wenig bekannten Instandsetzungsaktivitäten des Unternehmens, welche ganz offensichtlich in die spätere Fertigung eines eigenen Kappmessers mündeten. Auf den nächsten Seiten beleuchtet der Autor erstmalig die Geschichte dieser besonderen Kappmesservariante im Detail.

9.1 Malsch & Ambronn – Vom Privatunternehmen zum VEB

Der Name Malsch ist in Steinbach ebenso weit verbreitet, wie Weyersberg in Solingen. Die erste Erwähnung der Firma Malsch & Ambronn findet sich im Jahre 1923 im Zusammenhang mit dem Anbau eines Auto- und Lagerschuppens und Beamtenhauses. Das Firmengelände befand sich in der Alten Bahnhofstraße 29 und beide Eigentümer wohnten in großen Villen in Hanglage östlich bzw. westlich in unmittelbarer Nähe der Produktionsstätte.[115]

Im Mai 1925 wurde die Marke im Register des Patent- und Markenamtes eingetragen. Das Logo der Firma zeigt einen Mann, der Wasser aus einem Brunnen pumpt. Die Wahl dieses Zeichens geht auf den Ursprung des Familiennamens Ambronn zurück, welcher schlichtweg „Am Brunnen" bedeutet.

Dieses Zeichen findet sich ebenfalls auf Gebrauchs- und Besteckmessern der Marke „Am-Bronn", welche wohl parallel vertrieben wurde und/oder bereits vor dem Zusammenschluss der beiden Stahlwarenfabriken existierte. Willi Malsch und Karl Ambronn produzierten auch Geräte und Verbrauchsmittel für die Fußbodenpflege (z. B. Bohnerapparate, Wischmops und Politur) unter dem Markennamen „Am-Bronn".

Im Jahre 1933 ließen sich die Firmeninhaber sogar in den USA einen speziellen Reinigungsflüssigkeitsbehälter für Wischmops patentieren.[116] Während der Weltwirtschaftskrise waren lediglich 40 Arbeiter in der Firma beschäftigt. Zwischenzeitlich reduzierte man die Arbeitszeit auf drei Tage pro Woche, um alle Arbeitsplätze dauerhaft erhalten zu können.

Mit der Machtübernahme der NSDAP im Jahre 1933 begann die Nachfrage nach Blankwaffen stark zu steigen. Malsch & Ambronn konzentrierte sich auf die Produktion von SA-Dolchen und HJ-Messern, agierten jedoch auch als Zulieferer für Rüstungsgüter der Firma Telefunken. Daher erweiterte man Anfang der 1930er-Jahre die Produktionskapazität durch den Aufbau eines Arbeitssaales und die Anlage eines Wasserspeicher-

[115] Vgl. Staatsarchiv Meiningen (5642)

[116] Siehe Anhang V

Abbildung 115:
Beamtenhaus von
Malsch & Ambronn
(2017)

Abbildung 116:
„Am-Bronn No. 12“
Handmob (ca. 1925)

Abbildung 117: Malsch & Ambronn-Einwachsapparat (ca. 1932)

beckens in der Steinbach zu Kühl-/Schleifzwecken. Die Produktion der Wischmops lief weiter parallel. Auf einer Firmenrechnung von 1938 werden die zwei Geschäftsbereiche „Stahlwaren-Fabrik“ und „Mop-Fabrik“ genannt.

Die Produktionsanlagen am östlichen Dorfrand waren nur 700 Meter entfernt von F & A Helbig gelegen, so dass man sogar im Rahmen der Fertigung regelmäßig miteinander kooperierte; unter anderem steuerte das Unternehmen finanzielle Mittel zur Vergrößerung einer, von beiden Firmen gleichzeitig genutzten Produktionsanlage bei. Malsch & Ambronn verlor in den frühen 1940er-Jahren die Masse der Arbeiterschaft durch Einziehung zum Kriegsdienst.[117]

Die Firma wurde nach 1945 nicht enteignet. Nach dem Tod von Karl Ambronn ging dessen Anteil ins Volkseigentum über. Die dennoch fortbestehende Malsch & Ambronn KG produzierte unter anderem Schneidwaren für die Landwirtschaft, Berufsmesser für Fleischer, Gerätestecker/Kleinteile für die Elektroindustrie und ab 1957 Ehrendolche für die NVA. Aus dieser Zeit sind erneut Bestecke der Marke „Am-Bronn“ bekannt. In den frühen 1960er-Jahren wurde die ehemalige Kommanditgesellschaft zum Volkseigenen Betrieb „VEB Elstawa (Elektro- und Stahlwaren)“.

1970 ging sie in den staatlichen Unternehmensverbund „VEB Kombinat Unimewa (Universalmetallwaren) Aue“ über. Ein Zusammenschluss des Betriebes mit dem „VEB Messerfabrik“, dem „VEB Lederwarenfabrik“ und dem „VEB Schlossfabrik“ im Jahre 1980 hatte eine erneute Umbenennung in „VEB Bestecke und Schneidwaren Steinbach“ zur Folge. Dieser Betrieb zählte nun rund 500 Mitarbeiter und wurde abschließend in den „VEB Kombinat Haushaltsgeräte Karl-Marx-Stadt“ eingegliedert.[118]

Abbildung 118: Ein Mitarbeiter von Malsch & Ambronn am Fallhammer

Nach dem Fall der Mauer übernahmen westdeutsche Führungskräfte den Betrieb und fuhren die Mitarbeiterzahl auf 60 herunter. Den angestammten Angestellten fehlte jedoch jegliche Erfahrung in der Vermarktung ihrer Produkte in der über Nacht entstandenen freien Marktwirtschaft des wiedervereinten Deutschlands. Die Aufgabe des Betriebes war wohl ohnehin von der neuen Firmenleitung vorgesehen. So hörte die Nachfolgefirma der Malsch & Ambronn KG im Jahre 1991 auf, zu existieren.[119] Damit endete ein großes Kapitel in der Geschichte Steinbachs und der Messerproduktion im östlichen Teil Deutschlands. Die Firmengebäude wurden in den Jahren 2016/17 größtenteils abgerissen.

[117] Vgl. Pattarozzi (2006), S. 46; Reich (2016); Staatsarchiv Meiningen (5648 und 3354)
[118] Vgl. Reich (2016); Ullrich (2016); Wikipedia → Suchbegriff: Kombinat Unimewa; Barth, Max (2010), S. 70
[119] Vgl. Ullrich (2016)

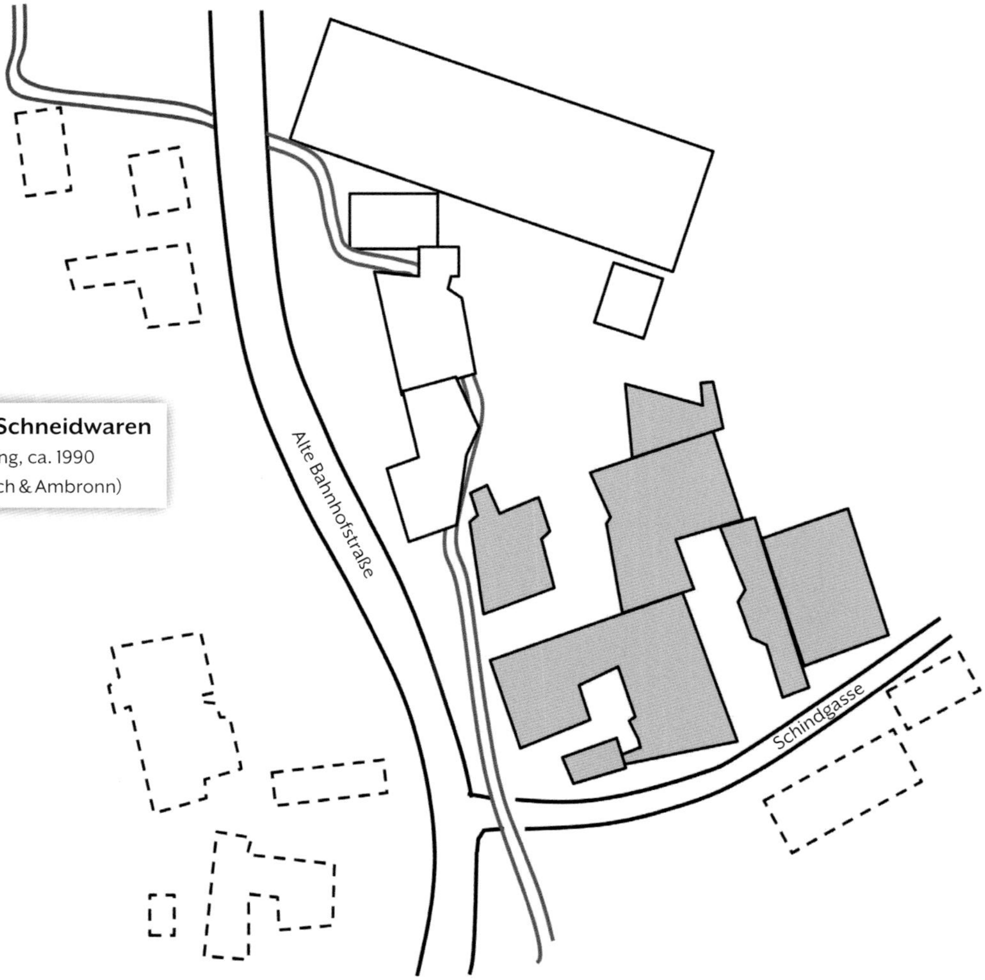

Abbildung 119: Ehemaliges Malsch & Ambronn-Gelände (ca. 1990)

9.2 Das Malsch & Ambronn-Messer – Produktionsbeginn in der DDR

Die Malsch & Ambronn KG führte Ende der 1940er-, Anfang der 1950er-Jahre zunächst Reparaturarbeiten an defekten Weltkriegs-Kappmessern anderer Hersteller aus. Diese in der DDR instandgesetzten Modelle können anhand einer sehr markanten Modifikation eindeutig identifiziert werden. Nachdem die Messer zunächst zerlegt wurden, ersetzte man die beiden ursprünglich vorhandenen Flachfedern durch eine einteilige, im Mittelteil verdickte Flachfeder. Diese Modifikation diente dazu, Federbrüche zu vermeiden.

Die neue Flachfeder weist nahezu über die gesamte Länge eine einheitliche Breite von zirka 7 mm auf. Sie reduziert sich erst im Bereich des unteren Metallblocks auf die ursprünglich in der L.Dv. 422 für die gesamte Aufreiberfeder vorgeschriebenen 5,5 mm. Sie ist mit drei Bohrungen versehen. Um die Passform der neuen Feder zu gewährleisten, erweiterte man die Aussparung für die (ursprünglich) obere Flachfeder in der oberen Abdeckplatte nach unten.[120] Dazu musste zunächst die Griffschale entfernt werden.

Abbildung 120: Modifiziertes SMF-Messer mit Malsch & Ambronn-Feder

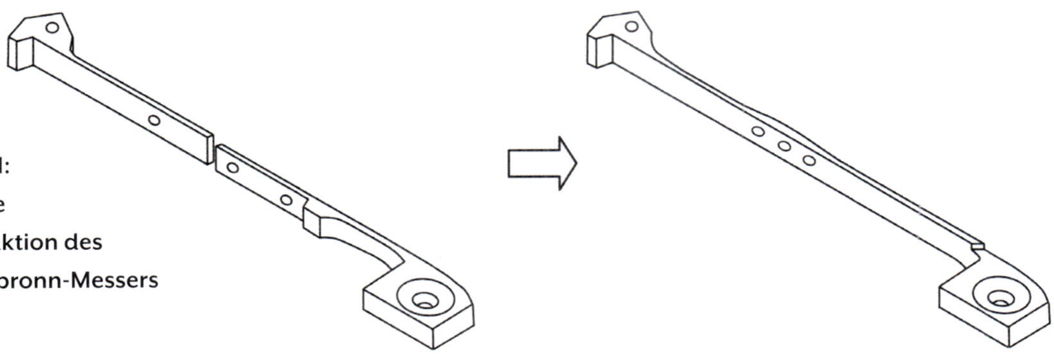

Abbildung 121: Abweichende Federkonstruktion des Malsch & Ambronn-Messers

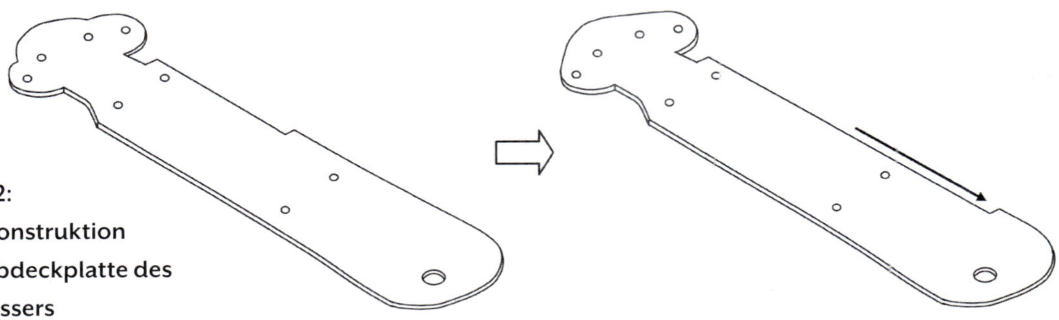

Abbildung 122: Veränderte Konstruktion der oberen Abdeckplatte des Ambronn-Messers

[120] Gemäß Luftwaffendienstvorschrift ist die obere Flachfeder der unmodifizierten Typ-I-Messer 7 mm und die Aufreiberflachfeder nur 5,5 mm breit.

Abbildung 123: Reparierte Solinger Messer (Malsch & Ambronn)

Ein Blick ins Innere der durch Malsch & Ambronn reparierten Weltkriegsmodelle macht neben diesen Modifikationen noch weitere Details sichtbar:

- Die Feder ist nicht einheitlich hergestellt; auf dem Bild oben rechts ist ein rundliches Zwischenstück zur Arretierung eingeschweißt (siehe Pfeil).
- Zudem wurden zur Vernietung nicht immer alle (drei) bereits vorhandenen Bohrlöcher im Metallkasten verwendet.
- Die leicht unsaubere Vernietung der oberen Holzgriffschale sowie deren Beschädigung (Niete oben rechts) beweisen, dass sie demontiert und erneut vernietet wurde.

Die Mehrzahl dieser reparierten Messer enthalten noch die originalen SMF- bzw. Paul-Weyersberg-Klingen. Ein Messer ist jedoch bereits mit einer lokal produzierten Malsch & Ambronn-Klinge ausgestattet. Die Kopfform aller dieser Exemplare entspricht den Solinger Messern und es befinden sich noch immer die in Solingen eingeschlagenen Montagehilfen auf der unteren Abdeckplatte (nicht abgebildet). Interessant ist zudem, dass der Stempel des Abnahme-Inspizienten eines Exemplars weitestgehend abgeschliffen wurde.

Da die originalen (Solinger) Druckhebel nicht mehr vorhanden waren, fertigte man auch diese selbst. Die Hebel der beiden unten gezeigten Exemplare unterscheiden sich noch von der Standardform, die später sowohl bei reparierten Messern als auch bei den Steinbacher Eigenfertigungen zu erkennen ist.

Abbildung 124: Malsch & Ambronn-Reparaturen von Solinger Weltkriegsmessern

Ab Mitte der 1950er-Jahre nahm Malsch & Ambronn die Produktion eines eigenen Kappmessers auf, welches auf der bereits modifizierten Konstruktion basierte.

Auch bei diesen vollständig selbst gefertigten Messern findet sich die einteilige Flachfeder wieder. Außer dem Herstellerzeichen sind keinerlei Stempelungen erkennbar.

Zusätzlich zu der bereits zuvor implementierten Modifikation der Feder wurde die Kopfform dieser neuen Messer vereinfacht. Sie weicht nun sehr stark von der Kleeblattform der drei Weltkriegshersteller ab und ähnelt bereits der Leegebrucher Form bei den offiziellen NVA-Messern der 1960er-Jahre.[121]

Die tatsächliche Verbindung dieser beiden DDR-Produktionsstätten ist anhand der Press- oder Walzriefen auf den flachen Bügelenden eindeutig nachweisbar. Auffällig sind in diesem Zusammenhang vor allem die vier im Rechteck angeordneten Metallpunkte. Die Bügelenden früher GML-Messer aus Leegebruch weisen exakt die gleichen Merkmale auf.

Nachdem die Flachfedern der reparierten Weltkriegsmesser mit dem Metallkasten vernietet sind, ist dies wohl auch bei den späteren Eigenfertigungen der Fall, obwohl von außen keine Nietköpfe sichtbar sind. Der Federbruch (Abbildung 128) ermöglicht einen Blick ins Innere und macht die dritte und letzte Modifikation der Weltkriegskonstruktion sichtbar. Wie auch bei den späten Typ-II-SMF-Messern fehlt der Durchbruch im unteren Teil des Metallkastens.

Abbildung 125: Malsch & Ambronn-Nachkriegsfertigung

Abbildung 126: Kopfformen (von links) – F & A Helbig, Malsch & Ambronn, GML

Abbildung 127: Gleiche Bügel (links M & A, rechts GML)

Abbildung 128: Kein Durchbruch im Metallkasten

[121] Vgl. dazu auch Kapitel 10

Abbildung 129: Das Malsch & Ambronn-Messer (JS)

In Sammlerkreisen stößt man immer wieder auf die Aussage, dass diese Messer bereits während des zweiten Weltkrieges produziert und ausgegeben wurden. Grund dafür sind unter anderem entsprechende Einritzungen – zum Beispiel das Wort „Kreta“ – in die Griffschalen einzelner Malsch & Ambronn-Messer.

Daher ist es notwendig, die tatsächliche Geschichte dieser Messer anhand der zuvor beschriebenen äußerlichen Merkmale und historischer Fakten zu umreißen und diesen Mythos des vermeintlichen vierten Weltkriegsherstellers zu entkräften. Folgende historische Details sollten dazu erwähnt werden:

- Die Baumusterbeschreibung der L.Dv. 422 schreibt explizit die Verwendung von zwei getrennten Flachfedern mit einer Breite von 7 und 5,5 mm vor.
- Die Kooperation und gemeinsame Nutzung einer Produktionsanlage mit F & A Helbig wurde bereits erwähnt.[122]
- „Ab 1952 bot die Gesellschaft für Sport und Technik (GST) Fallschirmspringen als Wehrsport in der vormilitärischen Ausbildung der DDR an. Somit stand bei der Gründung der NVA 1956 bereits ein im Fallschirmspringen erfahrener Kader zur Verfügung. Ein Teil davon diente in den ersten Jahren noch in den Fernaufklärungseinheiten der NVA.“ Das (springende) Mot.-Schützenbataillon 5 (später Luftsturmregiment 40) wurde 1960 aufgestellt.[123]
- In der BRD führte man unmittelbar nach Gründung der Bundeswehr im Jahr 1956 erneut das Kappmesser (Typ III) ein.
- Die Malsch & Ambronn KG existierte unter diesem Namen bis in die frühen 1960er-Jahre und stellte bereits 1957 Ehrendolche für die NVA her. Sie wurde danach nicht geschlossen sondern ging in Volkseigentum über.
- Laut Barth/Max wurden bei der NVA bis in das Jahr 1970 die Restbestände der Wehrmacht verwendet bzw. aufgebraucht.[124]

Neben der bereits gezeigten Verwandtschaft zum offiziellen NVA-Kappmesser der 1960er-Jahre ergeben sich in Verbindung mit den oben genannten Informationen zwei weitere stichhaltige Beweise, die den o.g. Mythos widerlegen:

1.) Die extrem unterschiedliche Konstruktion ist ein Indiz dafür, dass die beiden Steinbacher Hersteller F & A Helbig und Malsch & Ambronn zeitversetzt produzierten. Die nachgewiesene Zusammenarbeit hätte sicherlich ein ähnliches Aussehen beider Messer zur Folge gehabt.

2.) Zudem hätten die Messer dieses Herstellers aufgrund der veränderten Federkonstruktion entgegen des strikt vorgegebenen Baumusters der L.Dv. 422 die Abnahme durch den Inspizienten 5 nicht bestanden. Sie wären zurückgewiesen worden. Das tatsächliche Fehlen jeglicher Abnahmestempel beweist, dass diese Messer nie von den Prüforganen des Waffenamtes der Luftwaffe für die Verwendung bei der Truppe freigegeben wurden.

Somit wird sich die Geschichte der Malsch & Ambronn-Variante des Flieger-Kappmessers wohl wie folgt zugetragen haben[125]:

Für die aufzubauenden Fallschirmjägerverbände der NVA forderte man in den 1950er-Jahren genau wie in der BRD erneut ein Kappmesser. Restbestände der Wehrmacht lagerten immer noch in den ehemaligen Zeugämtern bzw. Kleiderkammern der Luftwaffeneinheiten. Darunter befanden sich womöglich auch geplante Aussonderungen, also defekte Ware.

[122] Vgl. Pattarozzi (2006), S. 46

[123] Vgl. Wikipedia → Suchbegriff: Luftsturmregiment 40

[124] Vgl. Barth, Max (2010), S. 20–21

[125] Hinweise darauf finden sich auch bei von Halász (1996), S. 235

Malsch & Ambronn war zu diesem Zeitpunkt bereits mit den Beschaffungsbehörden der NVA im Kontakt und erhielt erste Aufträge zur Instandsetzung defekter Wehrmachts-Kappmesser für die GST und Fernaufklärer. Die Reparatur bzw. Modifikation erforderte das Zerlegen der Messer, wodurch sich Malsch & Ambronn das konstruktive Wissen zur späteren Eigenfertigung aneignete. Möglicherweise konnte man sich zudem des 15 Jahre alten Wissens ehemaliger F & A Helbig-Mitarbeiter des Dorfes bedienen, die bereits während des Krieges mit der Produktion des Wehrmachtsmessers betraut waren. Das Abschleifen der Wehrmachts-Abnahmestempel ist sicherlich als eine Art der Entnazifizierung zu verstehen.

Die Wehrmachtsbestände waren ab einem unbestimmten Zeitpunkt aufgebraucht und das Unternehmen startete die Eigenfertigung mit vereinfachter Metallkopfform. Die Aufstellung der Fallschirmjägertruppe der NVA wurde sicherlich auch ausrüstungstechnisch vorbereitet. So scheint es logisch, dass auch entsprechende Spezialausrüstung bereits ab 1958/59 produziert (bzw. repariert) wurde. Die Fallschirmsprunggruppe der GST hatte wahrscheinlich bereits ab 1952 entsprechende Bedarfe angemeldet.

Ein derartiger Verlauf der Geschichte erklärt ebenfalls, warum die NVA nie auf das Typ-II-Modell umstellte. Es müssen (auch) in den 1950er-Jahren übermäßig viele Typ-I-Messer vorhanden gewesen sein, so dass man nur diese Modelle reparierte und später kopierte. So konzentrierte man sich zunächst aus Effizienzgründen in der sowjetischen Besatzungszone eben nicht auf das weiterentwickelte, zerlegbare Modell. Die geplante Ablösung des Flieger-Kappmessers durch ein Messer mit feststehender Klinge machte jegliche Überlegungen über ein nachträgliches Umschwenken zum Typ II obsolet.

Dass in der DDR mit nur kurzem zeitlichem Versatz erneut Typ-I-Kappmesser mit zwei Flachfedern auftauchen, ist jedoch ungewöhnlich. Fest steht jedoch, dass es sich später um die Genossenschaft der Messerschmiede Leegebruch handelt, die vermutlich aufgrund der einfacheren Fertigungsweise wieder das ursprüngliche Design mit zwei Flachfedern verwendete.

10 | DAS OFFIZIELLE NVA-KAPPMESSER

Das GML-Modell der NVA ist eines der selteneren Varianten des Flieger-Kappmessers. „Auf Grund der Geheimhaltungsmanie und gnadenlosen Vernichtungswut in der NVA und überhaupt in der DDR [...] konnten noch keine Unterlagen über Einführungs- und Außerdienststellungszeitpunkt des NVA-Kappmessers beschafft werden. Auch ist noch ungeklärt, ob das Kappmesser eine Modellbezeichnung oder einen Eigennamen in der NVA hatte. Leider sind bei der Umstellung auf die Marktwirtschaft auch sämtliche Herstellerunterlagen und die entsprechende TGL des Fachbereichs-Standard des Ministeriums für Nationale Verteidigung der NVA bei dem ehemaligen Hersteller verloren gegangen.“[126] Dennoch ist es möglich, Teile der Geschichte zu rekonstruieren.

10.1 GML Leegebruch – offizielle Produktionsstätte des NVA-Kappmessers

Leegebruch ist eine Gemeinde nahe Berlin. Das hier ehemals ansässige Spezialwissen zur Herstellung feiner Stahlwaren stammt jedoch aus der Stadt Mikulasovice/Tschechien (ehemals Nixdorf/Sudetenland). Dort befand sich „bereits im 18. Jahrhundert (1794 Gründung der ersten Messerfabrik) das Zentrum der Herstellung feiner Stahlwaren in der K.u.K.-Monarchie Österreichs für Zivil- und Militärbedarf.“[127]

Nach dem Ende des zweiten Weltkrieges erfolgte eine Enteignung und Vertreibung der Deutschen. „In einem weitgehend zusammenhängenden Transport durften die fast ausschließlich in Kleinbetrieben tätigen Messerhandwerker [in Nixdorf jedoch] einige Werkzeuge mitnehmen, ja sogar eine zwar veraltete, aber funktionierende Drehmaschine. [...] Endstation der Flucht war die Heinkel-Siedlung Leegebruch, wo sich auch die Heinkel-Flugzeugwerke befanden. In den Wohnungen und leerstehenden Räumen begann schon bald die Herstellung von Schneidwaren. [...] 1946 schlossen sich 16 Handwerker zu einer Produktionsgenossenschaft zusammen, und das Firmenzeichen „GML“ entstand (Genossenschaft der Messerschmiede Leegebruch). Aus restlichen Materialien und mit reparierten Maschinenbeständen der ehemaligen Heinkel-Werke begann man Berufsmesser und Essbestecke herzustellen. [...] Eine radikale Umstellung des Betriebs erfolgte mit der Zwangsenteignung 1954 und die Umfirmierung in „VEB Messerschmiede Leegebruch“. [...] Der Grundstock für die Erfolgsgeschichte war das Taschenmesserangebot. Die Leegebruch-Version des Schweizer Offiziersmessers wurde in enormen Stückzahlen hergestellt. [...] Mit dem Ende der DDR begann eine neue Epoche. Die Treuhand GmbH übernahm die Messerschmiede

[126] von Halász (1996), S. 235

[127] Johanson (2011), S. 66

Abbildung 130: „Genossenschaft der Messerschmiede Leegebruch"

und verkaufte sie an einen Investor. Entlassungen waren die Folgen. Mit dem Verkauf der Firma wurde auch der Name geändert: Ab 1990 hieß die Firma Messerschmiede Leegebruch GmbH, ab 1991 dann „Adler-Messer" [...]. Die Zahl der Mitarbeiter sank bis auf drei. Der Inhaber machte aus der Messerschmiede schließlich einen Kunststoffbetrieb. Maschinen, Anlagen und die Technologie wurden 2005 an die tschechische Firma Mikov veräußert. Ironie der Geschichte: Alles ging nach Mikulasovice, dem ehemaligen Nixdorf. Dorthin, wo die Leegebrucher Messerschmiede hergekommen waren."[128]

Im Jahre 2001 erfolgte der Abriss der Hauptgebäude des ehemaligen Volkseigenen Betriebes in der Eichenallee 41. Heute steht dort ein Supermarkt.

10.2 Das Kappmesser der Nationalen Volksarmee

Das fliegende Personal, die Fallschirmjäger und Fernaufklärer und auch die Kampfschwimmer der NVA nutzten zunächst die Restbestände der Wehrmachtsproduktion, weil die Bajonette für den speziellen Verwendungszweck nicht geeignet waren [Anm.: wie im vorangegangenen Kapitel beschrieben, sollte es sich bei den instandgesetzten und später selbst produzierten Malsch & Ambronn-Messern um genau diese bei Barth und Max beschriebenen „Restbestände" handeln – einzig und allein die zusammenhängende Flachfeder, welche später beim NVA-Messer nicht vorhanden ist, stellt diese Aussage in Frage]. Nachdem diese Restbestände aufgebraucht waren, pro-

[128] Johanson (2011), S. 66–69

duzierte auch der „VEB Messerschmiede Leegebruch" bis etwa 1964/65 eine kaum veränderte Variante des nicht zerlegbaren Wehrmachtsmodells. Die Beschaffung des Federstahls stellte ein Problem dar und konnte erst nach Intervention des Ministeriums für Nationale Verteidigung erfolgen.[129]

Ein ehemaliger Mitarbeiter des GML berichtet, dass diese Messer bereits 1966 nicht mehr hergestellt wurden. Ein Exemplar dieses Messers lagerte jedoch bis zur Wende in Leegebruch und wurde bei der Auflösung des Betriebes leider gestohlen. Die Steinbacher und Leegebrucher Messerschmiede gehörten dem gleichen Kombinat an und kommunizierten regelmäßig miteinander.[130] Die Verantwortung für die Produktion der Kappmesser ging wohl Anfang der 1960er-Jahre per Dekret von Steinbach nach Leegebruch über. Der Beweis dafür ist die Verwendung des gleichen Bügels sowohl bei Malsch & Ambronn als auch bei frühen GML-Messern (Abbildung 127).

Anders als bei den parallel in der BRD produzierten Modellen, wurde der bereits beschriebene Konstruktionsmangel der oberen Flachfeder ebenfalls übernommen. Man versuchte lediglich, die Gefahr eines Federbruchs durch Verwendung einer zweiten Niete zu reduzieren, was jedoch nicht zum Erfolg führte. Die markantesten Unterschiede zum Wehrmachtsmodell sind:

- die vereinfachte Kopfform mit eingeprägter Inventarnummer und/oder „NVA"-Stempelung, sehr seltene Exemplare tragen die Stempelung „GST" oder „AKL" (vermutlich Aufklärung)
- der wesentlich einfacher gearbeitete Druckhebel mit eingestanzten Strich-Punkt-Markierungen als Montagehilfe; die dazugehörigen Markierungen befinden sich auf Metallkasten, oberer Abdeckplatte (siehe Abbildung 20) und beiden Flachfedern
- die Verwendung von jeweils zwei Nieten pro Flachfeder
- das vereinfachte Design der Aufreiberflachfeder ohne ovale Aussparung mit einer Bohrung (siehe Abbildung 132)
- die untere Abdeckplatte und der Metallkasten sind an vier Punkten verschweißt wie bei den SMF-Typ-II-Messern (Abbildung 132); dennoch sind die ursprünglichen Bohrungen vorhanden jedoch nutzlos.

Abbildung 131: Bekannte Stempelungen auf dem Metallkopf der GML-Kappmesser

[129] Vgl. Barth, Max (2010), S. 20–21; Kerzig, Knittel, Schulz (2008), S. 112; von Halász (1996), S. 235

[130] Vgl. Niestaedt (2017)

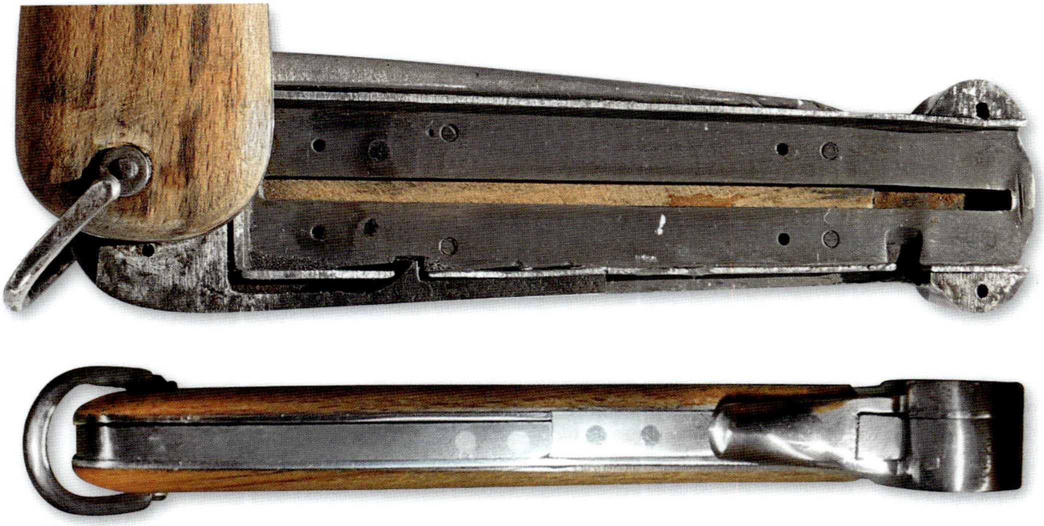

Abbildung 132: Besonderheiten der Flachfedern und Teilevernietung des GML-Messers

Abbildung 133: NVA-Kappmesser der GML in Leegebruch

Abbildung 134: NVA-Kappmesser mit WK2-Kopfform

In Leegebruch produzierte man jedoch auch mindestens ein Los Kappmesser mit der ursprünglichen Kleeblattform des Metallkopfes. Dies zeigt unter anderem ein Modell, welches aus dem Besitz des ehemaligen Betriebsdirektors stammt.[131] Es weist weitere Besonderheiten auf. So entspricht die Form des Druckhebels eher dem des Wehrmachtsmessers. Außerdem trägt nicht nur der Metallkopf sondern auch der Druckhebel die Seriennummer „285". Die Tatsache, dass (noch) keine Stempelung NVA, GST oder AKL auf dem Metallkopf vorhanden ist, könnte bedeuten, dass diese erst nach Eintreffen bei den jeweiligen Einheiten eingeschlagen wurden. Bei diesen Messern gibt es einen Nummernstempel auf der Angel des Aufreibers.

Laut Aussage des ehemaligen Betriebsdirektors gab es bereits konkrete Pläne zur Einführung eines überarbeiteten Kappmessers. Es wurden lediglich 15 – 20 Prototypen produziert, die betriebsintern den Namen „Jugendmesser" trugen.[132]

Ähnlich wie im Westen Deutschlands verzichtete man auf den Aufreiber, wodurch das Messer insgesamt kürzer und leichter wurde. Die Klinge ist etwa 0,5 cm kürzer und lediglich 1,5 cm breit. Der veränderte Öffnungsmechanismus war nun in den Metallkopf integriert. Die genaue Funktionsweise ist unbekannt.

---

[131] Es sind lediglich drei weitere dieser Messer bekannt, zwei davon mit den Seriennummern 42 und 241.

[132] Vgl. Korinth (2020)

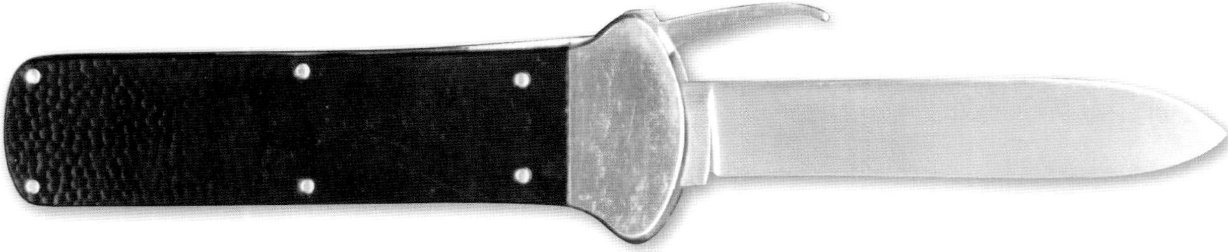

Abbildung 135: Prototyp des „Jugendmessers"

Mit der Einführung des Kampfmessers KM 66 im Jahre 1966 war jedoch das Ende des Kappmessers bei den Spezialkräften des Heeres in Sicht und die Idee zur Produktion eines optimierten Fallmessers wurde verworfen.

Aufgrund der Verwendung minderwertigen Klingenstahls musste das KM 66 jedoch mehrfach überarbeitet werden, so dass das alte Kappmesser 1973 übergangsweise wieder zum Einsatz kam. Es erfüllte jedoch nicht mehr alle Anforderungen und auch die Entwicklung eines besseren Klingenstahls für das neue Kampfmesser war ein bis zwei Jahre später abgeschlossen. Daher wurden die Kappmesser-Restbestände etwa Mitte der 1970er-Jahre an die GST übergeben und aufgebraucht. Laut Aussage eines GST-Absetzers hing beispielsweise ein solches Kappmesser griffbereit über der Seitentür einer Antonov AN-2, um am Flugzeug hängengebliebene Fallschirmspringer abschneiden zu können.

Das später eingeführte, militärische Fallschirm-Kappmesser hatte eine frontal abgerundete, feststehende Klinge und wurde direkt auf dem Reservefallschirm befestigt.[133]

Auch ein NVA-Kampfflieger berichtet, dass die in deren Überlebensausstattung ursprünglich enthaltenen Fallmesser nach und nach gegen ein anderes Messer ausgetauscht wurden. Vereinzelt befanden sich aber wohl auch noch Ende der 1980er-Jahre vergessene GML-Kappmesser in diesen Sätzen.

Wie viele dieser Messer in der DDR produziert wurden, ist unbekannt. Einen gewissen Hinweis auf mögliche Produktionszahlen geben die eingestanzten Inventarnummern. Die höchste, dem Autor bekannte Nummer ist die 4137.

Erst ab 1963 zählte das bereits umbenannte Fallschirmjägerbataillon 5 mit seinen drei Kompanien rund 500 Mann. Die 4. Kompanie wurde erst 1981 aufgestellt.[134] Die Soldaten dienten drei Jahre und gaben danach ihre Messer zurück. Bei dem permanenten Rohstoffmangel in der DDR ist es also durchaus denkbar, dass bis 1965 maximal 4.000 bis 5.000 dieser Messer produziert wurden.

Diese Annahme wird gestützt durch die Verwendung wenig diversifizierter Montagehilfen (Punkte und Striche). Die in Kapitel 2.3 beschriebene Vorgehensweise lässt vermuten, dass die Produktionslose lediglich geringe Mengen von möglicherweise weniger als 100 Stück umfassten.

---

[133] Vgl. von Halász (1996), S. 235; Barth, Max (2010), S. 29

[134] Vgl. Krug (n.b.), S. 5–6

11 | FÄLSCHUNGEN UND KOPIEN

Dieser Abschnitt soll helfen, Fälschungen und Reproduktionen rechtzeitig zu erkennen, um den Sammler vor bösen Überraschungen zu bewahren. Es existieren fast ausschließlich professionell gefertigte Kopien der Typ-II-Kappmesser. Aufgrund der Seltenheit dieser Messer, sind sie wesentlich begehrter und teurer. Zudem sind sie zerstörungsfrei zerlegbar, was es den Fälschern sehr einfach machte, die Einzelteile nachzubilden.[135] Typ-I-Fälschungen finden sich extrem selten. Dem Autor ist lediglich ein Messer bekannt.

11.1 Veränderte Klingen – halb Original / halb Fälschung

Alle Hersteller ätzten ihre Logos auf die Klingen. Dieses Verfahren ist leicht kopierbar und erfordert wenig Spezialwerkzeug, wie zum Beispiel Prägestempel. Dem Autor sind mindestens drei Beispiele von wahrscheinlich gefälschten bzw. kopierten Klingen bekannt.

In den ersten beiden Fällen wurde offensichtlich ein originales Griffstück verwendet und durch eine Klinge mit gefälschtem/kopiertem Herstellerlogo ergänzt.

Im ersten Fall (F & A-Helbig-Typ-II-Messer) hat das Griffstück alle Merkmale der Solinger Hersteller; die markante Form des Gaefler-Metallkopfes und des Druckhebels (siehe Kapitel 5.3) ist nicht vorhanden.

Die Klinge ist jedoch mit einem geätzten Gaefler-Logo versehen, welches aber im Vergleich zu den bekannten Typ-I-Messern etwa einen Zentimeter zu hoch platziert ist.

Abbildung 136: Solinger Griffstück mit gefälschter Gaefler-Klinge

[135] Vgl. Pattarozzi (2006), S. 71

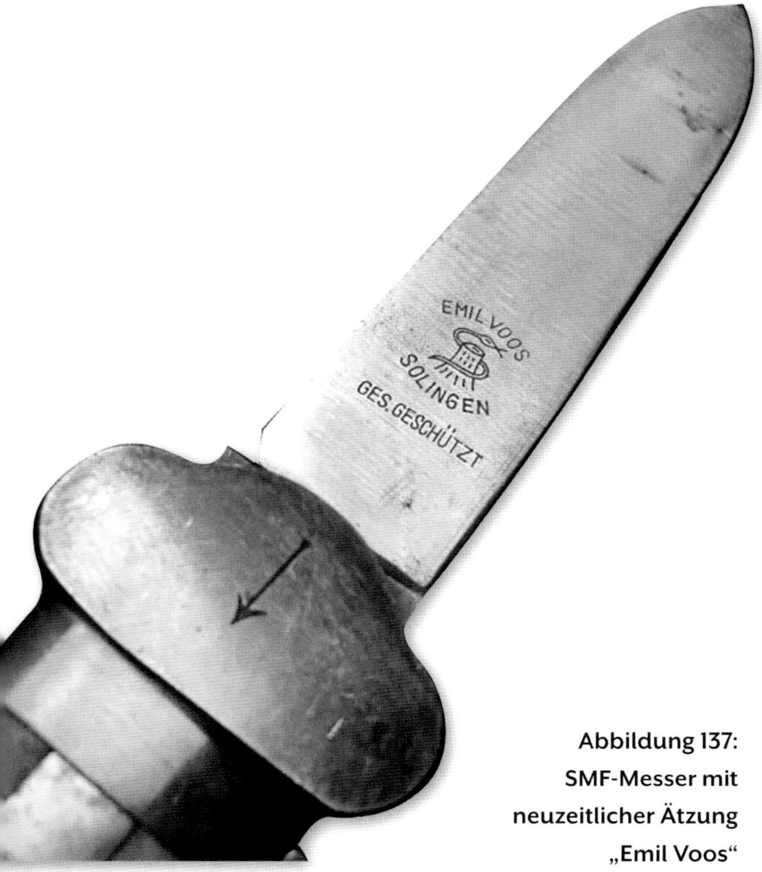

Abbildung 137: SMF-Messer mit neuzeitlicher Ätzung „Emil Voos“

Im zweiten Fall wurde ebenfalls ein Solinger Typ-II-Griffstück mit einer Klinge eines vermeintlich sehr seltenen Solinger Kappmesserproduzenten – Emil Voos – versehen. Das Logo ist oberflächengeätzt.

Im Vergleich mit anderen Emil-Voos-Dolchklingen wird klar, dass diese Solinger Firma während des Krieges ihr Klingenzeichen tiefätzte. Die Aufreiberangel ist mit der R.B.NR. 0/0561/0019 versehen. Es muss sich somit um ein originales Typ-II-SMF-Messer[136] mit nachträglich veränderter Klinge handeln.

Seit 2016 werden einzelne Klingen der aktuellsten, polnischen Kappmesserkopie mit dem Logo der beiden Solinger Weltkriegshersteller versehen. Teilweise wird man eine kopierte Klinge mit dem Paul-Weyersberg-Logo in einem kopierten SMF-Griff (R.B.NR. 0/0561/0019 auf der Angel des Aufreibers) finden.

Aus Tschechien sind weitere Arten gefälschter Kappmesserklingen bekannt, die unmittelbar im Anschluss behandelt werden.

Abbildung 138: Reproduzierte Klingen mit gefälschten Solinger Logos

[136] Zur Erinnerung: SMF-Typ-II-Messer (2. WK) tragen in der Regel kein Logo oder R.B.NR. auf der Klinge.

11.2 Kappmesser-Reproduktion aus Fernost

Es existiert eine leicht zu identifizierende SMF-Typ-II-Kappmesser-Reproduktion, die in größeren Stückzahlen auf dem Sammlermarkt gehandelt wird. Pattarozzi gibt an, dass diese Kopie in Polen auftauchte;[137] jedoch finden sich im Internet eindeutige Hinweise darauf, dass deren eigentlicher Ursprung in Asien (möglicherweise Pakistan) liegt. Genauere Details sind nicht bekannt. Anfangs tauchte diese Kopie nur ab und zu auf; mittlerweile wird sie auch ganz offiziell in Onlineshops als Reproduktion angeboten.

Es wird nicht im Detail auf jedes einzelne Merkmal eingegangen, sondern nur die wichtigsten Indikatoren aufgezeigt, die man vor einem Kauf prüfen sollte:

- Die Vernietung der Griffschalen und des Aufreibers mit Kupfernieten ist von außen gut zu erkennen.
- Die Gussform des Aufreibers enthält bereits die R.B.NR. 0/0561/0019 – sie ist nicht eingestanzt.
- Der Stempel des Abnahme-Inspizienten sieht sehr ungewöhnlich aus und enthält sogar eine 6 anstatt der 5.
- Metallkopf und Druckhebel haben eine ungewöhnliche Form, die eher an ein F & A-Helbig-Messer erinnert.
- Der Metallkopf ist aus einem Stück gegossen.
- Zerlegt man das Messer, so findet man keine Stempelungen und vor allem der Klingensockel mit dem vorhandenen Loch und durchgestanztem, nicht genieteten Zapfen ist sehr auffällig.

Abbildung 139:
Fernost-SMF-Typ-II-Kopie mit SMF-Klinge

[137] Vgl. Pattarozzi (2006), S. 145

Abbildung 140: Innenansicht der pakistanischen Kopie

11.3 Tschechische Kappmesser-Reproduktion

Unter Fachleuten kennt man eine weitere Kopie eines Typ-II-Messers aus der Tschechischen Republik, die Gerüchten zufolge durch einen Mitarbeiter des Waffenherstellers Zbrojovka Brno auf professionellen Produktionsanlagen hergestellt sein soll. Es könnte hunderte dieser exzellent gearbeiteten Fälschungen geben, die sogar gewisse Altersspuren aufweisen. Zu diesen Fälschungen gehören unter anderem die bei Pattarozzi beschriebene SMF-Dolchvariante Typ IIb[138] und das „Anton-Wingen-Messer“.

Es gibt zwei wesentliche Konstruktionsmerkmale, die diese Messer eindeutig als Fälschung entlarven. Nachdem die Entwicklung der SMF-Messer von 1936 bis etwa 1968 lückenlos nachvollzogen werden kann, erfolgt die Beweisführung anhand des „Anton-Wingen-Messers“, dessen Griff ein vermeintliches SMF-Fabrikat darstellt.

Dieses Messer wird bisher in der Literatur kaum behandelt und soll daher zunächst im Detail beschrieben werden.

Alle Markierungen, inklusive des Abnahmestempels auf dem Aufreiber sind perfekt kopiert. Die Messer sind vollständig nummerngleich inklusive der Unterbaugruppe „Klingenverriegelung“. Auf der Angel des Aufreibers findet sich der Herstellercode R.B.NR. 0/0878/0018 – Anton Wingen. Die Klingen dagegen tragen die R.B.NR. 0/0561/0020 von Paul Weyersberg & Co, welche nicht geätzt, sondern gefräst ist. Die Form des Pfeils auf dem Metallkopf hingegen ist so nur bei Messern aus SMF-Produktion bekannt.

Abbildung 141: Das „Anton-Wingen-Messer“

[138] Siehe auch Kapitel 3.3 zur originalen Vorlage für diese Fälschung

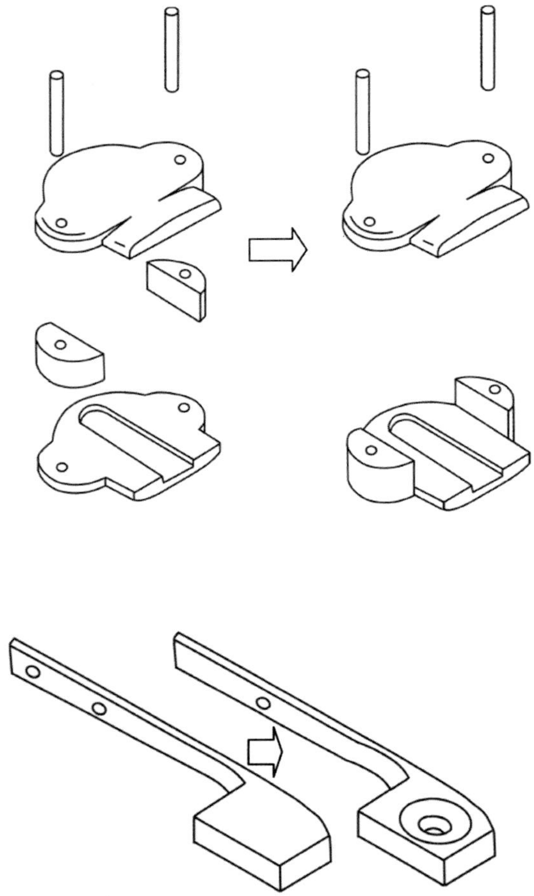

Abbildung 142: Konstruktion von Metallkopf und Aufreiberfeder (Fälschung, links)

Die wenigen bekannten Messer sind in einem nahezu neuwertigen Zustand. Offensichtlich soll beim Sammler der Eindruck entstehen, dass es sich bei diesen Messern um das letzte Produktionslos handelt, welches aus Restbeständen der beiden Solinger Hersteller zusammengesetzt wurde. Anton Wingen wäre in diesem Fall entweder lediglich der Aufreiber-Zulieferer oder der dritte Solinger Hersteller, der aus unerklärlichen Gründen Ende 1944/Anfang 1945 die Produktion aufnimmt. Man bedenke jedoch in diesem Zusammenhang, dass die SMF-Produktionsanlagen auch nach der Bombardierung Solingens weiterhin intakt waren und die Firma nach dem Krieg bis ungefähr 1968 weiterproduzierte.

Die Konstruktion des Metallkopfes und der Flachfeder des Aufreibers weicht von den ab 1943 produzierten Typ-II-Komponenten ab. Bei beiden Änderungen handelt es sich jedoch um sinnvolle Rationalisierungen, welche die Produktion erleichtern und beschleunigen. Die Funktion des Messers ist weiterhin vollständig gegeben und somit sollten sich diese vermeintlich offiziellen Änderungen ebenfalls bei den Messern der SMF-Nachkriegsproduktion wiederfinden.

Der Metallkopf der Kopie ist sichtbar aus vier anstatt zwei Einzelteilen zusammengesetzt. Zudem hat man im unteren Bereich der Aufreiberfeder die beidseitige ovale Ausbuchtung inklusive der Bohrung (mittig, Ø 5 mm) weggelassen. Die Feder selbst ist zweifach vernietet, obwohl SMF bereits vor Einführung des Typs II die obere Niete eliminiert hatte.[139]

Tatsächlich sind diese sinnvollen Änderungen weder bei den Nachkriegsmessern, noch bei den frühen Bundeswehrversionen vorhanden. Dies zeigen die nachfolgenden Bilder der Metallköpfe und Aufreiberfedern eines Typ-II-SMF-Messers um zirka 1944, der Tschechischen Fälschung (fiktiv 1944/1945) und eines Typ-II-SMF-Messers um etwa 1955.

Schaut man sich die Klingen genauer an, so lassen sich eindeutige Unterschiede erkennen. Die R.B.NR. 0/0561/0020 ist gefräst und nicht geätzt. Die Schriftart ist wesentlich moderner und die Abstände zwischen Buchstaben und Zahlen sind viel zu gering beziehungsweise nicht korrekt.

[139] Vgl. Abbildung 40

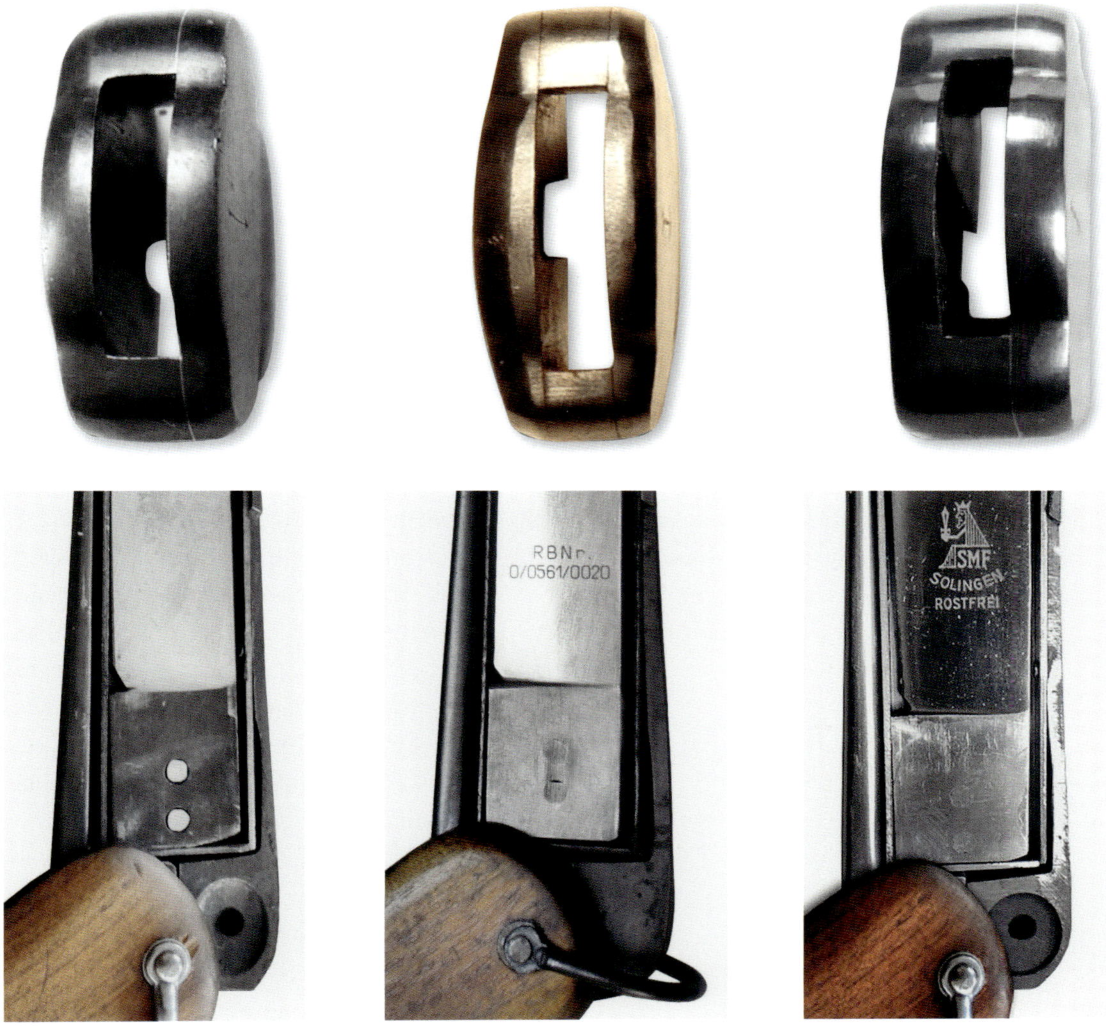

Abbildung 143: SMF-Metallköpfe/Flachfedern (von li.): ca. 1944 → Fälschung → ca. 1955

Abbildung 144: Gefälschte und originale Weyersberg-Typ-II-Klinge

Aus tschechischer Produktion ist sogar eine F & A-Helbig-Klinge bekannt. Das Logo wurde gestanzt, was anhand des doppelten Abdrucks eindeutig zu erkennen ist. Hier sollte die Existenz eines extrem seltenen Exemplars – eines Helbig-Typ-II-Messers – vorgetäuscht werden. Helbig hat jedoch nie Typ-II-Messer hergestellt.

Pattarozzi beschreibt in seinem Buch ein vermeintliches 1943er Versuchsmodell (Typ IIb) mit dolchartiger Klinge. Neueste Erkenntnisse (siehe Kapitel 3.3) haben jedoch gezeigt, dass es sich hierbei um Nachkriegsmesser handelt. Es existieren jedoch entsprechende Fälschungen, die ebenfalls identisch zum „Anton-Wingen-Messer" hergestellt sind, also auch den Lw-Abnahmestempel tragen. Hier sind ebenfalls alle Bauteile nummerngleich. Auffällig ist auch, dass die wenigen verfügbaren Fotos dieser Fälschungen immer Messer im sehr guten, fast neuwertigen Zustand zeigen. Wären sie tatsächlich im Winter 1943/44 eingesetzt und im Rahmen der damaligen Heereserprobung ausgiebig getestet worden (siehe dazu Kapitel 14.4), so müssten sich deutliche Gebrauchsspuren zeigen.

Abbildung 145: CZ-Fälschung einer Gaefler-Klinge

Bei diesen Messern („Anton Wingen"-Fälschung und Typ IIb) fällt zudem auf, dass:

- der Zapfen teilweise fester Bestandteil der Klinge ist – die Konturen der Nietenden auf der gegenüberliegenden Seite sind gegebenenfalls nur eingeschlagen,
- die durch SMF implementierten Konstruktionsvereinfachungen nur teilweise umgesetzt sind – neben der zweifach vernieteten Aufreiberfeder verbinden weiterhin vier Nieten den Metallkasten mit der unteren Abdeckplatte (wie bei Paul Weyersberg) – es wurde nicht geschweißt,
- der Typ-IIb-Kopf gegebenenfalls keine bzw. die Weyersberg-Pfeile trägt.[140]

Beide Solinger Hersteller hatten 1943 die Logos gegen Reichsbetriebsnummern auf dem Aufreiber/der Klinge ersetzt. Somit ist es äußerst unwahrscheinlich, dass SMF Ende 1943 für ein kleines Truppenversuchs-Los von nur 500 Stück erneut Klingen mit Logo produziert haben soll.[141] Daher kann es sich nur um eine Fälschung handeln.

Anders verhält es sich dagegen beim Nachkriegsmodell Typ II c1 (INOX), welches tatsächlich durch SMF hergestellt wurde. Bereits auf den ersten Blick lassen sich starke qualitative Unterschiede zwischen der vermeintlichen Wehrmachtsversion und dem Typ II c1 (INOX) erkennen. Die Verarbeitung und Qualität der Klinge und die Schärfe des geätzten (und nicht gestanzten

[140] Siehe auch Pattarozzi (2006), S. 68

[141] Das Fehlen der R.B.NR. auf dem Aufreiber ist auf den Umstand zurückzuführen, dass ein Weyersberg-Griff kopiert wurde (in dem die SMF-Dolchklinge steckt).

Abbildung 146: Typ-IIb-Fälschungen

Abbildung 147: Typ-IIb-Fälschung – Detailansicht Klinge

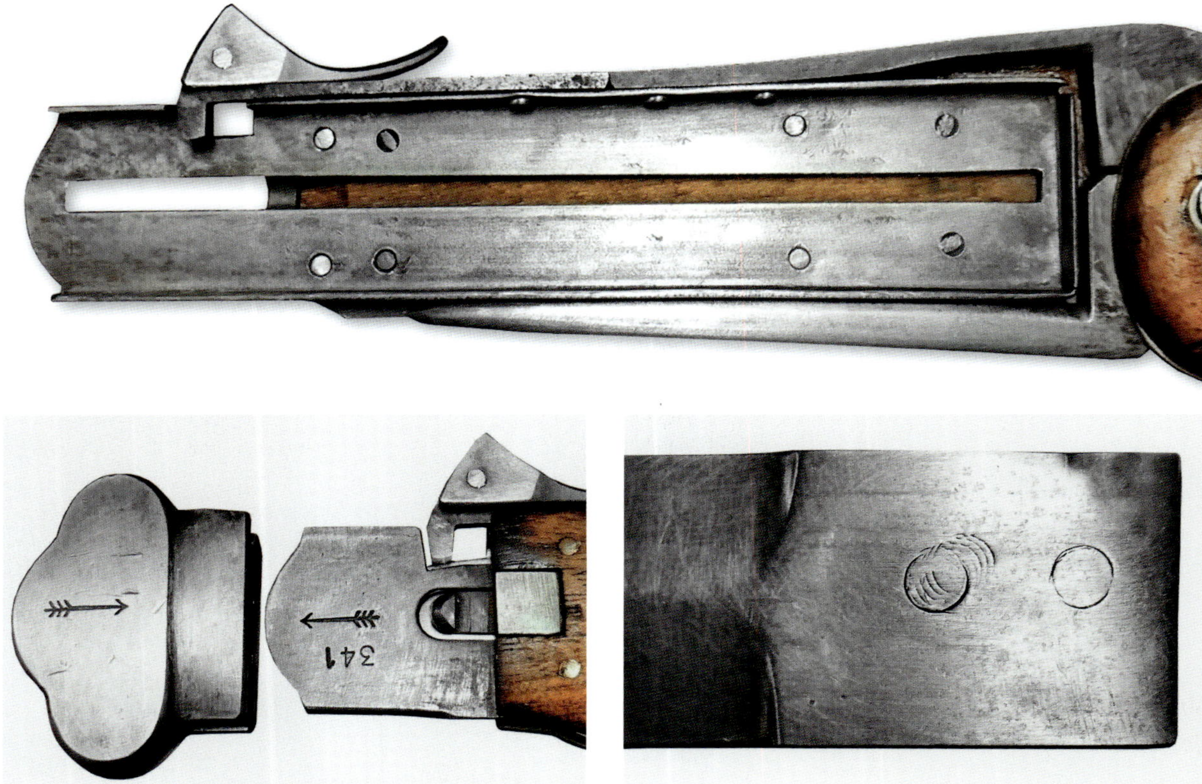

Abbildung 148: Markante Merkmale der Typ-IIb-Fälschung aus Tschechien

bzw. gravierten) Logos des Typ II c1 ist im Vergleich zur Fälschung überragend.

Da SMF seine Klingen nach dem Krieg wieder mit dem Firmenlogo versah, ist das Vorhandensein des Markenzeichens auf der Typ-II-c1-Klinge eben gerade nicht besorgniserregend.

2017 tauchte auf einer tschechischen Auktionsplattform erstmalig eine gefälschte Weyersberg-Dolchklinge (ohne Griff) auf. Hier ist ebenfalls eindeutig zu sehen, dass der Zapfen fester Bestandteil der Klinge ist. Auf dem Sammlermarkt findet man ebenfalls Modelle, bei denen der oben gezeigte Weyersberg-Griff mit einer Standardklinge mit geprägtem SMF-Logo bestückt ist. Die Nase des Königs ist hier auffällig rund geformt.

Erneut sind alle Teile nummerngleich und somit ist klar, dass diese Fehler während des Produktionsprozesses durchgängig begangen wurden – Dummheit oder ein letztes Fünkchen Ehrbarkeit? Der Grund dafür bleibt unbekannt.

Typ-I-Modelle dieser tschechischen Reproduktion tauchen extrem selten auf – es gibt sie jedoch. Aufgrund der fehlenden Möglichkeit zum Zerlegen dieser Messer muss man sich auf wenige äußerliche Merkmale beschränken, um eine solche Fälschung erkennen zu können.

Abbildung 149:
Gefälschte Weyersberg-Dolchklinge (Tschechien)

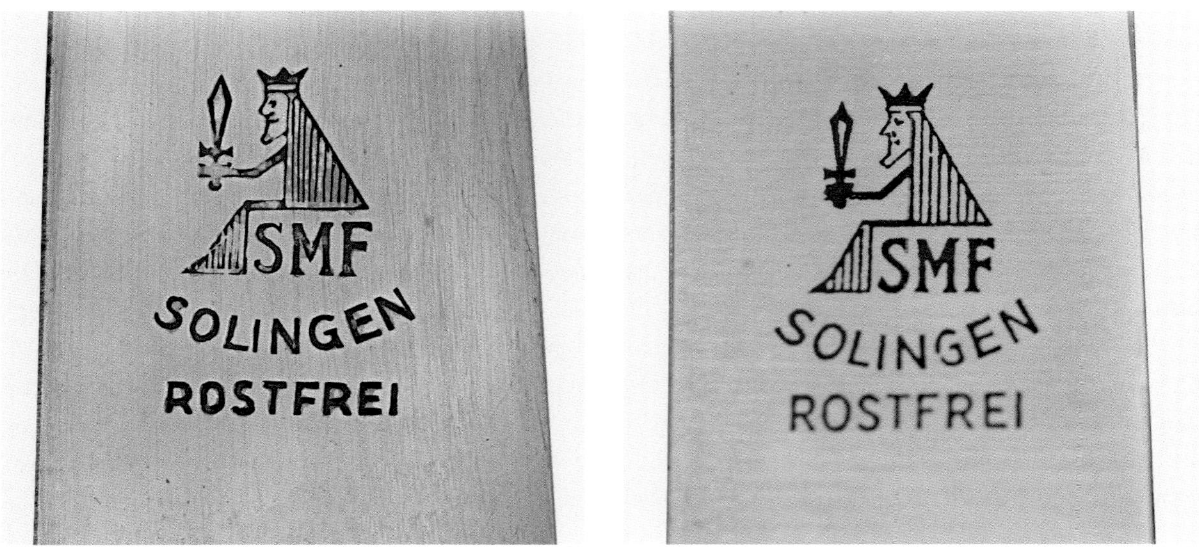

Abbildung 150: Gefälschte (links) und originale SMF-Klinge

Abbildung 151: Tschechische Typ-I-Fälschung

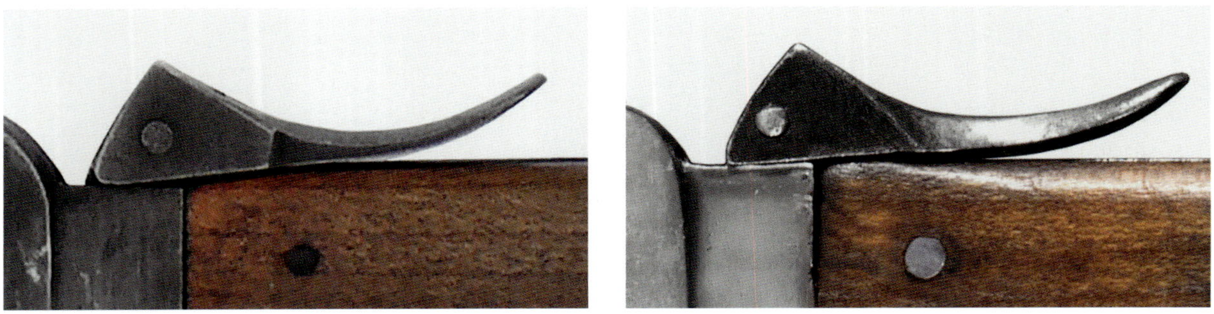

Abbildung 152: Druckhebelform (CZ-Fälschung, links, Paul Weyersberg, rechts)

Dem Autor lagen leider nur Fotos eines solchen Messers vor. Er vermutet jedoch, dass der Metallkopf wie bei regulären Typ-II-Messern nur aufgesteckt und damit die obere Abdeckplatte nicht Bestandteil des Kopfes ist. Bei der Flachfeder, welche mit der oberen Abdeckplatte vernietet ist, hat man sicherlich nur den sichtbaren Druckknopf weggelassen und diese anschließend mit der Holzgriffschale vollständig abgedeckt. Des Weiteren empfiehlt es sich, folgende Merkmale zu kontrollieren:

- Nasenform des Königs (siehe Abbildung 150)
- Metallkopf aus vier Teilen gefertigt (siehe Abbildung 142)
- Nummerngleichheit der Montagehilfen auf Klingenverriegelung und Abdeckplatte
- Form des Druckhebels

Ein weiterer aktueller Trend ist der Umbau von Typ-IV-Bw-Messern zu 2. Weltkriegsreproduktionen. Dazu werden die Plastikgriffschalen durch Holzgriffschalen ersetzt und der Metallkopf provisorisch in eine vergleichbare Form gebracht. Nur ein wirklicher Neuling unter den Kappmessersammlern würde diese Kopien nicht vom Original unterscheiden können. Allein die blanken, nicht geschwärzten Metallteile entlarven diese Modelle als neuzeitliche Fälschung.

Es ist jedoch ein sehr guter Umbau eines Typ-IV- zu einem Typ-I-Messer mit speziell angefertigtem Metallkopf bekannt.

11.4 Der Nachbau aus Frankreich

Es existiert ein französisches Messer, dessen Konstruktion eindeutig auf dem ersten deutschen Flieger-Kappmesser basiert. Laut Informationen eines französischen Sammlers wurde es Mitte der 1950er-Jahre für den zivilen Gebrauch hergestellt und war nie beim französischen Militär in Verwendung. Hersteller war die Firma Manufrance aus Thiers, welche diese Messer unter dem Markennamen „Eclair" verkaufte.

Die wenigen wesentlichen Unterschiede bestehen im fehlenden Aufreiber und dem (dadurch) um zwei Zentimeter verkürzten Griff. Die Rückenfeder ist durchgängig und in der unteren Hälfte mit zwei Nieten am Metallkasten befestigt. Die Metallkopfhälften sind nicht permanent vernietet sondern durch zwei Schrauben miteinander verbunden. Die französischen Konstrukteure orientierten sich also nicht am vollständig überarbeiteten Typ-II-Design, sondern entwickelten ihre eigene Variante eines zerlegbaren Typ-I-Messers. Aufgrund der Verwendung von zwei Schlitzmuttern in der unteren Metallkopfhälfte benötigte man dazu jedoch Spezialwerkzeug.

Einzelne Bauteile wurden lediglich vereinfacht oder aus anderen Materialien gefertigt. So haben die Kopfhälften zwar die Umrisse des deutschen Vorbilds, weisen jedoch über die gesamte Länge die gleiche Materialstärke auf. Zudem bestehen sie aus Messing. Der Hebel scheint aus einem dicken Blech gestanzt und dann in die finale Form gepresst worden zu sein. Für die Griffschalen verwendete man echtes Hirschhorn anstatt Holz. Neben der klassischen Kappmesser-Klingenform existiert auch die Variante mit konkav zur Spitze hin gewölbtem Klingenrücken (sogenannte Clip-Point-Klinge). Ansonsten scheint es sich bei dem Messer um einen unveränderten Nachbau des 1936 entwickelten SMF-Messers zu handeln.

Abbildung 153: Französisches Eclair-Kappmesser

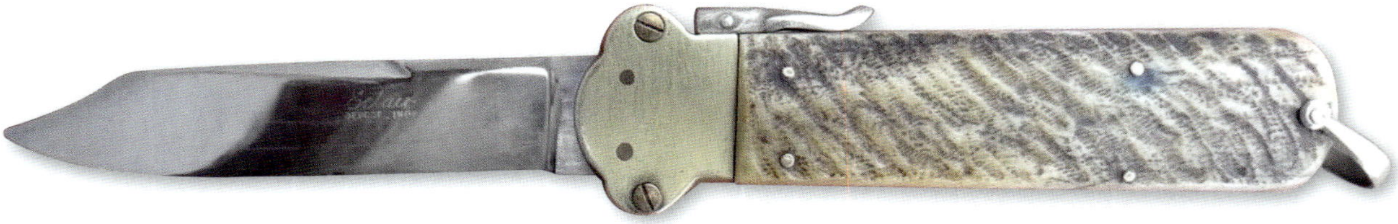

Abbildung 154: Besondere Klingenform

Abbildung 155: Innenansicht des Eclair-Kappmessers

12 | ZUSAMMENFASSUNG – VARIANTEN UND ZEITVERLAUF (1936–1968)

Pattarozzi klassifiziert nach den Typen I-V – aufgrund neuester Erkenntnisse werden lediglich diese Übergruppen beibehalten. Der Typ III gehört nicht zur Familie der Wehrmachts-Kappmesser und wird daher nicht betrachtet.

Typ	Jahr	Merkmale
I a	1936 – 1941	• alle Teile aus rostfreiem Stahl • Herstellerlogo auf der Klinge • Inspizientenstempel der Luftwaffe (außer frühe SMF-Messer) • Flachfeder des Aufreibers zweifach vernietet • SMF, Paul Weyersberg, F & A Helbig (ca. 1938 – 1940) • seltene SMF-Varianten: – Inspizientenstempel der Reichswehr – Gerader Druckhebel (ggf. 1936er-Prototypen)
I a1	1942 (Weyersberg)	• baugleich zum Modell I a, jedoch Einzelteile aus Karbonstahl • u. U. Karbonstahl-Klinge mit Logo aber ohne Zusatz „Rostfrei“
I b	1941 (SMF)	• Aufreiber-Flachfeder einfach vernietet und modifiziert gemäß Abbildung 40 • alle Teile aus rostfreiem Stahl, Klinge mit „ROSTFREI“-Ätzung • Inspizientenstempel der Luftwaffe
I b1	1942 (SMF)	• baugleich zum Modell I b, jedoch Einzelteile aus Karbonstahl • sehr seltene Variante mit Klinge ohne „ROSTFREI“-Schriftzug
II Ü1	1943 (Weyersberg)	• erstes Paul-Weyersberg-„Übergangsmodell“ • Inspizientenstempel der Luftwaffe • keine R.B.NR. auf dem Aufreiber • Klinge aus rostfreiem Stahl ohne Logo • blanker Metallkopf aus rostfreiem Stahl ohne Pfeil • Montagehilfen (Nummern) gem. Kapitel 2.3
II Ü2	1943 (Weyersberg)	• zweites Paul-Weyersberg-„Übergangsmodell“ [142] • Inspizientenstempel der Luftwaffe • alle Teile aus (gebläutem) Karbonstahl • Logo auf der Klinge ohne Zusatz „Rostfrei“ • keine R.B.NR. auf dem Aufreiber
II a	1943 – 1944 (Weyersberg)	• basiert auf Typ I a / I a1 (z. B. Aufreiber-Flachfeder weiterhin zweifach vernietet; Metallkasten 8-fach genietet) • alle Teile aus Karbonstahl, komplett oder teilweise gebläut • R.B.NR. auf der Klinge und Aufreiber lediglich mit Inspizientenstempel der Luftwaffe

[142] Vgl. Pattarozzi (2006), S. 56

Typ	Jahr	Merkmale
II b (II b1)	1943 – 1944 (SMF)	• basiert auf Typ I b/I b1 (z.B. Aufreiber-Flachfeder einfach vernietet; Metallkasten und Abdeckplatte punktgeschweißt) • Inspizientenstempel der Luftwaffe/Typ II b1 mit Stempel „S“ • alle Teile aus Karbonstahl, teilweise gebläut • blanke Klinge und R.B.NR. auf dem Aufreiber • veränderte Position der Montagehilfe (nun auf Metallkasten)
II b2	ca. 1955 – 1957	• alle Komponenten aus rostfreiem Stahl • Montagehilfen (z. B. „000“ und „0000“) auf Kasten, Klinge und Metallkopf • kein Abnahmestempel; „R“ auf Abdeckplatte unter Pfeil
II c (II c1 II c2)	ca. 1958 – ca. 1968	• Klinge aus rostfreiem Stahl • zwei Varianten: geschwärzt und blank poliert • Montagehilfen (Nummern) wie SMF-Typ-II-b, jedoch Nummer auf Nocken nun links anstatt rechts eingeschlagen • kein Abnahmestempel; Logos der Hersteller auf der Klinge • Metallplättchen am Schlitzende zur Stabilisierung • Hersteller: SMF, Carl Eickhorn, Gebrüder Weyersberg • wahrscheinlich SMF-OEM-Produktion (da SMF-Pfeil) • seltene SMF-Varianten (Bundeswehr-Erprobungsmodelle) – um 1959/1960 (II c2 bis ca. 1968) – Holzgriffschalen aus Nussbaumholz – Typ II c1 mit Dolchklinge – Typ II c2 mit zweiteiligem Typ-IV-Kopf aus C35-Stahl ▸ Klinge und Metallkasten blank belassen ▸ Druckhebel, Ahle, Abdeckplatte geschwärzt
II/IV	1968 – ca. 1970	• Zwischenvariante mit Holzgriffschalen • Wegfall des Lochs in der Aufreiberfeder • veränderter 1-teiliger, gegossener Metallkopf aus brüniertem 15Cr3 (Oberfläche noch glatt) • Holzgriffschalen aus Nussbaumholz • Kerbe an Klingenspitze für besseren Halt in Geschlossen-Stellung • keine Montagehilfen (Nummern)
IV [143]	ca. 1970 – 1984	• Polykarbonat-Schalen mit Stempel „Bw“, „BUND“,“Pol.Nds.“ • 3 verschiedene Inschriften bzw. Positionen • Wegfall des Lochs in der Aufreiberfeder • Metallkopf, Druckhebel und Aufreiber brüniert • keine Montagehilfen (Nummern) der Einzelteile • veränderte, letzte Form des Metallkopfes mit seitlichen Einbuchtungen (vermutlich um 1970) • punktuelle Schwächung der Federn durch Ausbuchtung • Kerbe an Klingenspitze für besseren Halt in Geschlossen-Stellung • verschiedene Hersteller/Produktionsjahre: WMF ’72 ,WMF [ohne Jahr] – Eickhorn ’73, ’74, ’75, Eickhorn [ohne Jahr] – OFW ’75, ’77, ’78, ’82, ’83, ’84, OFW [ohne Jahr]
V	1979 – 2018	• LL-80-Varianten (nie bei der Bundeswehr eingeführt) • Hersteller: AES ’78, ’79, ’81, ’83 → Eickhorn, Colt in Lizenz

[143] Vgl. von Halász (1996), S. 248–249

Typ	Jahr	Merkmale
I UK[144]	1944 – 1945	· George Ibberson (ggf. Joseph Rodgers) · Typ-I-Kopie · schwarze, geriffelte Bexoid-Griffschalen · Klinge blank oder mit C.O.S.D-Nummer und Hersteller · Nummer auf Metallkasten
I DDR	1950er-Jahre, ggf. bis Anfang 1960er-Jahre	· Hersteller: Malsch & Ambronn KG · Instandsetzung defekter WH – Typ-I-Modelle · Änderungen an Abdeckplatte und Flachfeder (durchgängig) · anschließend Eigenproduktion Typ I · Logo auf der Klinge · veränderte, dreieckige Metallkopfform · ohne Abnahme-Inspizientenstempel · Holzgriffschalen aus Nussbaumholz
I NVA	ca. 1960 – ca. 1965	· Hersteller: GML Leegebruch · Typ-I-Kopie ohne Kennzeichnung auf Klinge oder Aufreiber · Seriennummer auf Metallkopf sowie Markierungen „NVA", „GST", „AKL" · beide Flachfedern doppelt vernietet · vereinfachte Aufreiberfeder · Holzgriffschalen aus Buchenholz
II PAK[145]	vor 2000	· vermutlich pakistanische Kopie · keine gestanzten Nummern/Montagehilfen · Griffschalen und Bügel mit Kupfernieten · einteilige Klinge (Zapfen nicht genietet) mit Loch · Stempel des Abnahme-Inspizienten 6 und RBNR 0/0561/0019 auf der Angel des Aufreibers · einteiliger, gegossener SMF-Metallkopf · Aufreiberfeder mit ovaler Aussparung und Loch · maschinelle Massenfertigung
II CZ	vor 2000	· Tschechische Fälschung · z. B. SMF-„Dolch-Variante"[146] und „Anton-Wingen-Messer" · alle Teile nummerngleich · mehrteiliger Metallkopf (4 Einzelteile) · Aufreiberfeder ohne ovale Aussparung und Loch · 3 Sorten Metallköpfe ohne/mit Pfeil (SMF, Paul Weyersberg) · 4 Sorten Klingen: SMF-Typ-I (runde Nase), SMF- und Weyersberg-Dolch und R.B.NR. 0/0561/0020 · Aufreiber mit R.B.NR. 0/0878/0018 (Anton Wingen) oder ohne R.B.NR. · Stempel des Inspizienten 5 · professionelle, manuelle Fertigung – keine Massenfertigung

[144] Vgl. Stephens (1981), S. 90 – 91
[145] Vgl. Pattarozzi (2006), S. 144 – 154
[146] Vgl. Pattarozzi (2006), S. 66 – 69

Die folgenden Abbildungen zeigen den zeitlichen Verlauf der Entwicklung des Kappmessers. Nachdem keine Unterlagen überliefert sind, ergibt sich eine gewisse Ungenauigkeit. Der Autor hat jedoch versucht, die Geschichte so gut wie möglich zu rekonstruieren.

Auf den folgenden fünf Seiten werden alle sammelwürdigen, deutschen Typ-I- und II-Flieger-Kappmesservarianten zwischen 1937 und 1964 mit ihren speziellen Merkmalen zusammenfassend grafisch dargestellt.

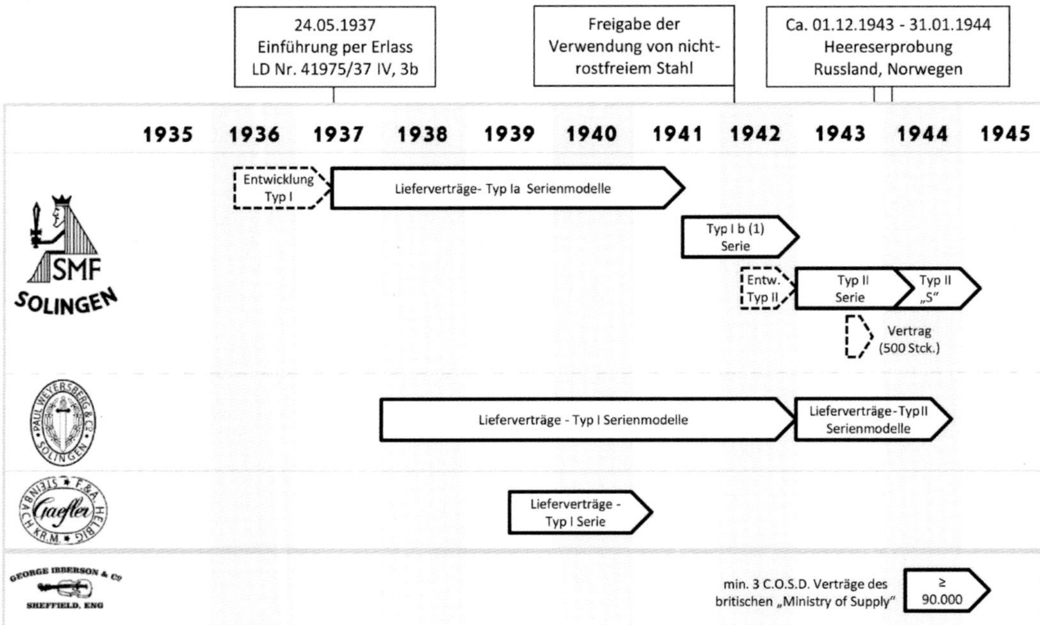

Abb. 156: FKM-Entwicklungsschritte 1936 – 1945

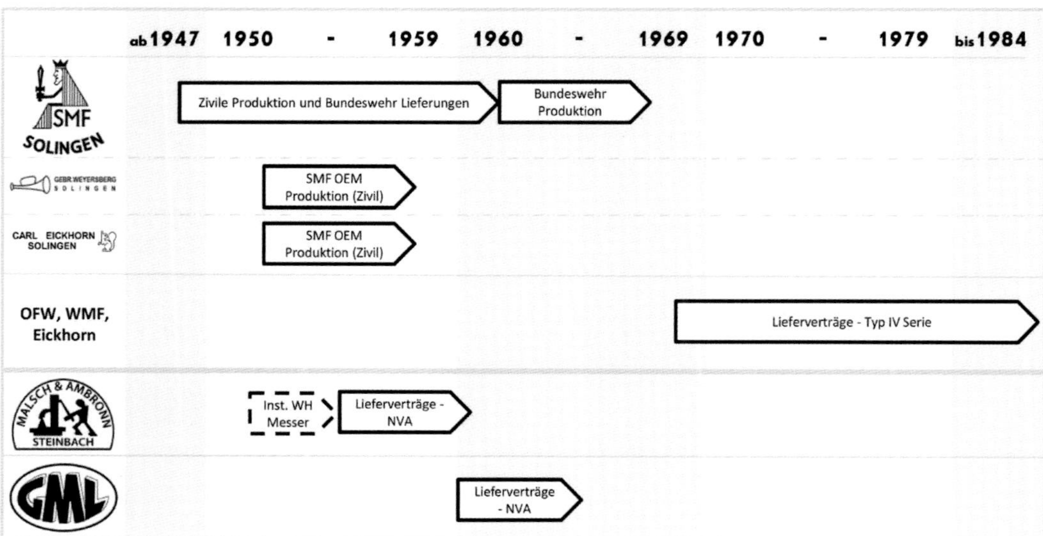

Abb. 157: FKM-Weiterentwicklung 1950 – 1984

12.1 Solinger Metallwaren-Fabrik: Flieger-Kappmesser (1937–1942)

Typ I a – ca.1937 – 1941***

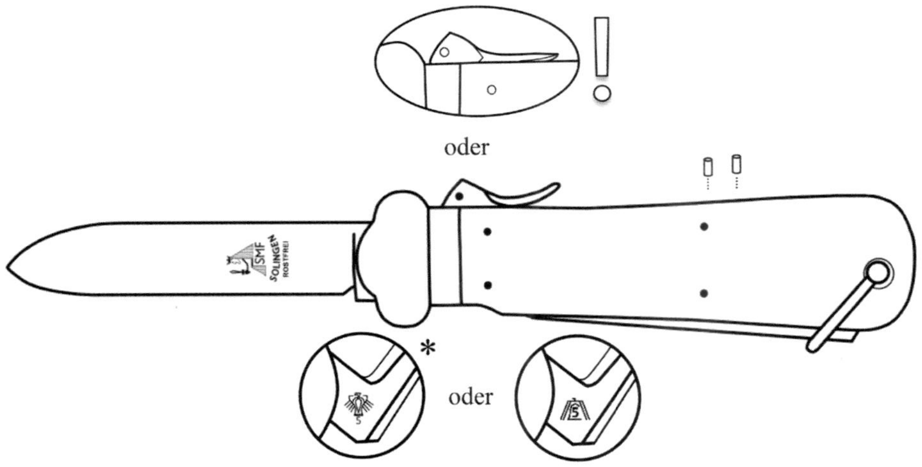

Typ I b – ca.1941/42 (eine Aufreiberniete)***

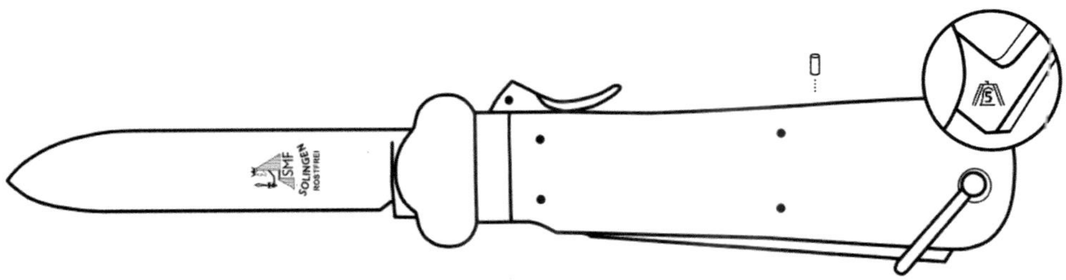

Typ I b1 – ca.1942 (Karbonstahlteile**, z.B. Klinge [!])

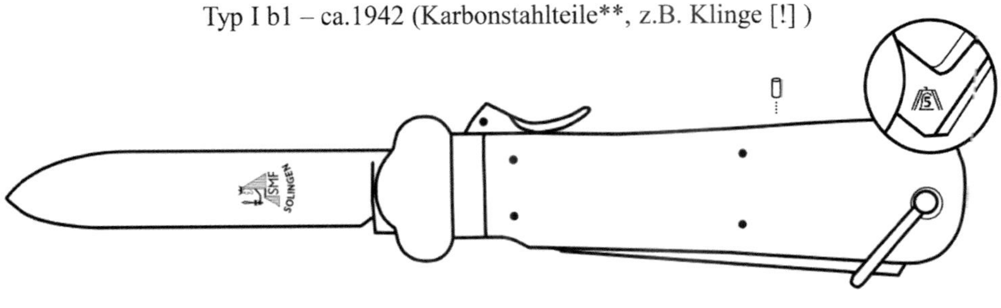

LEGENDE

! Extrem selten | * Sehr selten | ** Ziemlich selten | *** Selten

12.2 Solinger Metallwaren-Fabrik: Flieger-Kappmesser (1943–1944)

Typ II b – ca. 1943 – 1944

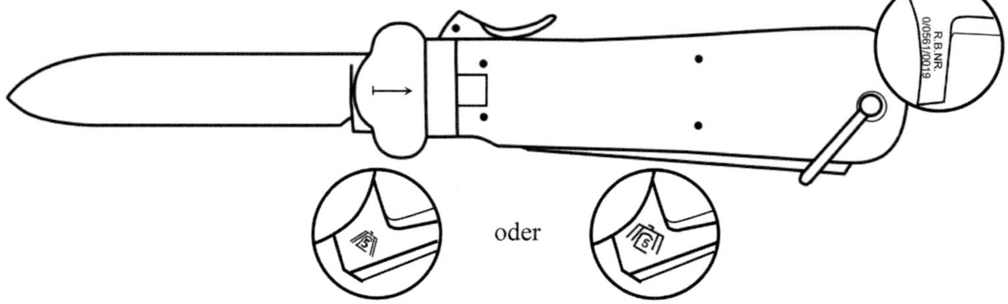

Typ II b1 – ca. 1944**

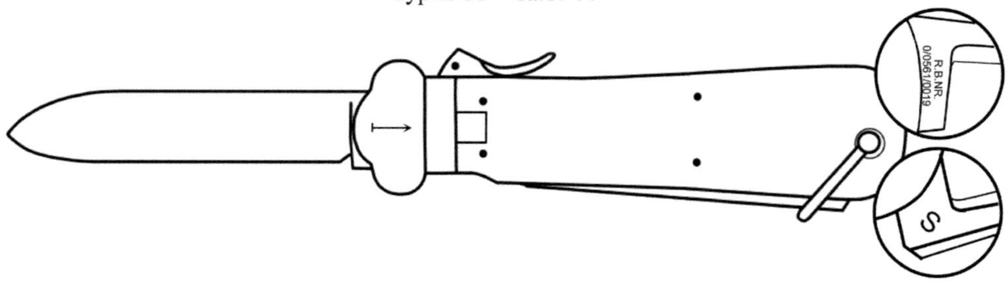

12.3 F & A Helbig OHG: Flieger-Kappmesser (1938–1940)

Typ I a – ca. 1938–1940**

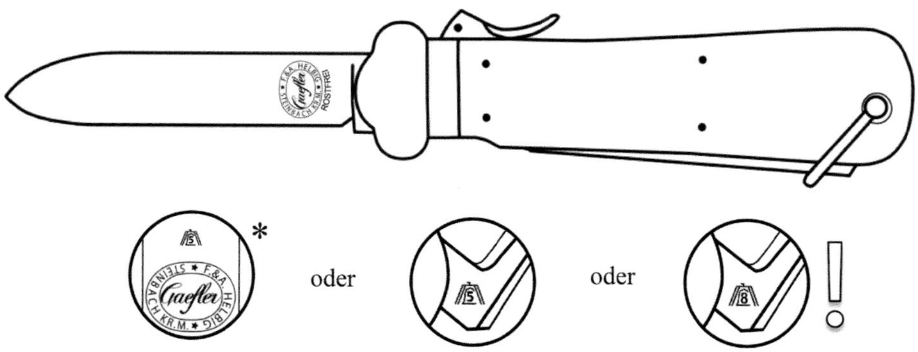

LEGENDE

! Extrem selten | * Sehr selten | ** Ziemlich selten | *** Selten

12.4 Paul Weyersberg & Co.: Flieger-Kappmesser (1938 – 1944)

Typ I a – ca.1938 – 1941

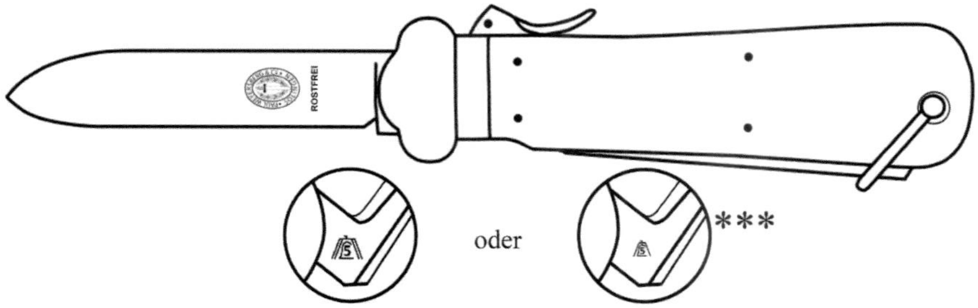

Typ I a1 – ca.1942 (tlw. Karbonstahlteile**, z.B. Klinge [!])

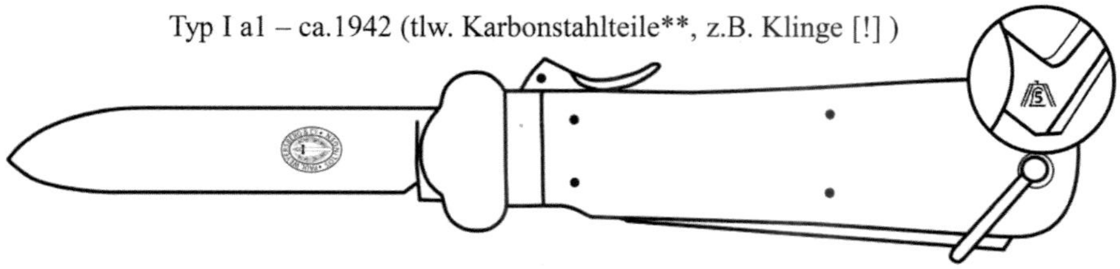

Typ II Ü1 – ca.1943 (tlw. Edelstahlteile, z.B. Klinge & Kopf)!

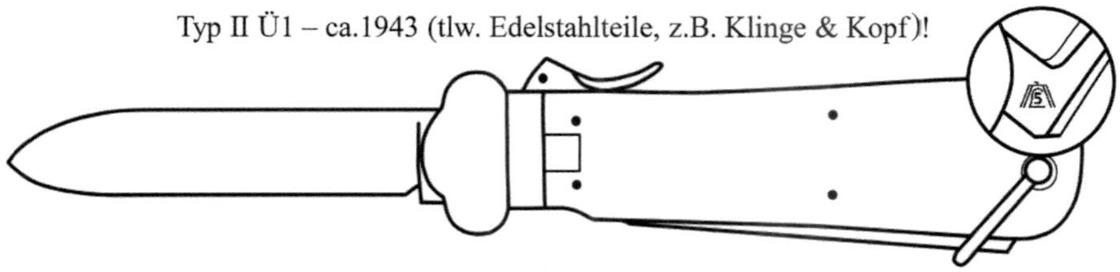

Typ II Ü2 – ca.1943 (Karbonstahlklinge mit Logo)**

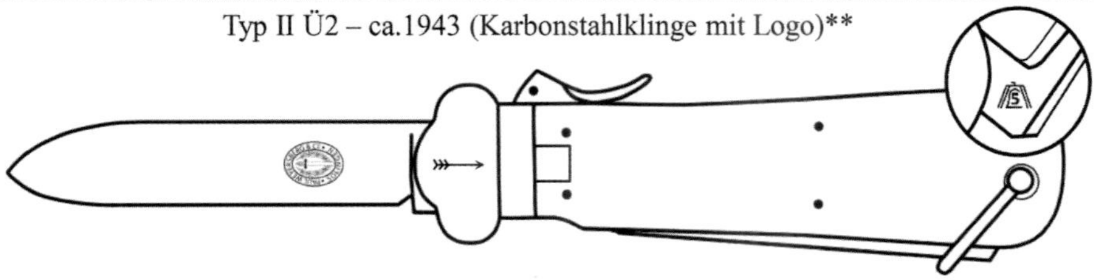

Typ II a – ca.1943 – 1944 (Karbonstahlklinge mit R.B.Nr.)***

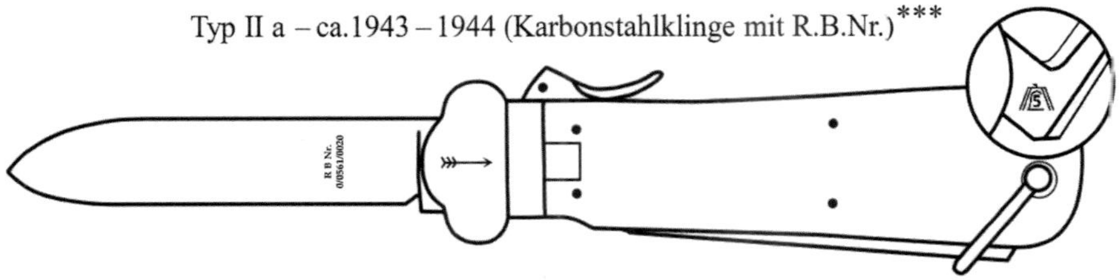

LEGENDE

! Extrem selten | * Sehr selten | ** Ziemlich selten | *** Selten

12.5 Solinger Metallwaren-Fabrik: Kappmesser LL-Truppe (1955–1968)

Typ II b2 – ca. 1955 – 1957 (Edelstahlteile, null-nummeriert)

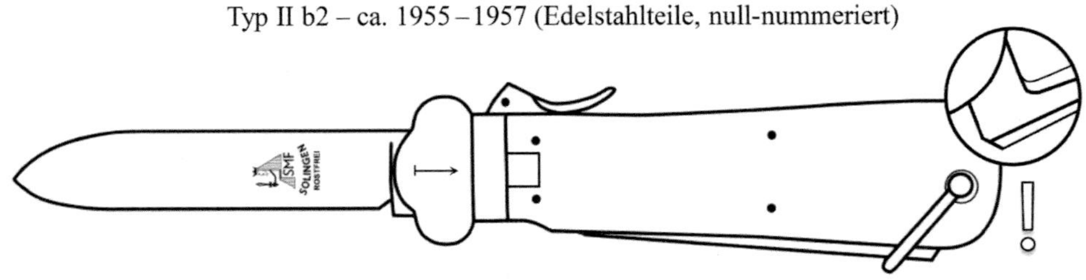

Typ II c – ca. 1958 – 1968 (inkl. OEM Produktion)

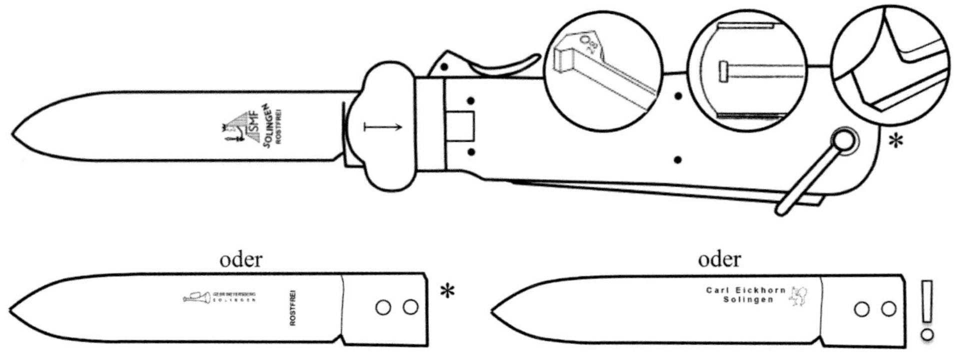

Typ II c1 & II c2 – ca. 1959/60 (Bundeswehr Versuchsmodelle)

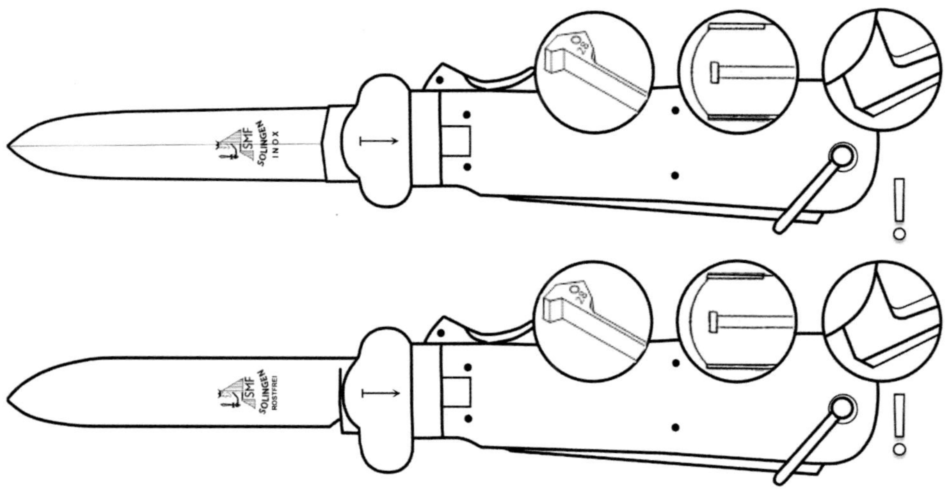

LEGENDE

! Extrem selten | * Sehr selten | ** Ziemlich selten | *** Selten

12.6 DDR-Kappmesser (1958 – 1964)

Malsch & Ambronn KG, Steinbach (Thüringen) (ca. 1958 – 1960)

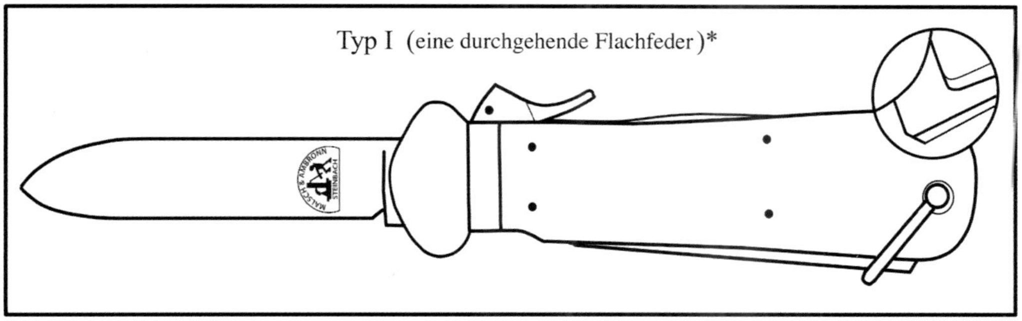

Typ I (eine durchgehende Flachfeder)*

Genossenschaft der Messerschmiede Leegebruch (ca. 1960 – 1964)

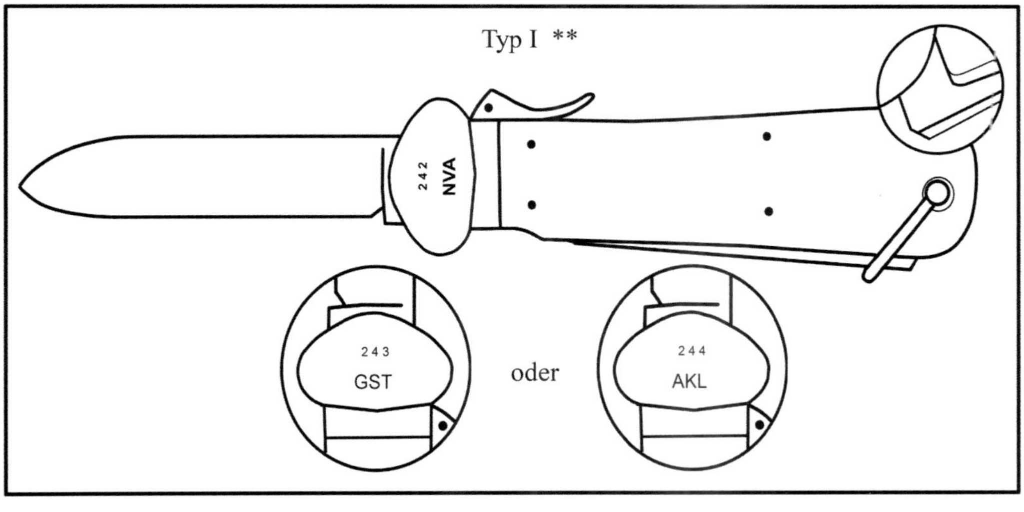

Typ I **

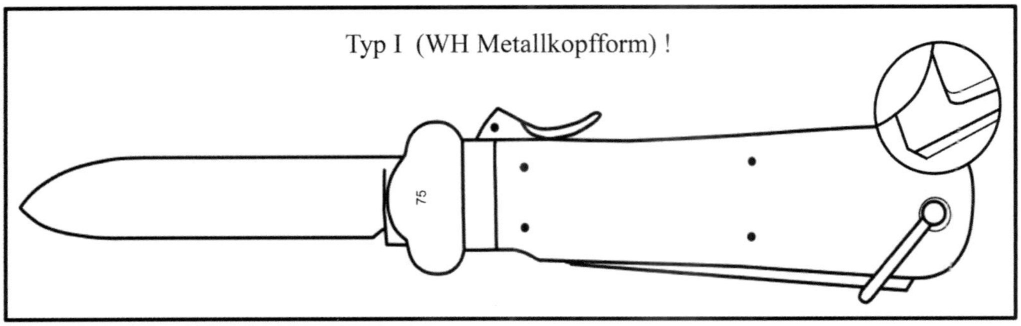

Typ I (WH Metallkopfform) !

LEGENDE

! Extrem selten | * Sehr selten | ** Ziemlich selten | *** Selten

13 | SAMMELWÜRDIGES ZUBEHÖR

Echte Sammler besonderer Messer sind häufig daran interessiert, sie zusammen mit dem entsprechenden Zubehör zu präsentieren. Im Falle des Luftwaffen-Flieger-Kappmessers wären dies im Grunde zwei Gegenstände:

- die Fangschnur und
- die Ausgabeschachtel.

Sowohl Schnur als auch Schachtel sind extrem selten zu finden, weshalb Sammler auch gern auf Reproduktionen zurückgreifen. Die Preise für Originale sind fast so hoch wie die der Messer. So erreichte eine originale Schnur ohne Wirbel einen Verkaufspreis von 150 Euro. Gute Kopien werden zwischen 20 und 30 Euro gehandelt.

13.1 Kappmesser-Fangschnur

Die wichtigste Funktion des Flieger-Kappmessers war es, dem Piloten oder Fallschirmjäger zu ermöglichen, nach einer Baum- oder Wasserlandung die Fangleinen zu durchtrennen, um sich anschließend aus seiner Lage befreien zu können. Dabei wurde das Risiko, dass ein Soldat nach einer Baum- oder Wasserlandung nur einen Arm zur Verfügung hat, als recht hoch eingestuft. Das Kappmesser gab ihm ein Werkzeug, welches er mit einer Hand öffnen könnte, um die Fangleinen zu kappen. Dumm nur, wenn ein solches Werkzeug aus einer Höhe von mehreren Metern zu Boden fällt!

Um solche Missgeschicke zu verhindern, wurden spezielle Fangschnüre verwendet. Pattarozzi unterscheidet zwischen den Fangschnüren, die an den Fliegerschutzanzügen der Luftfahrzeugbesatzungen befestigt waren und den privat beschafften beziehungsweise umfunktionierten dienstlichen Schnüren. Somit lässt sich feststellen, dass die Schnüre nicht zusammen mit den Messern ausgegeben wurden. Die erste Gruppe teilt er in folgende Typen auf: [147]

Typ	Merkmale
1	• geflochtene Sisal- oder Hanfschnur mit vernähten Ösenenden • Schnurlänge: 140 – 150 cm; Schnurdurchmesser: 3,6 – 4 mm • Schnurfarbe: variiert von hanffarben bis zu einem dunklen Khaki • Garnfarbe: variiert von hellbeige bis khaki • Nickel-beschichtete Wirbel mit Nickel-Karabinerhaken an jedem Ende • Karabinerhaken – Länge/Breite: 39 mm/3,5 mm • außen glatt, Innenflächen mit längslaufenden, streifenartigen Walzabdrücken
2	• identisch zum Typ 1, jedoch ohne Wirbel
3	• identisch zum Typ 2, jedoch mit phosphatierten Stahlkarabinern
4	• identisch zum Typ 3, jedoch mit nur einem phosphatierten Stahlkarabiner • das zweite Ende ist unbearbeitet und wurde ggf. einfach per Knoten befestigt

Abbildung 158: Fangschnurtypen der Fliegerschutzanzüge (nach Pattarozzi)

[147] Vgl. Pattarozzi (2006), S. 169 – 198

Auf den unten gezeigten Bildern ist der gleiche Typ Fangschnur zu sehen, den Pattarozzi als zweites beziehungsweise drittes Modell bezeichnet. Es gibt jedoch Unterschiede: die untere Hanfschnur (Abbildung 160) ist gedreht und die Vernähung im Zickzack-Muster durchgehend. Hier muss man eventuell vom Typ 3b sprechen.

Abbildung 159: Typ-2-Fangschur

Abbildung 160: Typ-3(b)-Fangschnur

Abbildung 161: Typ-4-Fangschnur mit einem Karabiner

Die Typ-4-Schnur hatte nur noch einen Karabiner. Das freie Ende wurde direkt mit der Hose verknotet.

Aus den letzten Kriegsjahren ist eine weitere Variante bekannt, welche sich bisher immer zusammen mit Typ-II-Messern findet. Die Länge der Fangschnur beträgt 90 cm. An beiden Enden befindet sich eine Seilöse, welche jeweils mit einer Aluminiumhülse verpresst ist. Beide Hülsen haben die Buchstaben LW (Luftwaffe) eingeschlagen. Das Messer wird mit einem 40 mm langen Karabinerhaken an der Schnur befestigt. Die

Abbildung 162: Typ-5-Fangschnur (ca. 1944)

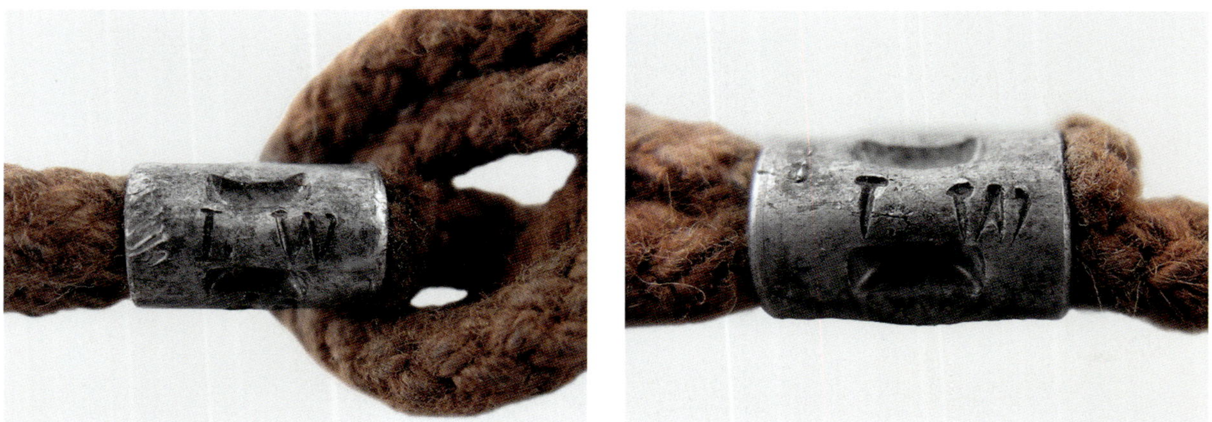

Abbildung 163: LW-Stempel auf beiden Aluminium-Presshülsen

Seilösen auf beiden Seiten ermöglichen jeweils die Verwendung eines einfachen Ankerstich-Knotens zur Befestigung. Die hier gezeigte Variante wurde um 1944 hergestellt. Aufgrund der „LW"-Markierung vermutet der Autor, dass sie ebenfalls den Fliegerschutzanzügen zuzuordnen ist; somit handelt es sich um den Typ 5. Ein solches Exemplar erzielte 2016 einen Preis von 150 Euro auf einer US-amerikanischen Auktionsplattform.

Das folgende Modell wird bei Pattarozzi als inoffizieller Ausrüstungsgegenstand beschrieben, ist aber auch bei drei deutschen Sammlern aufgetaucht. Der einseitig angebrachte 3 cm lange Verschluss ist in dieser speziellen Form auch bei Uhrenketten zu finden. Die etwa 5 mm dicke Schnur hat eine Gesamtlänge (inkl. Karabiner) von 95 cm. Der Abnahmestempel des Inspizienten 5 lässt vermuten, dass es sich um eine weitere offizielle Fangschnur handelt – den Typ 6.

Die Fallschirmjäger fertigten entsprechende Schnüre selbst oder beschafften sie anderweitig, um damit die Messer vor einem Verlust zu sichern (Abbildungen 185, 195 und 197 zeigen an Fangschnüren gesicherte Messer). Es wurde häufig improvisiert und heute findet man die unterschiedlichsten Arten von Fangschnüren auf dem Sammlermarkt, die zusammen mit Kappmessern angeboten werden.

Unter diesen „Truppenlösungen" finden sich Schultergurte von Kartenmeldetaschen der Hitlerjugend, welche als Fangriemen zweckentfremdet wurden.[148] Bei Abbildung 165 könnte es sich aber auch um einen Sicherungsriemen für einen Marschkompass handeln.

Abbildung 164: Lw-Fangschnur unbekannter Herkunft

[148] Vgl. Pattarozzi (2006), S. 197–198

Abbildung 165: Lederriemen als Fangschnur

Abbildung 166: Riemen einer Kartentasche

Bei dem oben gezeigten Exemplar (Abbildung 166) handelt es sich um eine Trageschnur einer privaten Kartentasche, vermutlich von der Hitlerjugend. Diese Schnüre sind den Typ-1-Fangschnüren der Fliegerschutzanzüge sehr ähnlich. Lediglich die Schnurenden sind verpresst und nicht vernäht. Diese Schnüre gibt es in unterschiedlichen Variationen mit und ohne Wirbel.

Eine gewisse Tendenz zur Individualisierung zeigt sich durch die Verwendung von Fallschirmleinen als Fangschnur. Der einfache Fallschirmjäger hatte in der Regel keinen Zugang zu diesem Material, da er nicht einfach einen intakten Fallschirm zerschneiden konnte.

Die Beschaffung von Fangleinenmaterial war somit nur unter der Hand über Personal der Fallschirminstandsetzung oder nach einem echten Gefechtssprung möglich, bei dem der Fallschirm zurückblieb. Zweiteres wird wohl häufiger der Fall gewesen sein, da in der Regel die olivgrünen, fast braunen Leinen von RZ-20-Fallschirmen an den Flieger-Kappmessern angebracht sind.

Dieser Fallschirm wurde erstmals bei der Luftlandeoperation auf Kreta eingesetzt. Als Karabiner wurden zum Beispiel Abspannhaken für Antennen benutzt. Den RZ-20-Fallschirm gab es jedoch auch mit weißen Fangleinen; möglicherweise wurden auch diese zu Fangschnüren umfunktioniert.

Um über Kopf arbeiten zu können, ist die Länge der Fangschnüre sehr entscheidend. Es wäre unsinnig, nach einer Baumlandung erst einmal die an der Hose fixierte Fangschnur durchzuschneiden, um dann die Fallschirmleinen oberhalb des eigenen Kopfes durchtrennen zu können.

Diese Einsatzerfahrung ging anscheinend im weiteren Verlauf der Evolution dieser Messer verloren. Die Typ-IV-Messer der Bundeswehr aus den 1970/80er-Jahren wurden mit einer oliven, schnürsenkelartigen Schnur geliefert, die viel zu kurz ausgelegt war, um überhaupt über Kopf arbeiten zu können.

Abbildung 167: Fangschnüre aus Fallschirmleine, grün

13.2 Kappmesser-Ausgabeschachtel

Bis ins das Jahr 2017 wurde die Bundeswehr-Variante in einer grauen Schachtel ausgegeben. Auch die Soldaten der Wehrmacht erhielten die Flieger-Kappmesser in einer solchen Schachtel.

Aufgrund der Schlichtheit und der Tatsache, dass mehrere Schachteln dieser Art bekannt sind, sollte es sich bei dem unten gezeigten Exemplar um das militärische Original handeln. Markant bei dieser Schachtel ist die bläuliche Färbung der Außenfläche, die Verwendung unterschiedlicher Klammern (Schachtel mit Runddrahtklammern – Deckel mit Flachdrahtklammern, beide längsgeheftet) und die beiden Fingerkuppenaussparungen im Deckel. Die Außenmaße betragen etwa 166 x 49 x 26 mm (L x B x H). Interessant ist ebenfalls, dass diese geheftete Stülpschachtel der frühen Bundeswehr-Verpackung (ca. 1974) sehr ähnlich ist. Zudem ist eine Variante bekannt, bei der es sich höchstwahrscheinlich ebenfalls um ein militärisches Original handelt. Diese spezielle Machart wird im Fachjargon auch eckengeheftete Ritz-Stülpschachtel genannt.

Abbildung 168: Ausgabeschachtel (vermutlich Typ-I-SMF-Kappmesser)

Abbildung 169: Detailansicht der Rund-/Flachdrahtklammern (Deckel rechts)

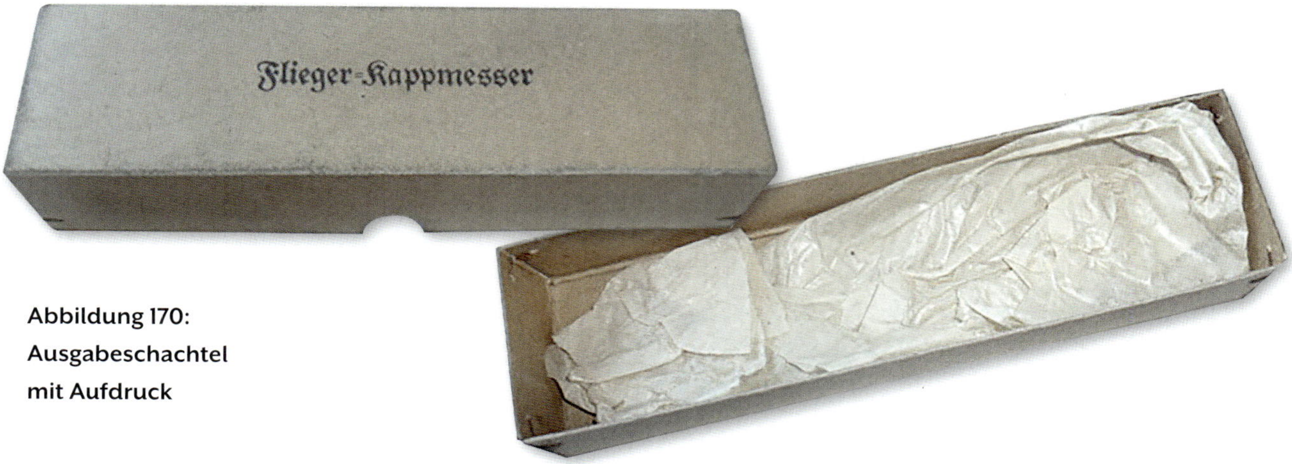

Abbildung 170: Ausgabeschachtel mit Aufdruck

Abbildung 171: Ausgabeschachtel der F & A Helbig oHG

Eine weitere eckengeheftete Stülpschachtel der Firma F & A Helbig aus Steinbach (damals Kreis Meiningen) trägt den markanten Aufdruck „Thüringer Wertarbeit – Steinbach Kreis Mein". Wie bereits erwähnt, wurde dieser Betrieb unmittelbar nach Kriegsende geschlossen. Das in der Schachtel gelagerte Messer ist ein frühes, nicht zerlegbares Exemplar. Somit kann es sich nur um eine Schachtel aus dem zweiten Weltkrieg handeln.

Das dritte Exemplar einer eckengehefteten Ritz-Stülpschachtel fand sich mit einem Paul-Weyersberg & Co.-Typ-II-Messer und ist inklusive eines beiliegenden Stoffbeutels. Diese, per Zugschnur verschließbare Tasche, ist mit den ungefähren Maßen von 65 x 180 mm minimal größer als das Kappmesser.

Daher geht der Autor davon aus, dass sie tatsächlich speziell für das Messer gefertigt wurde. Die Schachtel selbst trägt den Namen des Empfängers („Petri“ bzw. „Petz“).

Neben den Stülpschachteln existierten jedoch auch geklebte Faltschachteln, in denen nachweislich die Firma Paul Weyersberg & Co. ihre Messer auslieferte. Die unten gezeigte blaue Schachtel beinhaltete ein Typ-I-Messer; in der farblosen Schachtel befand sich ein Typ-II-Messer dieses Herstellers. Diese Schachteln sind mit den Außenmaßen von 157 x 45 x 27 mm etwas kleiner als die bereits gezeigte Stülpschachtel aus dem Hause SMF.

Eine weitere Schachtel stammt aus der Nachkriegsproduktion der Firma SMF. Bei dem hier

Abbildung 172:
Verpackung eines Typ-II-Weyersberg

Abbildung 173:
Geklebte Faltschachteln der Firma Weyersberg

gezeigten Exemplar lässt sich der Name „Riethmüller“ in der linken, oberen Ecke erkennen. Das Messer wurde somit auf dem zivilen Markt verkauft. Mit den Maßen von zirka 162 x 51 x 26 mm ist sie der ersten Verpackung sehr ähnlich.

Des Weiteren existiert eine ungewöhnlich breite Verpackung der Firma SMF. Es sind zwei Exemplare dieser eckengehefteten Ritz-Stülpschachteln bekannt, die jeweils ein SMF-Typ-II-Nachkriegsmodell enthielten. Aufgrund der Schlichtheit könnte es sich um die militärische Verpackung handeln – dies ist jedoch nicht eindeutig belegbar.

Der vergleichsweise flache Deckel ist querseitig mit „SMF“, die eigentliche Schachtel ebenfalls querseitig mit „Solingen“ gestempelt und mit einer aufgeklebten, helleren Papierbanderole verschlossen, die auf der Unterseite nicht verbunden ist. Mit den Außenmaßen von ungefähr 168 x 68 x 30 mm ist die Schachtel im Vergleich zum zuvor beschriebenen Modell recht groß geraten.

Abbildung 174: Zivile SMF-Verpackung der Nachkriegszeit

Abbildung 175: Vermutlich militärische SMF-Ausgabeschachtel (nach 1959)

Abbildung 176: Detailansichten der militärischen Schachtel

14 | DAS FLIEGER-KAPPMESSER BEI DER TRUPPE

Laut L.Dv. 123 von 1939 wurden lediglich folgende Luftwaffenangehörige mit dem Flieger-Kappmesser ausgestattet:

- Flugzeugführer, einschließlich Schüler,
- Beobachter, einschließlich Schüler,
- Hilfsbeobachter,
- Bordfunker (Flieger-Schützen) und Soldaten der Luftnachrichtentruppe,
- Bordmechaniker (Flieger-Schützen),
- Fallschirmjäger (Springer),
- Ausbildungspersonal und Schüler der Fallschirmschulen,
- Fallschirmspringer (z.B. Soldaten der FschPzArt Regimenter 1 und 2 ab 1944).

Die Flugbereitschaft des Reichsluftfahrtministeriums erhielt pauschal 100 Flieger-Kappmesser zugeteilt. Das fliegende Personal der Flugzeugführer-, Fluglehrer-, Kriegs- und Fallschirmschulen ging zumindest bis 1939 leer aus.[149]

Als spezialisierter Verband des Heeres erhielt die 1. Skijäger-Brigade Ende 1943 diese Blankwaffe als Teil ihrer Spezialausrüstung. Aus einem später zitierten Bericht ist zu entnehmen, dass auch Waffen-SS-Einheiten zentrale Bestände an Kappmessern vorhielten, die jedoch nur bei speziellen Einsätzen ausgegeben und anschließend wohl wieder eingesammelt wurden. Mit Sicherheit verwendeten auch das SS-Fallschirmjägerbataillon 500 (später 600), die Kommando-Trupps und das

Abbildung 177: SS-Fallschirmjäger bei Operation „Rösselsprung" 1944

[149] Vgl. L.Dv. 123 (1939), S. 28 ff.

Fallschirmjägerbataillon der „Division Brandenburg“ das Messer.

14.1 Die Unterbringung des Kappmessers in der Sonderbekleidung

Das Flieger-Kappmesser wurde in der L.Dv. 123 (Stand 1939) sowohl als Teil der 17-teiligen „Sonderbekleidung und -ausrüstung für den Flugdienst“ (Abschnitt D) geführt, war jedoch ebenso im Satz „Sonderbekleidung und –ausrüstung für den Fallschirmdienst“ (Abschnitt E) enthalten.

In den von der Reichswehr verwendeten Fliegerkombinationen gab es keine spezielle Flieger-Kappmessertasche. Bei Einführung dieses neuen Ausrüstungsgegenstandes wurde daher die Unterbringung in einer der beiden frontal aufgesetzten Oberschenkeltaschen befohlen.[150]

Dagegen war die Verstauung des Messers in den ersten Fliegerschutzanzügen der neu gegründeten Luftwaffe durch die Verwaltungsverfügung der Luftwaffe L.D. Nr. 41976/37 IV, 3b vom 20. Mai 1937 exakt geregelt:[151]

391. R. d. L. u. Ob. d. L. 20. 5. 37. L. D. Nr. 41976/37 IV, 3 b. L.V.Bl. 37/667.
Unterbringung von Flieger-Kappmesser und Verbandpäckchen im Flieger-Schutzanzug (Kombination).
Im Flieger-Schutzanzug (Kombination) sind unterzubringen:
das Flieger-Kappmesser in einer besonderen Tasche mit Reißverschluß in der rechten Hosenseitennaht,
die Verbandpäckchen in einer besonderen Tasche mit Reißverschluß in der linken Hosenseitennaht.
Öffnungsrichtung der Reißverschlüsse der Taschen von unten nach oben.

In der oben beschriebenen „Tasche mit Reißverschluss“ befand sich das Messer in einer kleinen Innentasche, die mittig leicht verengt und durch eine zusätzliche Stoffunterlage verstärkt war, um dem Messer festen Halt zu geben.

Das Kappmesser wurde mit dem Metallkopf nach unten und dem Druckhebel nach hinten zei-

D. Sonderbekleidung und -ausrüstung für den Flugdienst.

Fl. Kopfhaube für Sommer ohne FT.-Gerät . . .
Fl. Kopfhaube für Winter ohne FT.-Gerät . . .
Fl. Schutzanzug für Sommer . . . .
Fl. Schutzanzug, Land, für Winter . . . . . .
Fl. Schutzanzug, See, für Winter . . . . . .
Fl. Sweater . . . .
Fl. Halsschal . . . .
Fl. Pelzstiefel, Paar . . . .
Fl. Unterziehwollhandschuhe, Paar . . . . . .
Fl. Lederhandschuhe mit Stulpe, ungefüttert, Paar
Fl. Lederhandschuhe mit Stulpe, gefüttert, Paar .
Fl. Lederhandschuhe ohne Stulpe, ungefüttert, Paar
Fl. Lederhandschuhe ohne Stulpe, gefüttert, Paar .
Fl. Kleidersack . . . .
Fl. Kappmesser . . . .
Fl. Brille mit Zubehör . . . .
Fl. Sommerbrille mit Zubehör . . . .

E. Sonderbekleidung und -ausrüstung für den Fallschirmdienst.

Fallschirmjäger-Bluse . . . .
Fallschirmjäger-Hose . . . .
Fallschirmjäger-Stiefel, Paar . . . .
Fallschirmjäger-Lederhandschuhe mit Stulpe, ungefüttert, Paar . . . .
Fallschirmjäger-Lederhandschuhe mit Stulpe, gefüttert, Paar . . . .
Fallschirmjäger-Knieschützer, Paar . . . . . .
Fallschirmjäger-Binden, Paar . . . .
Fallschirmjäger-Schleifanzug . . . .
Fallschirmjäger-Stahlhelm mit Zubehör . . . .
Fallschirmjäger-Helmband . . . .
Fl. Kappmesser . . . .
Gasmaskentragetasche . . . .
Handgranatenbeutel . . . .
Patronentragegurt . . . .

Abbildung 178: Sonderausrüstung Flugdienst/Fallschirmdienst gem. L.Dv. 123

[150] Vgl. Peter-Michel (2012), S. 26
[151] Luftw.Verfg.Slg.(1938), Nr. 391

Abbildung 179: Luftfahrzeugbesatzung im Fliegerschutzanzug (ca. 1939)

gend in die Tasche eingeführt. Es gibt keine Hinweise auf angenähte Fangschnüre bzw. Ösen oder Knopflöcher, durch die eine Schnur oder ein Karabinerhaken gezogen werden konnte.[152]

Im Laufe des Krieges wurde der Fliegerschutzanzug weiterentwickelt, wodurch sich auch der Unterbringungsort des Kappmessers änderte. In der sogenannten „Kanalhose" wurde das Messer ab 1941 zusammen mit den Verbandpäckchen auf der gegenüberliegenden Seite in der linken Oberschenkelseitentasche verstaut. Auch hier gab es keine Fangschnur zur Sicherung des Messers.

Abbildung 180: Fliegerschutzanzug (ca. 1937) und Position des Kappmessers

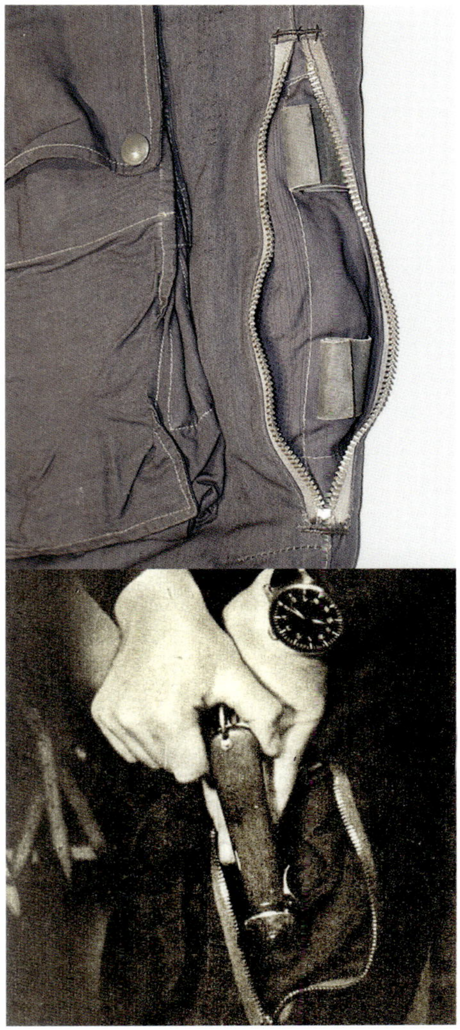

Abbildung 181: Kanalhose-Verstauung in linker Seitentasche (Quelle: Der Adler 02/1943)

[152] Vgl. L.Dv. 422 (1938), Abschnitt II. Nr. 4–6

Interessanterweise existierte noch ein zweiter Aufbewahrungsort, der im Falle eines Absturzes angeschnallt und in sitzender Haltung wesentlich einfacher zu erreichen war. Das untere Bild zeigt das Kappmesser zusammen mit der Leuchtmunition in der linken, frontal aufgesetzten Oberschenkeltasche.

Auf dem Foto rechts ist erstmals eindeutig zu erkennen, dass das Flieger-Kappmesser tatsächlich mit einer Fangschnur an der Hose befestigt wurde. Eigens hierzu gab es im Tascheninneren entweder eine angenähte Stoffschlaufe oder einen Metallring, an dem der zweite Karabinerhaken der Fangschnur befestigt war – siehe rechte Fangschnur der unteren Abbildung.

In der speziellen Hose der Fallschirmjäger gab es ebenfalls eine, eigens für das Messer vorgesehene

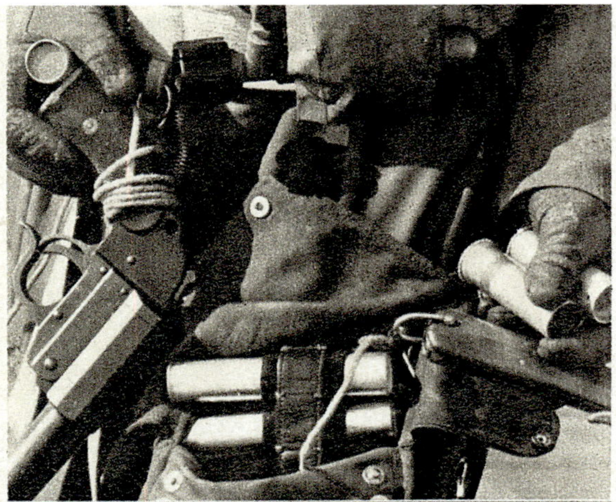

Die „Kanalhose“ unserer Jagdflieger hat rechts und links große Taschen, in denen Leuchtpistole, Leuchtmunition, Seeverpflegung und Kappmesser enthalten sind

Abbildung 182: FKM in linker Oberschenkeltasche der Kanalhose (Quelle: Der Adler 09/1942)

Abbildung 183: Kanalhose mit Fangschnüren für SigPi und FKM, re. (Quelle: M. Davis)

Tasche seitlich am rechten Oberschenkel. Der Tascheneingriff befand sich entlang der Hosennaht; die Deckelklappe war senkrecht aufgesetzt und mit zwei Druckknöpfen zu verschließen.

In den frühen FJ-Hosen finden sich zwei weitere Einschübe in der Beintasche. In die größere dieser beiden Innentaschen wurde das Kappmesser mit dem Metallkopf nach unten eingeschoben. In der Oberschenkeltasche des zweiten Models der FJ-Hose sind dagegen drei Einschübe vorhanden, welche jedoch alle zu klein für das Flieger-Kappmesser sind. Folglich wurde es in der Beintasche selbst getragen.

Abbildung 184: Detailansicht der Kappmessertasche in 1940er-FJ-Hose

Im Inneren der Oberschenkeltasche gibt es keine Schlaufen oder ähnliches zur Befestigung einer Fangschnur. Auf dem unteren Bild ist jedoch eine Schnur zu erkennen, die vom Hosenbund des Oberfeldwebels (links) bis zur Messertasche verläuft. Dies scheint die in der Truppe praktizierte Sicherungsmethode des Kappmessers gewesen zu

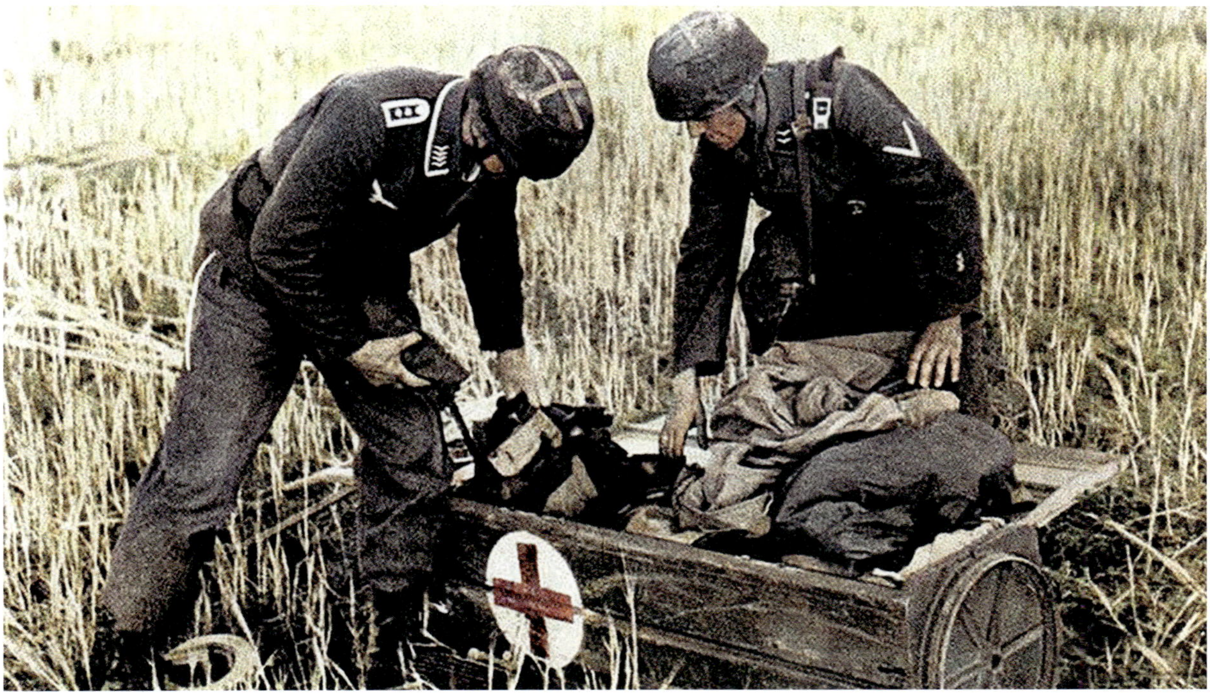

Abbildung 185: Fangschnur zur FKM-Tasche am rechten Hosenbein

Abbildung 186: FJ-Hose mit leicht erreichbarer Oberschenkeltasche

sein. Auch die Abbildungen 195 und 197 beweisen, dass regelmäßig Fangschnüre zur Verlust- bzw. Fallsicherung verwendet wurden.

Auch mit übergezogenem Knochensack war die Beintasche noch leicht zugänglich. Da einem das Messer beim Landefall jedoch einige Blessuren zufügen konnte, verstauten es viele Soldaten vor dem Fallschirmsprung in der Jacke.

Aus einer Sammlung ist eine Gürteltasche bekannt, in der sich ein Kappmesser befand. Eine genauere Recherche ergab, dass es sich hierbei um eine gekürzte Tasche für Richtstäbe der schweren Maschinengewehre der Infanterie handelt. Diese Richtstäbe verwendete man zum Einrichten der Feuerstellung für den Einsatz der SMG's im indirekten Feuer gegen den Feind. Die Existenz dieses Gegenstandes beweist, dass das Messer nicht ausschließlich in der Beintasche getragen wurde.

14.2 Gebrauchsgegenstand, Rettungsmesser und Waffe in einem

Fotos, die den Gebrauch des Flieger-Kappmessers im Einsatz zeigen, sind extrem selten. Es liegt schon eine gewisse Komik in der Tatsache, dass die wenigen bekannten Aufnahmen den Gebrauch dieser (heute als verbotener Gegenstand eingestuften) Waffe häufig in Kampfpausen als Brot- oder Fleischmesser zeigen.

Tatsächlich antwortete auch ein ehemaliger Luftwaffenpilot auf die Frage, welche Erinnerungen er an das Flieger-Kappmesser hätte: „Wir benutzten sie zum Wurst schneiden!"[153] Zudem eignete es sich aber offensichtlich auch sehr gut für die ein oder andere lustige Pose bei Kameradschaftsabenden.

Abbildung 187: Kappmessertasche gefertigt aus SMG-Richtstabfutteral

[153] Vgl. Pattarozzi (2006), S. 50

Abbildung 188: FJ-Oberfeldwebel mit Butterdose und FKM

Abbildung 189: Das FKM als Rührspatel zum Zubereiten von Rührei

Abbildung 190: FJR 1 auf Kreta – „Kurti hat Kohldampf“

Abbildung 191: Kretakämpfer beim „Hühnchen rupfen“

Abbildung 192: MG-Trupp beim Verpflegen während einer Marschpause

Abbildung 193: FJ-Gruppe auf LKW beim Verpflegen

Abbildung 194: FJR-2 in den Wäldern am Wolchow – etwa Mai/Juni 1942

Abbildung 195: Kampfpause auf Kreta: Brotschmieren mit dem FKM

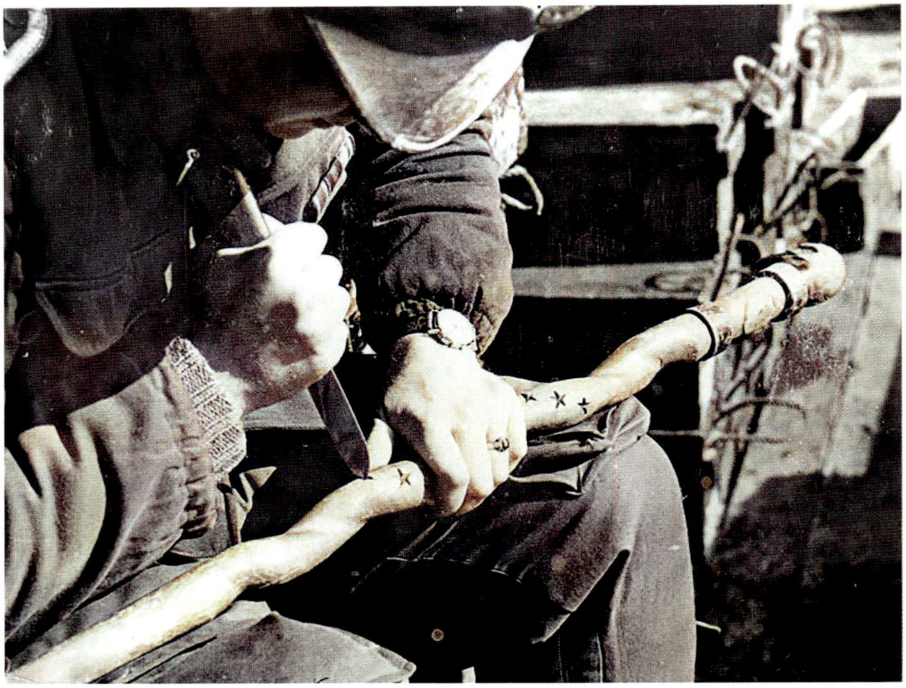

Abbildung 196: Jagdflieger mit Abschussstock nach 10. Abschuss eines russischen Fliegers (April 1943)

Abbildung 197: Verpflegungszubereitung in Nordafrika (Kappmesser an Fangschnur)

Abbildung 198: Kampferprobte Oberjäger 1940

Abbildung 199: Fallschirmjäger beim „Budenzauber"

Die Luftfahrzeugbesatzungen verwendeten das Kappmesser im täglichen Dienst in ein paar tausend Metern Höhe aber vor allem auch als Rettungsmesser und Werkzeug nach Abstürzen und Notlandungen. Die Luftwaffenzeitschrift „Der Adler" gibt im Januar 1943 an, dass damit bereits unzählige Male lästige Riemen und schwache Weißblechplatten (der Flugzeugaußenhaut) durchtrennt wurden.[154]

Ein Ju-52-Transportflieger mit dem Auftrag, Propagandamaterial im feindlichen Hinterland abzuwerfen, schreibt folgendes:

„Von den leichten Papierchen steckten in jedem Bündel einige Zehntausend. Wir Ju-52-Flieger sollten dann diese Pakete in etwa dreitausend Metern Höhe bis zur Tür tragen, sie vorsichtig so weit wie möglich hinaus halten und – draußen! – mit dem Kappmesser die Verschnürung durchschneiden. Der Wind würde alles Weitere besorgen, und schon nach wenigen Minuten konnten Hunderttausende von Flugblättern ihren geistigen Zersetzungsprozess unter der gegnerischen Bevölkerung beginnen. [...] allmählich merkten wir, dass es in dreitausend Metern Höhe barbarisch

[154] Vgl. „Der Adler" (1943), S. 42

Abbildung 200: He-177 Heckstand-Bordschütze

kalt war. Wir arbeiteten ja ohne Handschuhe [...] in den dicken Flieger-Winterhandschuhen war das Arbeiten mit dem Kappmesser einfach zu unsicher.“[155]

Am Morgen des 27. April 1944 wird ein deutscher He-177-Bomber des Kampfgeschwaders 100 „Wiking“ bei den Angriffen auf Portsmouth / UK abgeschossen. Bis auf zwei Mitglieder stirbt die gesamte Besatzung beim Aufschlag der Maschine. Der Bordschütze im Heckstand ist in seinem Sitz gefangen; er beschreibt die anschließenden Geschehnisse wie folgt:

„Die Hände schmerzten schon durch die unheimliche Glut. Es ging alles schneller, als ich in der Lage bin, es zu schildern. Plötzlich hatte sich unser B-2-Schütze, der „Seppl“ zu mir hingearbeitet, befreite mich mit dem Kappmesser vom Anschnallgurt und Fallschirm und zog mich wahrhaftig in letzter Sekunde aus meinem Sitz. Wir wälzten uns aus dem Gefahrenbereich, vor uns nur noch einen feuerspeienden Schrotthaufen. Immer wieder und wieder rief ich die Namen meiner Kameraden in diese schaurige Morgenstunde des 27. April 1944. Ich konnte es nicht fassen, dass

[155] Dinter (2004), S. 48–49

sie nicht mehr sein sollten. Sepp war beim Aufschlag der Maschine aus dieser herausgeschleudert worden, und mit Prellungen davongekommen. Über uns zogen die Besatzungen heimwärts...“[156]

Als der legendäre Sturzkampfpilot Hans-Ulrich Rudel mit seinem Bordschützen Erwin Hentschel am 20. März 1944 eine notgelandete Besatzung bergen soll, kann er nach seiner Landung im russischen Hinterland nicht mehr starten. Die beiden müssen sich zu Fuß weiter durchschlagen; den missglückten Versuch, die zweisitzige JU 87 wieder startklar zu machen, beschreibt er mit folgenden Worten:

„Mein linkes Rad versackt im Morast; je mehr ich Gas gebe, umso mehr frißt sich das Rad in den Boden. Die Maschine bewegt sich nicht mehr von der Stelle. Vielleicht klemmt nur zwischen Radverkleidung und Rad sehr viel Dreck? „Henschel, steig aus, mach die Radverkleidung ab, vielleicht geht's dann!“

Sein Flieger-Kappmesser bricht, die Radverkleidung bleibt dran! Aber auch ohne sie würde es nicht gehen, wir sind rettungslos versackt. Steuerknüppel an den Bauch, nachlassen, etwas nach vorne drücken, ruckartig Vollgas geben: all das nützt nichts.“[157]

Beim anschließenden Durchschwimmen des eiskalten Dnjestr ertrank Hentschel. Er war gemeinsam mit Rudel in drei Jahren insgesamt 1.200 Einsätze geflogen.[158]

Gegen Ende des Krieges wird ein Me-262-Jagdflieger von feindlichem MG-Feuer getroffen; er nutzt das Kappmesser zur Erstversorgung seiner Verwundung:

„Jetzt hatte es keinen Sinn mehr, mit einer Turbine weiterzufliegen. Er zog seine Me etwas hoch, warf das Kabinendach ab, öffnete das Gurtschloß und wurde, noch ehe er seine Maschine auf den Rücken legen konnte aus der Kabine gerissen. [...]

Er fiel zwischen die Bäume, ohne mit dem Schirm in einer Krone hängenzubleiben, hörte irgendwo ein Reißen der Seile, spürte einen kurzen Ruck und lag auf der braunen Walderde. Aufstehen konnte er nicht. Er kramte sein Kappmesser hervor, schnitt die blutgetränkte Hose auf und das Funkkabel von der Haube, um das heftig blutende Bein abzubinden. Dann nahm er Pervitin, als er plötzlich eine heftige Müdigkeit verspürte, aber es half nicht viel.“[159]

Abbildung 201: Rudel und Hentschel nach 800 gemeinsamen Feindflügen (ca. 1943)

---

[156] Balke (1995), S. 189
[157] Rudel (1971), S. 58
[158] Vgl. Lexikon der WH
[159] Ziegler (1977), S. 192

Die Fallschirmjäger verwendeten das Kappmesser oft im Nahkampf, Mann gegen Mann. Ein den Russen entkommener Soldat erinnert sich an seine Flucht:

„Mein Pech war, daß ich an den russischen Linien vorbei mußte, und ich – da sie den Wald besetzt hielten – das wiederum nur nachts riskieren konnte. [...] Ich war so fertig, daß ich immer mehr riskierte und von Busch zu Busch huschte, ohne länger zu verharren und gründlich Ausschau zu halten, mehr zur eigenen Beruhigung als zur Abwehr, mein Kappmesser in der Hand.

Den Schmerz im Knöchel spürte ich kaum mehr, Nerven und Muskeln spannten sich wie Flitzbogen.“[160]

Abbildung 202:
Pilot bei Notsprung aus getroffener Me 262

Oberstleutnant Freiherr von der Heydte beschreibt einen nächtlichen Angriff eines Bataillons des Luftlande-Sturm-Regiments 1 im September 1941 am Newa-Fluss wie folgt:

„Die Russen hatten den Brückenkopf offenbar erweitert und ausgebaut [...]. Ich erhielt den Befehl, den Gegner anzugreifen, bevor er den Ausbau des Brückenkopfes beendet hatte. [...] Der Angriff selbst sollte – mit Angriffsbeginn um 22 Uhr – in der Nacht durchgeführt werden. In Grafenwöhr hatte ich mein Bataillon nach den Erfahrungen von Kreta vor allem im Nachtangriff ausgebildet. [...] Um 22 Uhr zeigten Leuchtkugeln längs der Straße, die parallel zur Newa verlief, endlich den Angriffsbeginn an.

Wir sprangen über die Straße und kamen sofort in einen erbitterten Nahkampf mit dem Feind. Es war der zeitlich längste Nahkampf meines Lebens. Erst nach Sonnenaufgang, gegen 8 Uhr morgens, endete er am Newa-Ufer. Unsere Verluste waren während dieses nächtlichen Kampfes verhältnismäßig gering. Die nervlichen Anforderungen an die Soldaten waren dafür umso größer. Ein Großteil des Kampfes mußte mit dem Spaten und dem Kappmesser der Fallschirmjäger geführt werden.“[161]

In Vorbereitung der Schlacht um Kursk wurden am 4. Juli 1943 Flieger-Kappmesser an Angehörige der Waffen SS ausgegeben. Dies bestätigt ein entsprechender Bericht eines SS-Rottenführers der „SS-Panzergrenadier- Division Leibstandarte Adolf Hitler“. Er liegt mit seiner Gruppe bei

[156] Weigand (1998), S. 352
[161] Heydte (1987), S. 93–95

Abbildung 203: Fallschirmjäger im Nahkampf mit russischen Einheiten

Abbildung 204: Russland im Winter –
FJ-Spähtrupp vor dem Abmarsch

Angriffsbeginn vor der Ortschaft Bykowka, etwa 120 Kilometer südlich der Stadt Kursk:

„In der Nacht von 3. auf 4. Juli 1943 lösen wir die Stellungstruppen ab und rücken in die Sturmausgangsstellungen ein. [...] Gegen Abend wird der Führerbefehl verlesen, [...]. Es sollen in einem Zangenangriff, wir sind der südliche Teil, große feindliche Truppenmassen eingeschlossen und vernichtet werden. [...] Die Aufgaben für die nächste Nacht werden verteilt und Fallschirmjäger-Kappmesser ausgegeben, wir sind natürlich Spitzengruppe. Immer zwei Mann von uns sollen sich einen Gefechtsvorposten vornehmen und diesen lautlos ausheben. [...] Wir, die Spitzengruppen, treten gegen 2 Uhr an und haben uns an die Höhe 228,6 vorgearbeitet. Die Vorposten, die wir ausheben sollen sind jedoch bereits getürmt. Ich entschließe mich ohne jede Verzögerung weiter vorzugehen. Wir brechen in die erste Stellung ein, wo wir genug Arbeit für unsere Messer bekommen. Der Graben ist vollbesetzt. Nahkampf Mann gegen Mann. Die Russen ergeben sich nicht, als wir in den Graben springen. Es ist stockdunkle Nacht. Freund und Feind sind schwer auseinander zu halten. Meinen Männer habe ich, denn mir war das schon klar, fast weiße Tücher um den linken Arm binden lassen. Dadurch gibt es bei uns keine Verwechslungen, wie bei anderen Einheiten. In der Enge des Grabens, nutzen den Russen ihre Gewehre mit den langen aufgepflanzten Bajonetten nicht viel.

Es geht mit MPis, Pistolen und Messern auf die Russen los. Die MG-Schützen 1 warten mit dem MG an der Hüfte oben am Grabenrand, und halten nur dazwischen, wenn sie etwas Genaues erkennen können. [...] Bald ist alles vorbei. [...] Wir zählen etwa 30 tote Russen.“[162]

Abbildung 205: Panzergrenadiere der Waffen-SS vor dem Angriff

[162] Rogmann (2009), S.n.b.

Abbildung 206: FJR 6 im Kampf in der Normandie – Juni 1944

UTAH Beach – 1944: Ein 21-jähriger Fallschirmjäger kämpft im Raum St-Marie-du-Mont/Vierville mit Teilen des I. Bataillons FJR 6 gegen die nur zwei Tage zuvor gesprungenen Soldaten der 101st Airborne Division.

„Zugführer Schomaker schmiss sich von irgendwo mit einem Riesensatz an meine Seite und sagte mir, dass amerikanische Panzer am rechten Flügel durchgebrochen waren und sich den Weg nach Süden freikämpfen. [...] Wenn ich ihn richtig verstanden hatte, sollte das nun heißen: Bereitet euch vor, wir sind eingeschlossen. Fast zur gleichen Zeit vernahm ich ein metallisches Geräusch aus dem Baum über mir und als ich hochsah, löste sich plötzlich eine Gestalt aus dem Dickicht der Zweige und sprang mich mit einem heftigen Faustschlag in den Nacken aus geringer Höhe an. Dabei verlor er schon in der Luft seinen riesigen Revolver, und das war mein Glück. Ich wusste, er hat keine Waffe mehr. Ich wusste auch, dass ich meine Pistole nicht so schnell aus der Halterung bekam, und während er meinen Kopf kraftvoll mit beiden Händen nach hinten bog, fingerte ich mein Kappmesser aus der Schlinge und stieß es mit meiner letzten Kraft in seine Lendengegend. Im gleichen Moment ein Aufschrei und er wälzte sich ein paar Mal am Boden und brüllte wie ein Tier. Ich sah, dass er ein Farbiger war und die Blutlache unter seinem Körper immer größer wurde; er musste verbluten ...“[163]

Die Fallschirmjäger versuchten aus dem Kessel auszubrechen. In der Nacht waren weitere amerikanische Fallschirmjäger und 150 Lastengleiter gelandet und hatten das Gelände besetzt. Am Abend des 7. Juni 1944 ergaben sich die Reste des I. Bataillons dem Kommandeur des 506th Parachute Infantry Regiment. Nur 25 Männer schlugen sich zur Stellung des Kommandeurs Major von der Heydte durch. Sie konnten nur noch die vollständige Zerschlagung des I. Bataillons melden.[164]

Die 5. Fallschirmjägerdivision führt im August 1944 vor den Toren Paris Rückzugsgefechte gegen amerikanische Truppen; ein Fallschirmsanitäter berichtet:

„Als Ersatz für Gerber kam Leutnant Müller, Ende dreißig, etwas dicklich, von der Luftnachrichtentruppe; Buchhaltertyp. Der Kompanie-Chef schien nicht recht glücklich über den Ersatz. [...] Dazu kam das Pech, daß, auf Befehl des Bataillonskommandeurs, der erste Zug in derselben Nacht einen Spähtrupp hinter die feindlichen Linien schicken sollte. [...] Müller wartete bis kurz vor Mitternacht, dunkler konnte es nicht werden, unsere Gesichter und Hände waren schon geschwärzt. Dann bewegten wir uns auf die amerikanischen Stellungen zu; [...]. Am Waldrand – nichts. Wir lauschten, bis uns der Kopf schmerzte – nichts. Der Leutnant erhob sich langsam – und plötzlich steht neben ihm eine baumlange Gestalt, die halblaut ein paar englische Worte sagt. Mein Gott, ein Vorposten, den wir übersehen haben, gleich wird er zu schreien oder zu schießen beginnen. Da greift Müller geistesgegenwärtig nach dem Amerikaner und kriegt ihn mit dem linken Arm so zu fassen, daß er ihm wie im Schwitzkasten die Luft abdrückt. [...] Aber jetzt scheint Müller nicht zu wissen, wie es weiter geht...

„Was soll ich tun?“ keucht er, lauter, als er sollte.

Der Oberjäger bei ihm flüstert zurück: „Der darf nicht schreien.“

„Ja verflucht, aber was soll ich machen?!“ Müllers Stimme ist fast laut und verzweifelt.

„Kappmesser – hier“, flüstert der Oberjäger. Ich höre das Klicken, wie die Klinge aufspringt, sehe, wie Müller zögert, nochmals zögert, höre, wie der Oberjäger sagt: »Los!« Da stößt Müller zu, einmal, zweimal, dreimal in die Kehle. Ein kurzes Röcheln, mehr ein Gurgeln. Der Amerikaner schlägt mit Armen und Beinen – erschlafft. Müller läßt ihn fallen. Der Leutnant scheint völlig erledigt; der Oberjäger schlägt vor, mit drei Mann weiter in den Wald vorzudringen, während wir am Waldrand bleiben, um Feuerschutz zu geben – falls nötig. Der neue Zugführer scheint mit dem Kopf genickt zu haben, die vier verschwinden im Wald, wir warten. Nach knapp einer Stunde sind sie zurück; der Oberjäger berichtet dem Leutnant, daß er eine Menge amerikanischer Panzer gesehen habe. Wir ziehen uns zurück.“[165]

Derselbe Autor beschreibt, wie er kurze Zeit später sein Kappmesser zum Spieß umfunktioniert, um während eines Verwundetentransportes das Zugpferd anzutreiben:

„Die Kreuzung war der kritische Punkt. Wir mußten sie möglichst schnell durchfahren. Es würde zwar nur eine Minute dauern, in der wir eingesehen werden konnten, aber eine Minute kann entsetzlich lang sein. Und das eigentliche Problem war das Pferd. [...] Einer der Landser bekam eine Idee, die mir einleuchtete. Er gab mir

163 Dahms (2014), S. 165

164 Vgl. Griesser (2011), S. 96–99; die beschriebenen Gefechte sind die Grundlage für die US-TV-Serie „Band of Brothers [Folge: Carentan]“

165 Berg (1984), S. 79–80

seinen Krückstock – zu Zeiten des Rückzuges hatten alle Landser einen Stock bei sich. Also nahm ich mein Kappmesser aus dem Hosenbein, ließ es aufschnappen und band es wie ein Bajonett am Stock fest. Schnur hatte ein anderer dabei, die ich mit Wein aus der Feldflasche anfeuchtete, damit sie beim Trocknen noch fester würde.

Noch eine Pause des Störfeuers und los ging es, bis zu einer bestimmten Stelle; fünfzig Meter vor der Kreuzung – die Fallschirmjäger hatten mich informiert – war ein Punkt der nicht beobachtet werden konnte. [...] ein kurzes „fertig" zu den anderen. Dann nahm ich den Stock und stach ihm dem Apfelschimmel in die hintersten und empfindlichsten Weichteile und brüllte dabei „Allez – Allez" und immer wieder „Allez". [...] Es reißt den Wagen mit einem Ruck fort, so daß wir fast herausfallen.[...] Kratsch, kratsch, kurz hintereinander – Granatwerfer. Die ersten Einschläge sitzen vor uns, in der Straße, wo wir – Gott sei Dank – nicht hinwollten. [...] Da kracht es ohrenbetäubend genau neben uns, und Splitter zerhacken die Wagenwände, der Wagen bockt, [...] rutscht weiter die Straße hinab und hält – endlich – ein paar Meter vor dem ersten Gehöft ..."[166]

Zur Unterstützung der Ardennenoffensive sprangen in der Nacht vom 16. auf den 17. Dezember 1944 deutsche Fallschirmjäger hinter den amerikanischen Linien ab. Die 1.200 Mann starke Kampfgruppe „von der Heydte" sollte die alliierten Verbände im Rücken der Front in Kämpfe verwickeln, Nachschublager erobern und diese bis zum Eintreffen der Bodentruppen halten. Ein Teilnehmer des Kommandounternehmens „Stößer" wird hierbei schwer verwundet:

„Vier Tage lagen die Männer in der Rundumverteidigung. Der Versuch, sich zu den eigenen Linien durchzuschlagen, schlug fehl. [Der unterstellte Artilleriebeobachter, Obersturmführer] Harald Etterich wurde durch eine MG-Garbe in Kniehöhe getroffen. Das dort befindliche Fallschirmjägermesser wirkte wie ein Dum-Dum-Geschoss und verursachte durch Splitter schwere Schäden. In der Nacht vom 23. auf den 24. Dezember 1944 lag Etterich auf dem Operationstisch einer amerikanischen Einheit in der Turnhalle einer Schule in Eupen."[167]

Als Teil der 9-köpfigen „Kommando-Gruppe Ehrenreich" kämpft der Gefreite Rudolf Frühbeißer während der Ardennenoffensive „im Rücken der Amerikaner" (Titel seines Buches). Ausgestattet mit US-amerikanischen Uniformen und falschen Identitäten[168] vernichtet die Fallschirmjäger-Spezialeinheit vom 17. bis 23. Dezember 1944 unter anderem knapp 150 Fahrzeuge, 55 Panzer und 13 Flugzeuge.

Bei den Vorbereitungen zur Sprengung des Treibstofflagers bei La Converserie am 20. Dezember 1944 treffen Frühbeißer und Leutnant Meyer auf zwei Posten:

„Wir standen an der Ecke, mit dem Rücken an die Benzinkanister gepresst; und die beiden Amis kamen immer näher. Drei Meter vor uns blieben sie stehen und drehten uns den Rücken zu. Gott sei Dank hatten wir noch vor der Ankunft der Amerikaner unsere Handschuhe ausgezogen und zur Sicherheit die Klinge unseres Fallschirmjägermessers leise aus dem Griff kommen und einrasten lassen. Finch hatte mich noch rechtzeitig an „die Schlinge" erinnert. So hatte ich den einen Griff zwischen den Zähnen hängen. [...] vorsichtig, um kein Geräusch zu machen, zog ich mir mit den Fingern der rechten Hand die Schlaufe der Schlinge aus den Zähnen und erfasste mit der anderen Hand die zweite. [...] wir sprangen den letzten Meter vor, ließen unsere Drahtschlingen über

[166] Berg (1984), S. 90–91

[167] Fischer (2004), S. 155

[168] Finch = Lt Meyer, Carty = Fhr Vack, McKenzie = Lt Heinemann, Shank = Fw Wiegand

die Köpfe der Amerikaner fallen, und blitzschnell – wie gelernt – überkreuzten wir die Arme und zogen ruckartig zu. [...] Nach Sekunden zuckten nur noch ihre Körper."

Noch am selben Tag erfolgt der Angriff auf ein Munitionslager bei Barvaux:

„[...] Finch und Carty sprangen vom Wagen und beteiligten sich beim Ausbringen der Sprengsätze [...], als sie von einem Posten mit schußbereiter MPi angehalten wurden. [...] McKensie sprang ab und rief Shank dabei zu, er solle doch dem Posten die Papiere vorzeigen. Der war neben dem linken Fenster stehengeblieben und schaute auf unsere Dokumente, die Shank vom Beifahrersitz genommen hatte. In diesem Moment stieß McKensie blitzschnell mit seinem deutschen Fallschirmjäger-Messer zu, dem Ami unmittelbar neben der Wirbelsäule in den Nacken. Der Getroffene zuckte zusammen und sank lautlos um."

Am 23. Dezember 1944 kehrt Frühbeißer als einziger Überlebender zu den eigenen Linien zurück. Er wird in die 1. FJR 9, eingegliedert, die in Faymonville liegt. Am nächsten Tag nähert sich amerikanische Infanterie in Gruppen der Stadt:

„Wir bereiteten uns auf den baldigen Einbruch der Amerikaner vor. Etwas unruhig legten wir Stielhandgranaten und die Leuchtpistolen, die geladen und schon entsichert waren, in [...] bessere Griffnähe. Für den äußersten Notfall hatten wir dann immer unsere Fallschirmjäger-Kappmesser, die wir leicht in den Baumstamm gestoßen hatten, der bei unserem Deckungsloch lag. Zufrieden überblickte ich unser Arsenal. [...]

Die Amis kamen immer näher. [...] Doch da geschah etwas ganz anderes. Die anrückenden Amerikaner machten „rechts um" – sozusagen im ganzen Verband – und zogen quer zu unseren Stellungen nach links ab."[169]

14.3 Der Gebrauch des Aufreibers

Der Aufreiber wird der Einfachheit halber oft als Dorn oder Ahle bezeichnet obwohl der Fachbegriff die eigentliche Funktion viel genauer beschreibt.

Zur weiteren Erklärung sei vorab erwähnt, dass die deutschen Fallschirmjäger der Wehrmacht im Gegensatz zu modernen Luftlandeverbänden ihren Rundkappenfallschirm selbst packten. Dies war integraler Bestandteil der Springerausbildung.

Die damals gelehrte Prozedur im Rahmen der Sprungausbildung sah folgendes vor: Nach dem Landefall aufspringen, um den Fallschirm herumlaufen, bis er zusammenfällt, anschließend aus dem Gurtzeug befreien, alles mehr oder weniger geordnet in die Fallschirmtragetasche stopfen und im Laufschritt zum Sammelplatz. Dies führte nicht selten zu Verknotungen der Fangleinen.

Die Funktion des Aufreibers bestand somit im wahrsten Sinne des Wortes darin, solche Fangleinenknäuel zu entwirren bzw. „aufzureiben".

Viele Aufreiber sind leicht verbogen, wodurch sich belegen lässt, dass sie durch die Truppe als Hebel-Werkzeug benutzt wurden. Ursprünglich sicher nicht dafür vorgesehen, fand der Aufreiber laut einer US-amerikanischen Quelle zum Beispiel Verwendung beim Öffnen der Abwurfbehälter, in denen sich Waffen, Munition und Gerät der abgesetzten Fallschirmjägereinheiten befanden.[170] Es gab mehrere Arten Abwurfbehälter. Die Tür des späteren Standardbehälters war mit drei Kastenverschlüssen ausgestattet, von denen der obere und der untere gemäß Vorschrift vor dem Abwurf mit Bindedraht gesichert werden musste.[171]

Dem Autor ist nicht bekannt, warum diese Behälter hin und wieder aufgehebelt werden mussten;

[169] Frühbeißer (1977), S.99, 115, 209
[170] Vgl. Sweeting (2001), S. 75
[171] Vgl. FJ.net

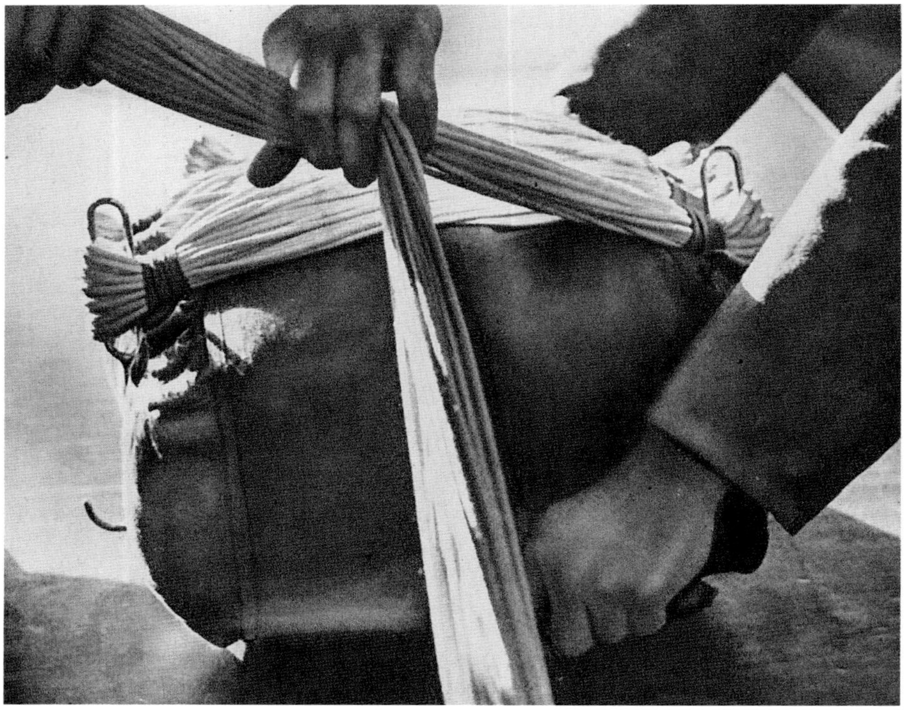

Abbildung 207: Packausbildung als Bestandteil des Fallschirmspringerlehrgangs

Abbildung 208: Fangleinenverdrehung kurz nach der Landung

Abbildung 209: Öffnen der Abwurfbehälter (Operation Achse, September 1943)

das obere Foto zeigt jedoch Fallschirmjäger bei genau dieser Tätigkeit. Es ist denkbar, dass es beim Einschlag auf dem Boden zu Verformungen der Behälter kam, die das Öffnen erschwerten und ein Werkzeug erforderten. Des Weiteren musste die Bergung der Waffenbehälter schnell erfolgen. Die Fallschirmjägereinheiten sprangen unbewaffnet, wenn man von den mitgeführten Pistolen und Kappmessern absieht. Bis zur Bergung und Öffnung der Waffenbehälter waren sie somit wehrlos. Dazu kommt, dass die Waffenbehälter auch noch beim Sprung über Kreta bunt bemalt waren, um den unterschiedlichen Inhalt – die unterschiedlichen Waffen – zu markieren. Somit waren sie auch vom Feind aus der Entfernung sichtbar. Das gegnerische Feuer konzentrierte sich somit auf die Landeplätze dieser Behälter. Man kann sich vorstellen, dass die Fallschirmjäger jedes Hilfsmittel nutzten, um unter Feindbeschuss schnell an ihre MGs und Karabiner zu gelangen. Ein geregelter Abtransport in die nächste Deckung war teilweise unmöglich.[172]

In Ermangelung spezieller Werkzeuge wurde der Aufreiber ebenfalls zur Waffenreparatur, als Auszieherkralle für verklemmte Patronenhülsen, Hufräumer und Ahle zum Durchbohren von Lederriemen verwendet.[173]

Laut Aussage von William Ibberson beabsichtigten die Briten, den Aufreiber als Nahkampfwaffe zum Ausschalten deutscher Posten zu verwenden. Die Kommandotrupps sollten ihn in die Halsschlagader ihrer Gegner rammen.[174]

[172] Heydte (1987), S. 83–85
[173] Hinweise hierfür bei Klietmann (1988), S. 107
[174] Vgl. Stephens (1981), S. 90

Nicht nur der Aufreiber diente dem Landser als Werkzeug. Entsprechende Gebrauchsspuren zeigen, dass auch der schwere Metallkopf zweckentfremdet und als Hammer benutzt wurde. Aufgrund dieser Tatsache verbreiterte man 1959 den Metallkopf einseitig für den Bundeswehr-Prototyp.[175] Auch der Nachkomme, das Rettungsmesser RT I, ist so konstruiert, dass der Metallkopf als Nothammer zum Zertrümmern von Scheiben eingesetzt werden kann.

14.4 Truppenversuche 1943/44

Wie bereits zuvor durch Zeitzeugenberichte bestätigt, kam es ab 1941/42 zu blutigen Nahkämpfen an der Ostfront. Im Gegensatz zu den Fallschirmjägereinheiten der Luftwaffe war der reguläre Infanterist des Heeres nur mit einem Bajonett für den Karabiner 98k ausgestattet. Diese unhandliche Seitenwaffe erwies sich als vollkommen ungeeignet für die Waldkämpfe in den Tiefen Russlands. Häufig kamen daher privat beschaffte HJ-Fahrtenmesser oder ähnliche Dolchmesser zum Einsatz. Dieser Umstand initiierte die Entwicklung eines Mehrzweckmessers, welches ebenfalls für die Truppe nützliche Werkzeuge (vgl. Ausführungen zum Gebrauch des Aufreibers) enthielt oder als Wirtschaftsmesser dienen konnte.[176]

Im Kriegstagebuch der Organisations-Abteilung (IIIa) des Generalstabes des Heeres findet sich am 18. Oktober 1943 folgender Eintrag:

„Da von Seiten der Truppe häufig der Wunsch geäußert wird, das Seitengewehr 84/98 abzuschaffen, wird erstmalig in Truppenversuchen das Seitengewehr 42, der Armeedolch und das Flieger-Kappmesser gegeben.

Fernschreiben vom 18. Oktober:

Ohne Anschriftenübermittlung.
1. 17. Inf.Div., 2. 78. Stu.Div., 3. 28. Jäg.Div., 4. 2. Geb.Div.

Mit Anschriftenübermittlung.
5. Heeresgruppe A, 6. Heeresgruppe Mitte, 7. Heeresgruppe Nord, 8. Geb. A.O.K. 20, 9. Chef H Rüst u. BdE.[177]

Betr. Seitenwaffe.
Zum Truppenversuch werden der Division zugeteilt:

100 Seitengewehre 42,
100 Armee-Dolche,[178]
100 Flieger-Kappmesser.

Der Versuch hat den Zweck, diese Seitenwaffen im Vergleich zu anderen zu erproben, um für das bisherige Seitengewehr baldmöglichst einen Ersatz zu finden.
Bericht über den Versuch ist an GenStdH / Org. Abt. auf dem Dienstweg 4 Wochen nach Eintreffen der Waffen beim Versuchstruppenteil einzureichen.
Die Divisionen haben in ihren Berichten auch zur Frage der Notwendigkeit zum Aufpflanzen der Seitenwaffe Stellung zu nehmen.
[Anm.: Somit steht fest, dass nur die 4 Divisionen die Blankwaffen ausgehändigt bekamen.]

Zusatz für Chef H Rüst u. BdE.:
Um Zuweisung der Seitenwaffen wird gebeten.

OKH / GenStdH / Org Abt. / (IIIa) / Nr. 59 715/43 geh.“[179]

[175] Vgl. von Halász (1996), S. 248
[176] Vgl. Klietmann (1988), S. 107
[177] Anm.: Es handelt sich um die vier übergeordneten Dienststellen der oben genannten Divisionen und dem Chef für Heeresrüstung und Befehlshaber des Einsatzheeres, der die Arbeit des Heereswaffenamtes beaufsichtigte.
[178] Anm.: Überbegriff für die Gruppe der dolchartigen Kampfmesser (zuvor auch: Grabendolch); Der Autor vermutet, dass es sich um das Kampfmesser der Luftwaffe handelt – siehe dazu die folgenden Ausführungen.

Aus den Kriegstagebüchern der 20. Gebirgsarmee ist bekannt, dass die verschiedenen Blankwaffen mit zeitlichem Abstand in Lappland eintrafen. Die Flieger-Kappmesser waren schnell und vollumfänglich verfügbar. Sie trafen bereits im Novembers 1943 bei der Truppe ein. Im Tätigkeitsbericht vom 10. Dezember 1943 heißt es dazu:

„Von den zum Truppenversuch zugewiesenen 100 Seitengewehren 42, 100 Armeedolchen und 100 Fliegerkappmesser sind [im November] 100 Fliegerkappmesser eingegangen und dem XIX. (Geb.) A.K. zugewiesen worden. Das restliche Gerät steht noch aus." Im Dezember 1943 gingen lediglich 25 Armeedolche ein und wurden den Generalkommandos zugewiesen.

In der „Studie über Rüstung 1945" vom 26. Januar 1944 bestätigte dann die Org. Abt. IIIa, dass sich das SG 42 gerade im Truppenversuch befand. Es ist bekannt, dass für diesen Truppenversuch ein Los von nur 500 Stück SG 42 von der Firma Carl Eickhorn produziert wurde.[181] Daraus lässt sich ableiten, dass die vierwöchigen Truppenversuche erst kurz vor Beginn des Jahres 1944 begannen und ebenfalls eine Gesamtstückzahl von 500 Flieger-Kappmessern vom „Chef für Heeresrüstung und Befehlshaber des Ersatzheeres" zugewiesen worden sein muss.

Möglicherweise wurde hierzu auf Arsenalbestände der Luftwaffe zurückgegriffen. Aufgrund der strengen organisatorischen Trennung zwischen der versuchsdurchführenden Teilstreitkraft – dem Heer – und der materialausgebenden Stelle – den Luftwaffenzeugämtern – dürfte dies in der Umsetzung mit einigen Schwierigkeiten verbunden gewesen sein.

Zudem kann man davon ausgehen, dass ohnehin gesonderte finanzielle Mittel des Heeres für den Versuch bereitgestellt wurden, da auch die Firma Carl Eickhorn eigens dafür einen Auftrag zur Produktion von 500 Truppenversuchsmustern des Seitengewehrs 42 erhielt.

Bei dem zitierten „Armeedolch" handelt es sich um ein dolchartiges Kampfmesser (wie die Grabendolche des I. Weltkrieges), welches von den Heeres-Soldaten in der Regel privat gekauft wurde, jedoch in kleinen Stückzahlen als „Kampfmesser" bei der Luftwaffe eingeführt worden war.

Auch dieser Dolch musste somit in entsprechender Stückzahl dezentral beschafft werden. Daher ist mit hoher Wahrscheinlichkeit davon auszugehen, dass ein gesondertes Los von 500 Flieger-Kappmessern durch das Heer beschafft wurde.

Gemäß Befehl wurden jeweils 100 Stück dieser Einzellose auf die vier Divisionen aufgeteilt. Der verbleibende Rest stellt laut Thiem einen Sicherheitsbestand von 25 Stück pro Einheit dar. Im Falle des Verlustes der Blankwaffen im Verlauf der Kampfhandlungen konnte somit der jeweilige Divisionsbestand erneut auf 100 Stück aufgefüllt werden.[182]

Sieht man sich die Versuchstruppe genauer an, so ist festzuhalten, dass die Versuche durch alle drei, an der kompletten Ostfront kämpfenden Heeresgruppen, sowie einer Gebirgsdivision in Finnland durchgeführt wurden. Im Einzelnen waren die Stücke an folgenden Orten im Einsatz:

- 2. Gebirgsdivision (in Lappland, unterstellt der 20. Gebirgsarmee),
- 17. Infanteriedivision (im Raum Dnjepr – Kriwoj Rog, als Teil des XXIV Armeekorps final der Heeresgruppe A unterstellt),
- 78. Sturmdivision (im Raum Orscha, Infanteriedivision als Teil des IX Armeekorps final der Heeresgruppe Mitte unterstellt),

[177] Vgl. Klietmann (1988), S. 108

[180] Vgl. Kriegstagebuch der 20. Gebirgsarmee (1943) – Tätigkeitsberichte der Monate November und Dezember

[181] Vgl. Klietmann (1988), S. 108; Siehe auch Kapitel 8 zur Firma Carl Eickhorn

[182] Vgl. Thiem (2014), S. 337

- 28. Jägerdivision (im Raum Leningrad, als z.b.V. AOK 18. Armee final der Heeresgruppe Nord unterstellt).

Die Versuchsverbände befanden sich in diesem Zeitraum in harten Abwehr- und Rückzugskämpfen vor allem im Raum nördlich des Asowschen Meeres, um Kiew oder Kriwoj Rog. Somit stand wohl die Evaluation der Nahkampfeigenschaften im Vordergrund. In den beschriebenen Regionen herrschen zudem unterschiedliche klimatische und geografische Extreme. Die Ergebnisse waren deshalb auch ganzheitlich und sehr aussagekräftig.[183]

Doch nicht nur die Kampftruppe erhielt die neuen Blankwaffen. Auch die Kompanie-Metzger erprobten die Gebrauchseigenschaften als Wirtschaftsmesser beim Schlachten und Zerlegen von Tieren. Die Verbände mussten ausführliche Berichte anfertigen, welche für das neuartige SG 42 durchwegs bestens ausfielen. Die Truppe bescheinigte diesem Mehrzweckmesser einen „hohen Gebrauchswert". [184]

Es ist relativ eindeutig, dass das Flieger-Kappmesser und der Armeedolch lediglich als Vergleichsobjekt dienten; der Fokus dieser Versuche lag eindeutig auf den Vorteilen des extrem innovativen Seitengewehrs 42.

Auch die Tatsache, dass die Typ-II-Flieger-Kappmesser heute relativ selten sind, ist ein eindeutiges Indiz dafür, dass das SG 42 dem Flieger-Kappmesser generell überlegen war. Hätten die Berichte der Versuchstruppenteile das Flieger-Kappmesser favorisiert, so wäre es ein leichtes gewesen, diese bereits seit sieben Jahren eingeführte, konstruktiv ausgereifte Blankwaffe ohne Zeitverzug und in großen Stückzahlen für das gesamte Heer produzieren zu lassen.

Wie bereits dargestellt, ist die Typ-IIb-Variante des Flieger-Kappmessers eine gealterte Kopie eines SMF-Nachkriegsmessers. Pattarozzis Annahme, dass dieses Modell 1944 getestet wurde ist damit wiederlegt. Die folgende Analyse kommt zu einem alternativen, jedoch ebenfalls interessanten Ergebnis.

Folgende Fakten sind bekannt:
Es existieren sowohl dolchartige Lw-Kampfmesser als auch Kappmesser, die den Stempel des Abnahme-Inspizienten 5, aber in seltenen Fällen auch ein „S" eingestanzt haben. Diese S-Stempelung ist nur bei Typ-II-Kappmessern mit R.B.NR. des Herstellers SMF vorhanden.[185] In einem Ausrüstungsnachweis des SS-Fallschirmjäger-Bataillons-500 findet sich neben den vorhandenen Bajonetten auch eine kleine Anzahl sogenannter „S-Messer" (vermutlich „Sondermesser").[186] Die Kappmesser waren ab 1944 nachweislich auch bei der 1. Skijäger-Brigade (später: Division) und der Waffen SS im Einsatz.

Diese Aussagen lassen folgende spekulative Beurteilung zu:
Das Vorhandensein des Stempels des Abnahme-Inspizienten beweist, dass zwei der drei getesteten Messer (Kappmesser und Luftwaffen-Kampfmesser/"Armeedolch") bei der Luftwaffe offiziell eingeführt waren – beim Heer und der SS aber nicht.[187]

Allgemein, jedoch speziell für den Truppenversuch, dürfte es für das Heer wesentlich einfacher gewesen sein, die Beschaffung und Erprobung von Messern zu rechtfertigen, die bereits seit längerer Zeit bei der Luftwaffe eingeführt waren.

Da das Typ-II-Kappmesser mit R.B.NR. ab 1943 als neuer Standard an die Luftwaffe geliefert

[183] Vgl. Thiem (2014), S. 334–338
[184] Vgl. Klietmann (1988), S. 109
[185] Vgl. Pattarozzi (2006), S. 57, 109–110
[186] Vgl. Thiem (2014), Anlagen
[187] Sonst wäre zumindest der Truppenversuch des Heeres nicht notwendig gewesen.

wurde, ist ein zeitlicher Zusammenhang zum angeordneten Truppenversuch gegen Ende 1943 gegeben.

Anhand dieser wenigen, vorliegenden Informationen ist die Schlussfolgerung zulässig, dass es sich bei den mit einem S markierten Kappmessern und Lw-Kampfmessern um die wenigen, nachträglich beim Heer oder der SS eingeführten Blankwaffen beziehungsweise um die 1943er Truppenversuchsmodelle handelt. In diesem Fall wäre das „S“ die Markierung eines Waffenrevisors des Heeres oder der SS, der diese „S-Messer“ vor Auslieferung an diese Teilstreitkräfte inspizierte.

Die Truppenversuchs- bzw. Heeresmodelle wären somit mit sehr hoher Wahrscheinlichkeit Typ-II-Messer des Herstellers SMF, der speziell für den beschriebenen Truppenversuch ein Los von 500 Stück für das Heer produzierte.

Diese Theorie lässt sich jedoch nicht eindeutig belegen und bleibt daher weiterhin eine Spekulation. Nachdem auf den Kampfmessern der Luftwaffe neben einem „S“ auch ein „W“ als Stempelung auftaucht, spekuliert Pattarozzi, dass es sich um einen internen Abnahmestempel der Firmen SMF und Weyersberg handeln könnte.[188]

14.5 Sonderausrüstung bei den Skijägern des Heeres

Die ersten (Ski)Jäger-Bataillone waren selbstständige, Ski-bewegliche Infanterieeinheiten, welche man auch „Jagdkommandos“ nannte. Ihre Aufstellung resultierte aus den Erfolgen der sibirischen Skiläufereinheiten vor Moskau im Winter 1941/42. Diese wintererprobten Einheiten hatten vor allem im Flachland ihren hohen Einsatzwert bewiesen.

Das erste (Ski)Jäger-Bataillon der Wehrmacht rekrutierte sich aus Lehrgruppen-Personal der Winterkampfschulen Orel, Gschatzk und der Heeres-Hochgebirgsschule Fulpmes. Die insgesamt 12 Bataillone wurden bei extremer Kälte von bis zu -49 °C als Feuerwehr an den Brennpunkten der Front, unter anderem zur Panzerabwehr, eingesetzt, so dass sie hohe Verluste erlitten.

Im August 1943 ordnete das OKH die Zusammenführung von sechs Jagdkommandos (Jägerbataillone 2, 4, 5, 7, [Teile 8], 9, 11) und weiterer Unterstützungstruppenteile[189] der Heeresgruppe Mitte zur Skijäger-Brigade 1 an.

Die Skijäger sollten sogenannte Jagdkommando-Einsätze hinter den feindlichen Linien und überraschende Flankenangriffe von mehreren Seiten gleichzeitig durchführen. Diese „Ödemarken“-Taktik hatten die Skijägereinheiten der finnischen Armee bereits im Winterkrieg 1939/40 gegen überlegene Feindkräftegruppierungen der Russen eingesetzt.[190]

Ende Januar 1944 galt die Brigade mit einer Ist-Stärke von rund 14.600 Mann als kampfbereit. Der Kommandeur Oberst von Schlebrügge plante den ersten Einsatz im Nordabschnitt der Ostfront, möglichst zur Unterstützung der Finnen in Karelien. Dort hätten die Skijäger durch ihre außergewöhnliche Beweglichkeit und Bewaffnung ihren überlegenen Einsatzwert voll zur Entfaltung bringen können. Angesichts der dramatischen Entwicklungen an der Mittel- und Südfront verweigerte die Heeresgruppe Mitte jedoch die Entsendung gen Norden. Die Verwendung der Skijäger erfolgte somit entgegen ihrer Spezialisierung etwa 150 Kilometer nördlich von Kiew in der Nordukraine bei Prypjet.

Der fast dreimonatige Kampf in den Sümpfen war äußerst kräftezehrend. Die Soldaten versan-

[188] Vgl. Pattarozzi (2006), S. 110

[189] unter anderem Ski-PiBtl 85, StuG Brig 270, Ski- FErsBtl, Ski-NachrAbt 152, ArtAbt II./59, sGrWBtl 18

[190] Vgl. Gunter (2005), S. 27–30, 39, 56, 65

ken nicht selten bis zum Koppel im Schlamm. Ursprünglich „zu Besonderem auserkoren", konnten sie ihre besondere Winterkampf-Befähigung zum schnellen Überraschungsangriff nicht nutzen. Sie waren buchstäblich fehl am Platze.

Aufgrund eines russischen Durchbruchs begann Ende März 1944 die Verlegung des Verbandes in ihren neuen, 300 Kilometer entfernten Einsatzraum südwestlich von Kowel. Die Brigade verteidigte dort das Westufer der Turja bis zum Beginn der russischen Sommeroffensive Ende Juni. Am 2. Juni 1944 erfolgte die Umbenennung in 1. Skijäger-Division, ohne dass sich die Gliederung änderte. Der durch den russischen Großangriff eingeleitete, kämpfende Rückzug der Division begann über den Bug bis zur Weichsel, wo es Ende August einen russischen Brückenkopf bei Annopol zu beseitigen galt. Nach weiteren Rückzugsgefechten endete der Kampf der deutschen Skijäger im Westteil Tschechiens. Die überlebenden Soldaten gerieten größtenteils in russische Kriegsgefangenschaft.[191]

Das Foto auf der rechten Seite wurde Anfang Februar 1944 in den Sumpfgebieten des Pryp-

Abbildung 210: Stoßtrupp im Feuerkampf auf weite Entfernung

[191] Vgl. Gunter (2005), S. 77, 80, 117, 123, 131, 134, 156-158, 271–272

jet-Flusses aufgenommen und zeigt einen Infanteristen eines Skijäger-Stoßzuges mit dem Typ-I-Flieger-Kappmesser. Es stellt die erste, auch zeitliche Verbindung zu der Mitte Oktober angeordneten Heeres-Erprobung her. Nur wenige Tage zuvor hatte die Org. Abt. IIIa des Generalstabes des Heeres bekanntgegeben, dass diese noch andauert.

Genau wie die Versuchstruppe der 78. Sturmdivision war die 1. Skijäger-Brigade der Heeresgruppe Mitte unterstellt. Ihr Einsatzraum lag jedoch im Februar rund 500 Kilometer süd-ostwärts von Orscha. Somit kann man ausschließen, dass dieses Foto im Rahmen der Heeres-Erprobung entstand. Die Entscheidung, das Flieger-Kappmesser zusammen mit modernster Bewaffnung, Bekleidung und Ausrüstung an die Skijäger auszugeben, wird aus folgenden Gründen dennoch ein Resultat dieser Versuche gewesen sein:

Der Befehl zur Aufstellung der 1. Skijäger-Brigade war im Sommer 1943 direkt vom OKH an die Heeresgruppe Mitte erteilt worden. Der zukünftige Kommandeur, Oberst von Schlebrügge, befand sich noch bis zum Oktober 1943 im Raum Orscha und verlegte anschließend den Aufstel-

Abbildung 211: Skijäger-Stoßzugsoldat mit Kappmesser (Prypjet-Sümpfe, 02/1944)

lungsort der Brigade 150-200 Kilometer hinter die Frontlinie, in den Raum Minsk. Die Aufstellung des neuen Truppenteils erforderte weiterhin die enge Verbindung zur Heeresgruppe Mitte und dem OKH.

Dies zeigt unter anderem das Fernschreiben „Geheime Kommandosache“ vom 30. September 1943. Die Organisationsabteilung des OKH[192] hatte damit aktiv auf die Bewaffnung der Brigade eingewirkt, indem sie 100 Zielfernrohrgewehre für Scharfschützen und die teilweise Ausstattung mit dem Gewehr 43 zusagte.[193] Somit erlangte von Schlebrügge bzw. sein engerer Führungskreis auf dem einen oder anderen Kanal sicher Kenntnis von den Tests der alternativen Seitenwaffen. Einzelne Skijägerbataillone kämpften noch bis Dezember im Raum Orscha und könnten daher sogar unmittelbare Zeugen des Versuches geworden sein. Diese Umstände führten dazu, dass das Kappmesser im Rahmen der Kommandeursbesprechungen des Führerkorps der Brigade im IV. Quartal 1943 thematisiert worden sein muss. Die Ausrüstungsfrage wurde häufig und sehr eingehend behandelt.

Denn wenn die Brigade nach finnischem Vorbild eingesetzt werden sollte, „mußten Bewaffnung, Ausrüstung und Verpflegung quasi neu erfunden werden“.[194] Möglicherweise bescheinigte die 2. Gebirgsdivision dieser Blankwaffe bei den Versuchen in Lappland einen hohen Einsatzwert im Gebirgs- und Winterkampf. Aufgrund des kurzfristig gesetzten Termins zur Herstellung der Einsatzbereitschaft war es sicherlich auch von entscheidendem Vorteil, dass das Messer schnell verfügbar war. Hatte man doch bis Ende 1943 bei den Luftwaffeneinheiten per Befehl entsprechende Reservebestände aufgebaut und lagerhaltig verfügbar.

Die Angehörigen dieses neuen „Spezialverbandes“ erhielten Ende 1943/Anfang 1944 folgende Sonderbewaffnung, -bekleidung und -ausrüstung:

- Sturmgewehr 44 (zunächst nur die „Stoßzüge“ der Jägerkompanien),
- 1.000 Stück des halbautomatischen G 43,
- 100 Stück Scharfschützengewehre,
- MP 40 (für „Führer“ und Fahrer),
- Flieger-Kappmesser,
- spezielle Skier und Skischuhe,
- Gummi- und Filzstiefel,
- Jacke der Sturmgeschützabteilungen,
- Hose und Mütze der Gebirgsjäger,
- besonderer Wende-Tarnanorak („Sturmanzug“) mit Unterziehfutter,
- Fallschirmjägerhelm aus Luftwaffenbeständen (mit Luftwaffen-Emblem),
- Skijäger-Rucksäcke, Pelzschlafsäcke und
- Finnenhütten sowie norwegische Zelte mit Ofenheizung.

Wesentliche Teile dieser infanteristischen Spezialausrüstung dienten dazu, Gewicht zu sparen und damit die Ski-beweglichkeit zu erhöhen. Das Flieger-Kappmesser bot in diesem Zusammenhang im Vergleich zum K-98-Bajonett wesentliche Vorteile. Es war leicht, behinderte die Skiläufer kaum oder gar nicht und wurde zum schnellen Zugriff an einem Stoffkoppel getragen. Gerüchten zufolge sollte die Ausgabe dieser „Sonderuniform“ möglichst viele Freiwillige für den Dienst in der Skijäger-Brigade begeistern. Tatsächlich war sie aber für den besonderen Einsatzzweck des Verbandes äußerst sinnvoll und notwendig und steigerte den Einsatzwert erheblich.[195]

---

[192] Wahrscheinlich die Org. Abt. (IIIa), die 18 Tage später die Tests der alternativen Seitenwaffen anordnet

[193] Vgl. Gunter (2005), S. 53, 67

[194] Gunter (2005), S. 66, Vgl. Gunter (2005), S. 65, 66

[195] Vgl. Gunter (2005), S. 27–30, 66–70

Abbildung 212: FKM, StuG-Jacke, Gebirgsmütze, Ski- und Wendetarnjacke

Abbildung 213: FJ-Helm und Spezialbewaffnung mit G43 bzw. StG 44

Das folgende Foto zeigt die bei der Skijägertruppe übliche Trageweise des Flieger-Kappmessers. Es hing an einer speziellen Lederschlaufe mit Karabinerhaken vorn links am Koppel. So war es im Notfall auch mit Winterhandschuhen sofort griffbereit und musste im Vergleich zum Armee-Dolch oder SG 42 nicht erst umständlich aus der Scheide gezogen werden.

Die Gürtelschlaufen wurden in der Regel aus Feldflaschenberiemungen einschließlich der darin

Abbildung 214: Kappmesser-Gürtelschlaufe der Skijäger

Abbildung 215: Skijäger-Spähtrupp mit StuG 44 und FKM bei der Befehlsausgabe

vernähten Karabinerhaken hergestellt.[196] Die Beschaffung war unkompliziert, denn jeder Landser führte eine Feldflasche bei sich.

Es ist davon auszugehen, dass entweder die Regimentsschneider oder die Soldaten selbst die Beriemung zu Gürtelschlaufen beziehungsweise Messerhalterungen umarbeiteten.

Das obenstehende Foto eines Skijäger-Spähtrupps zeigt ebenfalls diese spezielle Befestigung des Flieger-Kappmessers frontal am Koppel (Soldat in der Mitte). Die bereits erwähnte, einfachste Zugänglichkeit war sehr hilfreich, wenn nicht sogar überlebensnotwendig angesichts der Tatsache, dass die Stoßtrupp- und Jagdkommandounternehmen zu Beginn des Jahres 1944 fast immer in erbitterten Nahkämpfen endeten.[197]

Die Brigade erhielt neben spezieller infanteristischer Ausrüstung und Bewaffnung auch Spezialfahrzeuge. Einmalig in der gesamten Wehrmacht war die Eingliederung einer zusätzlichen Kompanie mit 24 russischen Beutepanzern T34/85 neuester Bauart in das Schwere Ski-Bataillon 1. Diesem Verband standen ebenfalls 313 Raupenschlepper Ost (RSO) zur Verfügung. Dieses Vollkettenfahrzeug war 1942/43 von der Firma Steyr Daimler Puch AG eigens für die schwierigen Bo-

---

[196] Siehe Abb. 211 (hier erkennt man noch die Dornlöcher des Verschlusses im Lederriemen) und Abb. 216

[197] Vgl. Gunter (2005), S. 113

Abbildung 216:
Skijägertrupp vor RSO/1 (1944)

Abbildung 217: Skijäger-Kraftfahrer
mit FKM vor RSO/1

den- und Witterungsverhältnisse der russischen Winter entwickelt worden. Einige dieser Sonderfahrzeuge waren mit einer 7,5-Zentimeter-(PaK40)-Kanone zur Panzerabwehr bestückt.[198]

Abbildung 216 zeigt einen Trupp Skijäger im Einsatzraum Prypjet mit einem der RSO/1. Einer der Soldaten trägt ein Kappmesser am Webriemen-Koppel. Es handelt sich wohl um ein Typ-II-Messer, da der Metallkopf gebläut zu sein scheint. Der Kraftfahrer auf dem Foto unten hat zudem die typische Winterausrüstung der Skijäger angelegt. Den Soldaten des Schweren Ski Bataillons 1 dürfte vor allem der Aufreiber sehr hilfreich gewesen sein. Damit ließen sich Störungen an den Geschützrohren der Panzer und Panzerabwehrkanonen (unter anderem auf RSO/2) hervorragend beheben.[199] Möglicherweise ist dies einer der Gründe, warum hin und wieder Flieger-Kappmesser mit stark verbogenen Aufreibern auftauchen.

Die gezeigten Fotos beweisen, dass das Flieger-Kappmesser bei den unterschiedlichen Einheiten der 1. Skijäger-Division im Einsatz war. Bis heute sind keine weiteren regulären Heereseinheiten bekannt, die diese Blankwaffe offiziell führten. Es ist jedoch davon auszugehen, dass springende Sonderverbände, wie die Brandenburger und das SS Fallschirmjägerbataillon 500 (später 600) ebenfalls mit dem Kappmesser ausgestattet waren.

Abbildung 218: Skijäger-Offizier erstattet Lagebericht (März 1944)

[198] Vgl. Gunter (2005), S. 60, 63, 65, 70, 78

[199] Bis 2017 erhielten die Panzerbesatzungen der Bundeswehr aus diesem Grund das Kappmesser.

14.6 Freund und Helfer – Ein sehr persönlicher Ausrüstungsgegenstand

Die Holzschalen des Kappmessers eignen sich hervorragend für Schnitzarbeiten. Somit ist es nicht verwunderlich, dass die Soldaten in Kampfpausen ihre Messer personalisierten.

Häufig findet man die Initialen des Besitzers auf den Griffschalen. Dies war eine praktische Methode um dem „Kameradendiebstahl" vorzubeugen. Unten ein Beispiel einer solchen Schnitzerei. Andere Einritzungen erzählen eine Liebesgeschichte, wie beim darauffolgenden Exemplar, welches der großen Liebe des Besitzers (Gertrud D.) gewidmet ist. Der Soldat J. S. war anscheinend 1943 mit Gertrud eine Beziehung eingegangen und hatte 1944 in einem Anflug von Wehmut sein Kappmesser entsprechend graviert.

Die Schnitzereien erinnern aber auch an schwere Gefechte. Der Träger des Messers in Abbildung 221 nahm am Unternehmen „ Merkur" teil. Das eingeritzte Datum des 20. Mai (V) 1941 markiert den Beginn der Luftlandeoperation auf Kreta. Der Soldat war wohl Angehöriger des Fallschirmjägerregiments 3, welches das Angriffsziel Chania im Nord-Osten der Insel zugewiesen bekam.

Die Soldaten der Fallschirmjägerverbände betrachteten die Kameraden als ihre Familie. Im Kampf konnte sich jeder auf seinen Nebenmann verlassen – alle standen füreinander ein. Man war stolz, zu einer solch elitären Einheit zu gehören, wie zum Beispiel der Soldat der 5. Fallschirmjägerdivision (Abb. 222), welche ab April 1944 in Frankreich aufgestellt wurde. Die 5. FJD kämpfte tapfer in der Normandie und nach erfolgter Neuaufstellung ebenfalls während der Ardennenoffensive. Stark dezimierte Restteile zogen sich 1945 in die „Festung Harz" zurück und gingen im April 1945 in amerikanische Gefangenschaft.[200]

Auf den letzten Bildern sind zwei Flieger-Kappmesser der 14.600 Mann starken 1. Skijägerbrigade (später 1. Skijägerdivision) zu sehen. Das obere Foto zeigt das Messer des Soldaten H. Robel (auf der anderen Seite eingeritzt), welcher 1944 im Osten kämpfte. Der eingeritzte Kreis mit dem Ski – das Taktische Zeichen der Skijäger – beweist eindeutig, dass Robel diesem Spezialverband angehörte.

Auf dem zweiten Messer findet sich das SkiJg-Mützenabzeichen (gleichzeitig Teil des offiziellen Divisionswappens). Die drei Eichenlaubblätter sind seit jeher das Symbol der Jägertruppe; der Ski steht für die besondere Verbringungsart in den Einsatzraum. Der Träger gehörte dem Regiment 1 der Brigade/Division an.

All diese Beispiele zeigen, dass das Flieger-Kappmesser für seine Besitzer ein besonderer, sehr persönlicher Ausrüstungsgegenstand war.

Abbildung 219: Personalisiertes Kappmesser

[200] Vgl. Stimpel (2001), S. 449

Abbildung 220:
Zeugnis einer Liebesgeschichte

Abbildung 221:
Graviertes Kappmesser
eines Kreta-Kämpfers

Abbildung 222:
Schnitzerei eines Fallschirmjägers der 5. FJD

Abbildung 223:
Messer zweier Soldaten
der 1. SkiJgDiv

15 | KRIEGSPRODUKTION: MENGEN, BESTAND, WIEDERENTDECKUNG

Bisher existieren keine Abschätzungen bezüglich der produzierten Stückzahlen des Flieger-Kappmessers. Eine solche Interpolation soll in diesem Kapitel anhand vorhandener Informationen über die Truppenstärken und gemeldeten Verlustzahlen der Fallschirmjägerverbände erfolgen.

Nachdem das Luftwaffenpersonalamt die Urkunden für verliehene Abzeichen an ausgebildete „Flugzeugführer" und „Fliegerschützen" (Bordpersonal) von 1935/36 bis Kriegsende durchgehend nummerierte, sind auch diese eine wertvolle Quelle für die folgende Analyse. Die zuvor genannten Abzeichen wurden lediglich ein Mal pro Soldat verliehen.

Aus der Literatur ist allgemein bekannt, dass zwischen 1936 und 1945 insgesamt elf Fallschirmjägerdivisionen aufgestellt wurden. Die Sollstärke einer solchen Division betrug zirka 12.000 Soldaten.[201] Somit ergibt sich als erster Referenzwert eine Gesamtsollstärke der Truppe von rund 132.000 Mann, die sie sicher nie ganz erreichte.

Die Einheiten erlitten vor allem auf Kreta und beim Einsatz in der Endphase ab 1943/44 als Bodentruppen in Russland und der Normandie extrem hohe Verluste und mussten kontinuierlich aufgefüllt werden. Leider ist es bis heute nur annähernd möglich, genaue Verlustzahlen zu ermitteln. Die höchsten Zahlen an Gefallenen, Verwundeten und Vermissten werden im Jahr 1944 (Russland, Normandie, Cassino) mit rund 95.000 Mann angegeben. Eine Schätzung der Zahl aller tatsächlich gefallenen Angehörigen der Fallschirmtruppe zwischen 1942 und 1945 kommt auf etwa 100.000 Mann.[202]

Diese Zahlen können nur als Anhalt dienen, da gesicherte Zahlen von Schwerverwundeten fehlen, die ausgemustert, versetzt und damit ersetzt werden mussten. Zumindest kann man interpolieren, dass von 1936 bis 1945 ungefähr 200.000 bis 230.000 Soldaten in der Fallschirmtruppe der Wehrmacht dienten. Eine Quelle aus dem Jahre 1951 bestätigt die „Zahl von 200.000 Fallschirmjägern, die es bei [wohl genauer: bis] Kriegsende in Deutschland gab".[203]

Im Rahmen dieser Analyse würde dies bedeuten, dass jede aufgestellte Division durchschnittlich ein- bis zweimal vollständig zerschlagen und neu aufgestellt wurde; dies scheint realistisch.

Die Teilanalyse soll nicht weiter in die Tiefe gehen und übernimmt den Wert der Quelle aus dem Jahre 1951. Somit wird angenommen, dass zwischen 1936 und 1945 mindestens 200.000 Flieger-Kappmesser an die Fallschirmjäger ausgegeben wurden.

Dazu kommen die Angehörigen des fliegenden Personals. Anhand der genannten Verleihungsurkunden lässt sich nachvollziehen, dass die Luftwaffe bis Mai 1944 insgesamt 167.000 „Flugzeugführer" ausgebildet hatte. Das Abzeichen „Fliegerschütze" für Bordfunker, Bordmechaniker und

[200] Vgl. Stimpel (2001), S. 449–451
[202] Vgl. Stimpel (2001), S. 445–448
[203] Vgl. Molitor (1951)

Bordschützen war bis Januar 1944 rund 153.000 Mal verliehen worden.[204] Bis Kriegsende wurden zudem weitere Flugzeugführer und Bordbesatzungen ausgebildet und ausgerüstet. Daher ist die Annahme zulässig, dass mindestens 350.000 Flieger-Kappmesser an Angehörige der Fliegertruppe ausgegeben wurden. Der Autor dieses Werkes schätzt somit, dass zwischen 1937 und 1945 mindestens 550.000 Flieger-Kappmesser an die Luftwaffe ausgegeben wurden.

Die folgenden Sondereinheiten anderer Teilstreitkräfte dürften insgesamt ungefähr 25.000 Flieger-Kappmesser erhalten haben:

- das SS Fallschirmjägerbataillon 500 bzw. 600 (Waffen SS) und
- weitere Waffen-SS-Einheiten (zentrale Bestände für Spezialeinsätze),
- die Division Brandenburg (Heer),
- die 1. Skijäger Brigade/Division (Heer).

Ein Großteil aller Verluste der Luftwaffe gilt als vermisst. Somit sind vermutlich zehntausende Flieger-Kappmesser für immer verloren. Vereinzelt werden diese Messer jedoch auch heute noch beispielsweise bei Bergungen von Flugzeugwracks wiederentdeckt. Auch nach Jahrzehnten unter der Erde oder unter Wasser sind sie aufgrund der Verwendung hochwertiger Materialien noch in bemerkenswert gutem Zustand. Es folgen zwei Beispiele solch erstaunlicher Funde:

Im Jahre 1998 wurde das Wrack eines britischen Hurricane Jagdflugzeugs in einem Moorgebiet nahe Chupa (Чупа/Karelien) im Nordwesten Russlands entdeckt und geborgen. Der Körper des russischen Piloten und seine gesamte Ausrüstung waren durch das Moor erstaunlich gut konserviert. Der 22-jährige Unteroffizier war am Morgen des 21. Februars 1941 von vier deutschen Messerschmitt-Jägern angegriffen und abgeschossen worden. Als man ihn 57 Jahre später fand, stellte man fest, dass sein Sitzgurt geöffnet war und die Hände sich bereits an den Gurten des ungeöffneten Fallschirms befanden. Ihm hatten nur wenige Sekunden für den Notsprung gefehlt. Bei seinen persönlichen Gegenständen fand man drei frühe, deutsche Flieger-Kappmesser aus Solinger Produktion.

Abbildung 224: Moorfund bei russischem Piloten (1998)

[204] Entsprechende Verleihungsurkunden nach Januar bzw. Mai 1944 waren nicht zugänglich.

Im Sommer 2019 fanden holländische „Magnetfischer“ im Leidsevaart-Kanal, etwa zehn Kilometer südöstlich der Stadt Haarlem, Ausrüstungsgegenstände eines deutschen Fallschirmjägers. Dieses Gebiet war offiziell bis zum 5. Mai 1945 (Tag der Kapitulation deutscher Truppen in Holland) unter deutscher Besatzung. Wie so viele Landser in diesen letzten Tagen des Krieges warf auch dieser Soldat große Teile seiner persönlichen Ausrüstung ins Wasser. Ihm war es anscheinend wichtig, nicht direkt als Fallschirmjäger identifiziert zu werden, denn es wurden sowohl sein Helm, sein Fallschirmschützenabzeichen als auch zwei Flieger-Kappmesser mit Magneten aus dem Wasser „gefischt“. Bis auf die Griffschalen waren auch diese beiden Messer nach 74 Jahren unter Wasser in hervorragendem Zustand. Wieder einmal zeigt sich, dass der rostfreie Stahl der Typ-I-Messer von erstklassiger Qualität war.

Abbildung 225: Wasserfund von Ausrüstungsgegenständen eines Fallschirmjägers (2019 – Quelle: WatchDutchMD)

16 | VERKAUFSPREISE UND WERTSTEIGERUNG

Natürlich ist es für jeden Sammler interessant, welchen Preis er beim Verkauf für sein Messer verlangen kann. Um diese Frage zu beantworten, hat der Autor über einen Zeitraum von etwa fünf Jahren einschlägige, europäische Auktions-Internetseiten (ebay, Militariaweb, egun) beobachtet und die erzielten Preise festgehalten. Im Rahmen der Recherche war es ebenfalls möglich, bis in das Jahr 2004 zurückzugehen. Hier liegen jedoch in der Nachbetrachtung nur wenige Ergebnisse (teilweise nur zwei bis drei Verkäufe pro Jahr) vor.

Der Preis ist sehr stark abhängig vom Zustand und von der Seltenheit der Messer. Der Zustand kann sehr stark variieren und daher nimmt der Autor folgende Kategorisierung vor:

Kategorie 1
- originales, intaktes Messer,
- ggf. gut repariert mit Bundeswehr-Ersatzfeder,
- nicht unbedingt in Top Zustand, jedoch auch keine gravierenden Qualitätsmängel.

Kategorie 2
- mindestens ein gravierender Mangel (gebrochene Feder, gebrochene Klinge etc.),
- ggf. ein weiterer Mangel, dafür aber grundsätzlich viel Potential für Reparaturen.

Kategorie 3
- mindestens zwei gravierende Mängel (z. B. gebrochene Feder und gebrochene Klinge),
- Hinweis: so stark defekte Messer wurden eher selten angeboten, daher sind die Ergebnisse als nicht repräsentativ zu bewerten; auch die Unterschiedlichkeit der Defekte lässt einen Vergleich kaum zu.

Die Erhebung führte zu folgenden Ergebnissen:

1. Alle Kategorien verzeichneten jährliche Wertsteigerungen. Im Durchschnitt lagen diese:
- bei 4,5 % für Messer der Kategorie 1 (inklusive reparierte Messer),
- bei 1,4 % für Messer der Kategorie 2,
- bei 6 % für Messer der Kategorie 3 (wenig repräsentativ).

2. Die aktuellen Durchschnittspreise (2019 kumuliert) in der EU liegen derzeit:
- bei 450 Euro für Messer der Kategorie 1 (Schwankungen von 350 – 950 Euro)
- bei 260 Euro für Messer der Kategorie 2 (Schwankungen von 210 – 350 Euro)
- bei 180 Euro für Messer der Kategorie 3 (Schwankungen von 120 – 240 Euro)
- bei 500 Euro für NVA-Kappmesser[205] (Schwankungen von 400 – 700 Euro)

[205] Es waren in fünf Jahren nur vier Messer auf dem Markt, daher wurde hier Kategorie 1 und 2 zusammengefasst

Bei der Erhebung wurde nur nach Zustand unterschieden. Der Parameter „Seltenheit“ ist lediglich durch die Angabe der preislichen Schwankungen abgedeckt. Um den tatsächlichen Wert eines Messers einschätzen zu können, sollten folgende seltene Merkmale überprüft werden:

1. Seltene Hersteller:

- F & A Helbig (selten),
- GML Leegebruch (selten),
- Malsch & Ambronn (sehr selten),
- Gebrüder Weyersberg (sehr selten),
- Carl Eickhorn (extrem selten).

2. Typ:

- Zerlegbare Typ-II-Kappmesser sind deutlich seltener als Typ-I-Messer,
- Späte SMF-Typ-I-Messer mit einer Niete in Aufreiberfeder (selten),
- Sehr späte Typ-I-Messer mit Karbonteilen bzw. -klinge (ohne „ROSTFREI“) (ziemlich bzw. extrem [Karbonklinge] selten)
- Paul-Weyersberg-Übergangsmodelle (ziemlich bis sehr selten),
- SMF-Nachkriegsmodell mit dolchartiger Klinge (extrem selten),
- SMF-Nachkriegsmodell mit Metallkopf in Typ-IV-Form (extrem selten).

3. Weitere Besonderheiten:

- Kleiner Abnahme-Inspizientenstempel der Luftwaffe auf Aufreiber – nur späte Paul Weyersberg & Co. (selten),
- Stempelung S auf dem Aufreiber – nur SMF-Typ-II-Messer (ziemlich selten),
- Solinger Flieger-Kappmesser mit Malsch & Ambronn-Ersatzfeder (sehr selten),
- Abnahme-Inspizientenstempel auf der Klinge – nur bei einigen Helbig-Flieger-Kappmessern (sehr selten),
- Abnahme-Inspizientenstempel der Reichswehr auf dem Aufreiber - nur SMF-Typ-I-Messern (sehr selten),
- Stempel des Abnahme-Inspizienten 8 auf dem Aufreiber – nur F & A Helbig (extrem selten),
- Gerader Druckhebel – nur SMF-Typ-I-Messer (extrem selten).

17 | DEUTSCHES WAFFENGESETZ [AUSZUG] STAND: AUGUST 2015

§ 1 Gegenstand und Zweck des Gesetzes, Begriffsbestimmungen

(1) Dieses Gesetz regelt den Umgang mit Waffen oder Munition unter Berücksichtigung der Belange der öffentlichen Sicherheit und Ordnung.

(2) Waffen sind

[…]

2. tragbare Gegenstände,

[…]

b) die […] in diesem Gesetz genannt sind.

[...]

(4) Die […] Einstufung von Gegenständen nach Absatz 2 Nr. 2 Buchstabe b als Waffen, […] sonstige waffenrechtliche Begriffe sind in der Anlage 1 […] näher geregelt.

§ 2 Grundsätze des Umgangs mit Waffen oder Munition, Waffenliste

[…]

(3) Der Umgang mit Waffen oder Munition, die in der Anlage 2 Abschnitt 1 zu diesem Gesetz genannt sind, ist verboten.

Anlage 1 (zu § 1 Abs. 4) - Begriffsbestimmungen

Abschnitt 1

[…]

Unterabschnitt 2:

[…]

2. Tragbare Gegenstände im Sinne des § 1 Abs. 2 Nr. 2 Buchstabe b sind

2.1 Messer,

[…]

2.1.2 deren Klingen beim Lösen einer Sperrvorrichtung durch ihre Schwerkraft oder durch eine Schleuderbewegung aus dem Griff hervorschnellen und selbsttätig oder beim Loslassen der Sperrvorrichtung festgestellt werden (Fallmesser),

Anlage 2 (zu § 2 Abs. 2 bis 4) - Waffenliste
Abschnitt 1 Verbotene Waffen

[...]

1.4 Tragbare Gegenstände im Sinne des § 1 Abs. 2 Nr. 2 Buchstabe b nach den Nummern 1.4.1 bis 1.4.4

1.4.1
Spring- und Fallmesser nach Anlage 1 Abschnitt 1 Unterabschnitt 2 Nr. 2.1.1 und 2.1.2. Hiervon ausgenommen sind Springmesser, wenn die Klinge seitlich aus dem Griff herausspringt [...]

§ 52 Strafvorschriften
(3) Mit Freiheitsstrafe bis zu drei Jahren oder mit Geldstrafe wird bestraft, wer
1. entgegen § 2 Abs. 1 oder 3, jeweils in Verbindung mit Anlage 2 Abschnitt 1 Nr. [...]1.4.1 Satz 1[...], einen dort genannten Gegenstand erwirbt, besitzt, überlässt, führt, verbringt, mitnimmt, herstellt, bearbeitet, instand setzt oder damit Handel treibt, ...

LITERATURVERZEICHNIS

BÜCHER UND DIENSTVORSCHRIFTEN

Akademie Verlag Berlin (1989) Akademie Verlag Berlin (1989): *Zwischen Ruhla, Bad Liebenstein und Steinbach*

Arnold (2014) Arnold, Klaus Jochen (2014): *Demontagen in der Sowjetischen Besatzungszone und in Berlin 1945 bis 1948*

Balke (1995) Balke, Ulf (1995): *Kampfgeschwader 100 „Wiking": eine Geschichte aus Kriegstagebüchern, Dokumenten und Berichten : 1934-1945*

Barth, Max (2010) Barth, Wolfgang; Max, Wolfgang (2010): *Militärische Blankwaffen in der DDR*

Baumbach (1949) Baumbach, Werner (1949): *Zu spät? Aufstieg und Untergang der deutschen Luftwaffe*

Berg (1984) Berg, Thomas [Pseudonym] (1984): *Aufs Spiel gesetzt: ein Lebensbericht*

Bröhan (1990) Bröhan, Karl H. (1990): *Kunst vom Jugendstil zur Moderne (1889 - 1939). Metallkunst: Silber, Kupfer, Messing, Zinn, (Sammlung Karl H. Bröhan, Bd. 4)*

Cobb (2010) Cobb, Harold M. (2010): *The History of Stainless Steel*

Dahms (2014) Dahms, Jo (2014): *Du oder ich: Der etwas andere Erlebnis- und Schicksalsbericht eines deutschen Fallschirmjägers während der alliierten Invasion 1944 in der Normandie*

Dinter (2004) Dinter, Horst (2004): *Meine Erlebnisse als Ju52-Transportflieger 1940-1944*

DuMont, Schauberg (1863) Verlag DuMont-Schauberg (1863): *Sammlung der deutschen Handelsregister, Band 2*

Fischer (2004) Fischer, Thomas (2004): *Von Berlin bis Caen: Entwicklung und Einsätze der Divisions- und Korps-Artillerie der LAH 1939-1945*

Frühbeißer (2004) Frühbeißer, Rudi (1977): *Im Rücken der Amerikaner – Deutsche Fallschirmjäger im Kommando-Einsatz*

Görtz, Wacker (2005) Görtz, Joachim; Wacker, Albrecht (2005): *Handbuch Deutscher Waffenstempel: auf Militär- und Diensthandwaffen 1871-2000*

Griesser (2011) Griesser, Volker (1996): *The Lions of Carentan: Fallschirmjager Regiment 6, 1943-1945*

Gunter (2005) Gunter, Georg (2005): *Die deutschen Skijäger – Von den Anfängen bis 1945*

Heydte (1987) von der Heydte, Friedrich A. (1987): *„Muss ich sterben, will ich fallen...": Ein Zeitzeuge erinnert sich*

Krug (n.b.) Krug, Klaus-Dieter (n.b.): Die Fallschirmjäger der NVA – Teil der deutschen Militärgeschichte (Dokumentation)

Kerzig, Knittel, Schulz (2008) Kerzig, Horst; Knittel, Jürgen; Schulz, Kurt (2008): *Die Kampfschwimmer der Volksmarine*

L.Dv. 123 (1939) Luftwaffendienstvorschrift 123 (01.10.1939): *Bekleidungs- und Ausrüstungsnachweisung für die Luftwaffe (L.Bekl.N.)*

L.Dv. 422 (1938) Luftwaffendienstvorschrift 422, Abschnitt A, Anhang I (01.04.1938): Anzugordnung für die Luftwaffe (L.A.O.) – Sonderbekleidung und Sonderausrüstung

LDv. 423 (1941)	Luftwaffendienstvorschrift 423 (01.04.1937/ Neudruck 1941): *Vorschrift über die Bekleidungswirtschaft der Luftwaffe (L.Bekl.V.)*
Luftw.Verfg.	Kramer, Curt (1938): *Sammlung von Verwaltungsverfügungen der Slg. (1938) Luftwaffe (Luftw. Verfg. Slg): 1. Halbjahr 1937, Band 1*
Pahl-Rugenstein (1985)	Pahl-Rugenstein, Manfred (1985): Deutschland im zweiten Weltkrieg: *Zerschlagung des Hitlerfaschismus und die Befreiung des deutschen Volkes*
Pattarozzi (2006)	Pattarozzi, Mack (2006): *Luftwaffe Gravity Knife: A History and Analysis of the Flyers's and Paratrooper's Utility Knife*
Peter-Michel (2012)	Peter-Michel, Wolfgang (2012): Das Fallmesser der Deutschen Luftwaffe: *Technik und Entwicklung des Flieger-Kappmessers*
Rogmann (2009)	Rogmann, Willi (2012): *Einzelkämpfer der Leibstandarte - Träger der Nahkampfspange in Gold - Meine Kriegserlebnisse*
Rudel (1971)	Rudel, Hans Ullrich (1971): *Adler der Ostfront*
Stang (2009)	Stang, Knut (2009): *Ritter, Landsknecht, Legionär: Militärmythische Leitbilder in der Ideologie der SS*
Stimpel (2001)	Stimpel, Hans-Martin (2001): *Die deutsche Fallschirmtruppe 1942 - 1945: Einsätze auf Kriegsschauplätzen im Osten und Westen*
Stephens (1981)	Stephens, Frederick J. (1981): *Kampfmesser – Ein illustrierter Führer zu den Kampfmessern und militärischen Survival-Messern der Welt*
Sweeting (2001)	Sweeting, C.G. (2001): *Hitler's Squadron: The Fuehrer's Personal Aircraft & Transportation Unit, 1933-1945*
Thiem (2014)	Thiem, Sebastian (2014): *Deutsche Versuchs- und Musterseitengewehre 1895-1945*
von Halász (1996)	von Halász, Eugen (1996): *Deutsche Kampfmesser*
von Halász (2009)	von Halász, Eugen (2009): *Deutsche Kampfmesser, Band II*
Weigand (1998)	Weigand, Ingrid (1998): *Und keiner hat es gewollt: Schicksale, Schauplätze, Schlaglichter um 1945*
Weyersberg (1893)	Weyersberg, Albert (1893): *Chronik der Familie Weyersberg zu Solingen*
Waldman (2015)	Waldman, Jonathan (2015): *RUST – THE LONGEST WAR*
Walter (1973)	Walter, John (1973): *Sword and Bayonet Makers of Imperial Germany, 1871-1918*
Zabecki (2015)	Zabecki, David T. (2015): *World War II in Europe - an Encyclopedia*
Ziegler (1977)	Ziegler, Hermann Eugen (1977): *Turbinenjäger Me 262, Die Geschichte des ersten einsatzfähigen Düsenjägers der Welt*

ZEITSCHRIFTENARTIKEL

Der Adler (1942) Unbekannter Author (28.04.1942): *Im SEENOTFALL, Ausrüstung unserer Jagdflieger an der Kanalküste,* in: *Der Adler – 9/1942, S. 126*

Der Adler (1943) Unbekannter Autor (26.01.1943): *Ce qu´emporte l´aviateur volant par- dessus la mer: Un équipement rationnel offre aide et protection,* in: *Der Adler – Edition Francaise – 2/1943, S. 41- 43*

Der Spiegel (1966) Spiegel Interviewer (05.09.1966): *„Bei uns ist alles in die Brüche gegangen" – Spiegel-Gespräch mit Brigadegeneral Walter Krupinski,* in: *Der Spiegel 37/1966, S. 22-30*

Johanson (2011) Johanson, Nils (2011): *Chronik Messerschmiede Leegebruch: Industriedenkmal, in: Messer Magazin 2/2011, S. 66-69*

Klietmann (1988) Klietmann, K.-G. (1988): *Das Seitengewehr 42 des deutschen Heeres 1942-1945,* in: *Zeitschrift für Heereskunde Heft 338/339, S.107-109*

Leeb (1958) Leeb, Emil (1958): *Aus der Rüstung des Dritten Reiches – Das Heereswaffenamt 1938-1945,* in: *Zeitschrift für Wehrtechnik, Wehrindustrie und Wehrwirtschaft 05/1958 – Beiheft 4*

Molitor (1951) Molitor, Jan (02.08.1951): *Die Fallschirmjäger sind keine „Ohne-michler"* in: *Die Zeit*

Melchior (2012) Melchior, Fred Lothar (2012): *Sanierung des alten Kontorgebäudes mit viel Liebe zur Tradition* in: *Solinger Tageblatt*

PERSÖNLICHE KORRESPONDENZ

Bauermann (2016) Bauermann, Gretel (2016): *Recherchen zur Geschichte der Familien Stöcker und Weyersberg im Stadtarchiv Solingen*

Korinth (2020) Korinth, Roman (2020): *Informationen zum Leegebrucher Kapp- und Jugendmesser*

Reich (2016) Reich, Fritz-Eberhardt (2016): *Recherchen zur Firmengeschichte von F & A Helbig und Malsch & Ambronn*

Ullrich (2016) Ullrich, Gerda (2016): *Recherchen zur Firmengeschichte von F & A Helbig und Malsch & Ambronn*

Mruck (2017) Mruck, Marlene & Armin (2017): *Informationen zu SMF und zum Familienzweig Hermann Stöcker*

Niestaedt (2017) Niestaedt, Erwin (2017): *Informationen zur GML Leegebruch.*

Karalus (2017) Karalus, Elke (2017): *Informationen zu SMF und zur Familie Ernst Stöcker*

Weise (2016) Weise, Jürgen, Dr. (2016): *Informationen des Rheinisch-Westfälischen Wirtschaftsarchivs zu Köln*

INTERNETBEITRÄGE UND WEITERE MEDIEN

Egginton Group	*www.eggintongroup.co.uk/history/the-history-of-george-ibberson.html*
Eickhorn-Solingen	*www.eickhorn-solingen.de*
FJ.net	*fallschirmjager.net/Vehicles/DropCanister/index.html*
Imacasa	*www.imacasa.com/historia.html*
Lexikon der WH	*www.lexikon-der-wehrmacht.de*
Staatsarchiv Meiningen (5642)	*Bauantrag - Betriebsausbau der Firma Malsch & Ambronn in Steinbach (1923)*
Staatsarchiv Meiningen (3354)	*Bauantrag - Anlage eines Wasserspeicherbeckens in der Steinbach für die Firma Malsch & Ambronn, Steinbach (1929-1934)*
Staatsarchiv Meiningen (5648)	*Bauantrag - Aufbau eines Arbeitssaales für die Fa. Malsch & Ambronn (1927–1935)*
Staatsarchiv Meiningen (5643)	*Bauantrag - Anbau für die Hämmerwerke der Stahlwarenfabrik F. & A. Helbig (1938–1946)*
Strazors.com	*strazors.com/index.php?id=321&doc=adolph_kastor_koster_1856_1946_*
Stevenson (2012)	Stevenson, Adrian (25.11.2012): *The Reichsbetriebsnummer RB numbering system. www.warrelics.eu/forum/heer-luftwaffe-kriegsmarine-uniforms-third-reich/reichsbetriebsnummer-rb-numbering-system-239110/*
Wikipedia	*www.wikipedia.de* (mit Suchbegriff)
TL 7340-009 (1968)	*Technische Lieferbedingungen Kappmesser für LL-Truppe*
VTL 1095-002 (1956)	*Vorläufige technische Lieferbedingungen für Kappmesser*

ABBILDUNGSVERZEICHNIS

Registered Dec. 16, 1924, **Trade-Mark 193,006**

UNITED STATES PATENT OFFICE.

SOLINGER METALLWARENFABRIK G. M. B. H., OF SOLINGEN, GERMANY.

ACT OF FEBRUARY 20, 1905.

Application filed May 12, 1924. Serial No. 196,937.

STATEMENT.

To all whom it may concern:

Be it known that we, Solinger Metallwarenfabrik G. m. b. H., a corporation duly organized under the laws of Germany, and located in the city of Solingen, Germany, and doing business at No. 101 Burgstrasse, in said city, have adopted and used the trade-mark shown in the accompanying drawing, for RAZORS, SAFETY RAZORS, SAFETY-RAZOR BLADES, TABLE KNIVES AND FORKS OF BASE METAL, HAIR CLIPPERS, BUTCHERS' KNIVES, KITCHEN KNIVES, SCISSORS, DAGGERS, SABERS, PLANE IRONS, SAWS, FILES, AND AXES, in Class No. 23, Cutlery, machinery, and tools, and parts thereof.

The trade-mark has been continuously used in our business since 27th May, 1921.

The trade-mark is applied or affixed to the goods, or to the packages containing the same, by embossing or printing the mark directly thereon.

Said trade-mark has been registered in Germany, No. 269,283, dated 10th August, 1921, on an application filed 27th May, 1921.

Adolf Kastor & Bros., whose postal address is: 109 Duane Street, city of New York, State of New York, are designated on whom process or notice of proceedings affecting the right of ownership of said trade-mark under the laws of the United States may be served.

SOLINGER METALLWARENFABRIK G. M. B. H.,
By ERNST STÖCKER,
Secretary.

US-Registrierungsantrag Handelsmarke SMF (1924)

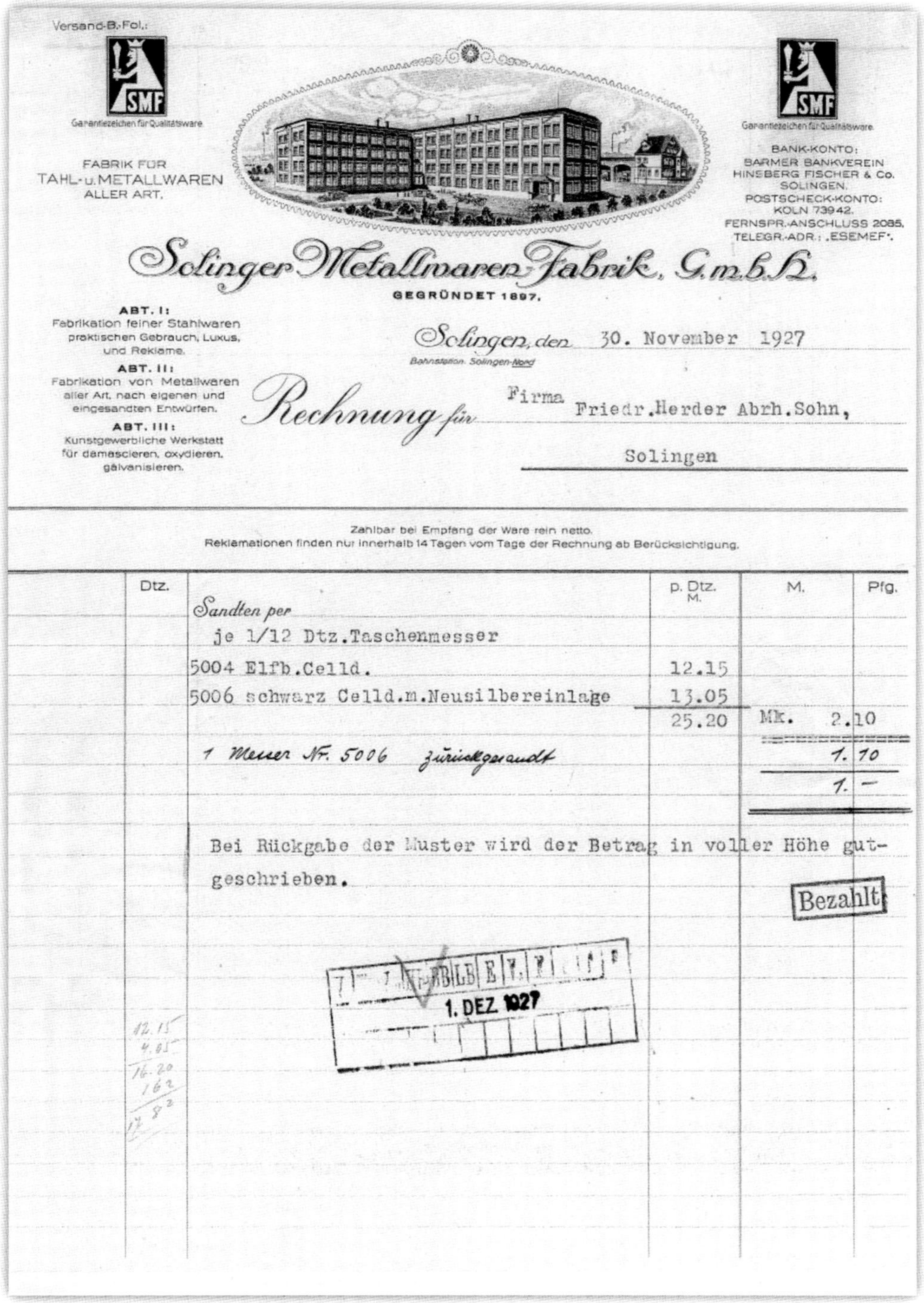

Versand-B.-Fol.:

SMF
Garantiezeichen für Qualitätsware

FABRIK FÜR
TAHL- u. METALLWAREN
ALLER ART.

SMF
Garantiezeichen für Qualitätsware

BANK-KONTO:
BARMER BANKVEREIN
HINSBERG FISCHER & Co.
SOLINGEN.
POSTSCHECK-KONTO:
KÖLN 73942.
FERNSPR.-ANSCHLUSS 2085.
TELEGR.-ADR.: „ESEMEF".

Solinger Metallwaren-Fabrik, G.m.b.H.
GEGRÜNDET 1897.

ABT. I:
Fabrikation feiner Stahlwaren
praktischen Gebrauch, Luxus,
und Reklame.
ABT. II:
Fabrikation von Metallwaren
aller Art, nach eigenen und
eingesandten Entwürfen.
ABT. III:
Kunstgewerbliche Werkstatt
für damascieren, oxydieren,
galvanisieren.

Solingen, den 30. November 1927
Bahnstation: Solingen-Nord

Rechnung für Firma Friedr.Herder Abrh.Sohn,
Solingen

Zahlbar bei Empfang der Ware rein netto.
Reklamationen finden nur innerhalb 14 Tagen vom Tage der Rechnung ab Berücksichtigung.

Dtz.		p. Dtz. M.	M.	Pfg.
	Sandten per			
	je 1/12 Dtz.Taschenmesser			
	5004 Elfb.Celld.	12.15		
	5006 schwarz Celld.m.Neusilbereinlage	13.05		
		25.20	Mk. 2.	10
	1 Messer Nr. 5006 zurückgesandt		1.	10
			1.	–

Bei Rückgabe der Muster wird der Betrag in voller Höhe gutgeschrieben.

Bezahlt

1. DEZ. 1927

12.15
4.05
16.20
1.62
17.82

Rechnung Solinger Metallwaren-Fabrik (1927)

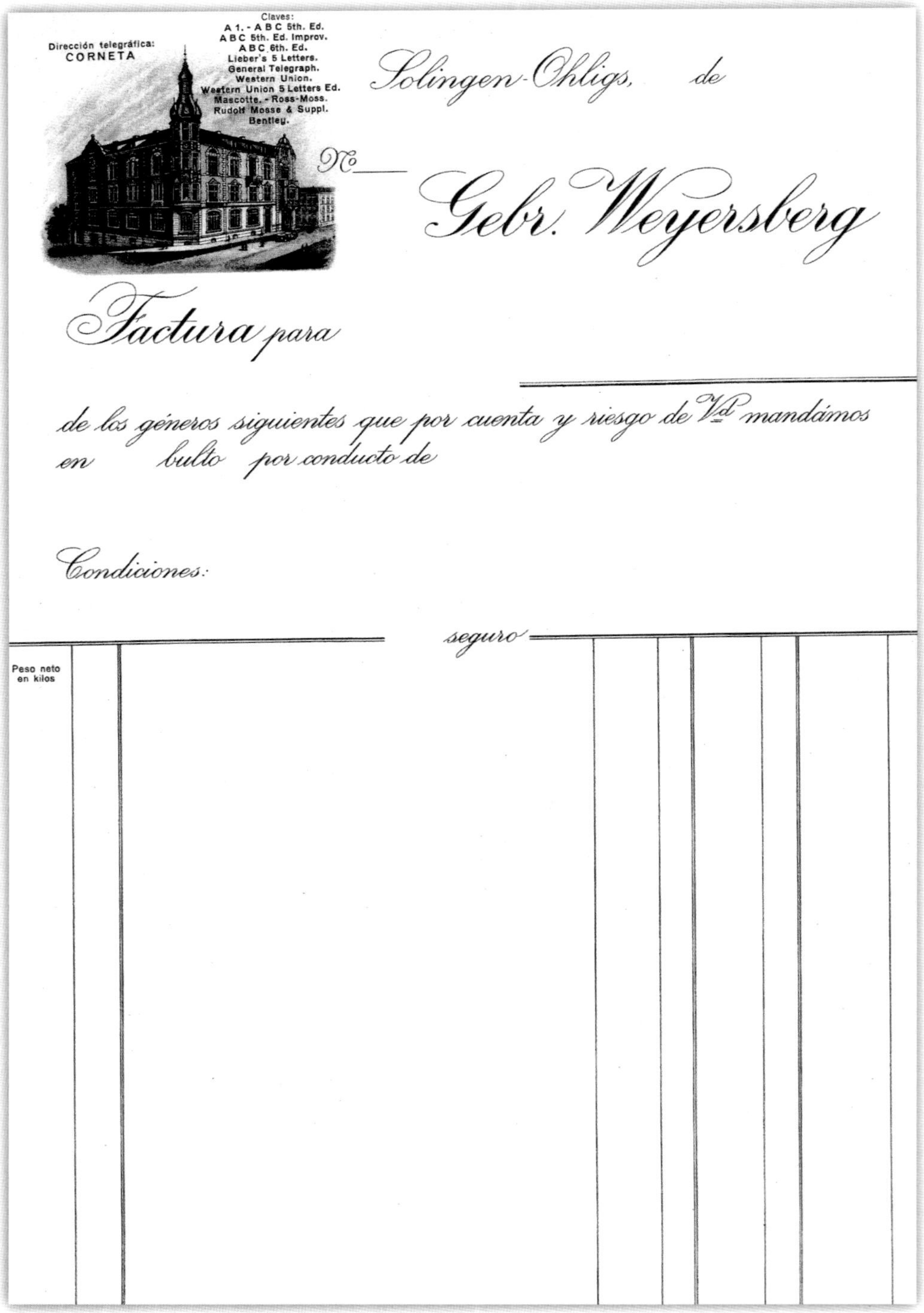

Dirección telegráfica:
CORNETA

Claves:
A 1. - A B C 5th. Ed.
A B C 5th. Ed. Improv.
A B C 6th. Ed.
Lieber's 5 Letters.
General Telegraph.
Western Union.
Western Union 5 Letters Ed.
Mascotte. - Ross-Moss.
Rudolf Mosse & Suppl.
Bentley.

Solingen-Ohligs, de

No

Gebr. Weyersberg

Factura para

de los géneros siguientes que por cuenta y riesgo de Vd. mandámos
en bulto por conducto de

Condiciones:

seguro

Peso neto en kilos

Rechnungsvorlage Gebrüder Weyersberg (Spanisch)

Auszug Produktkatalog Gebrüder Weyersberg (ca. 1955)

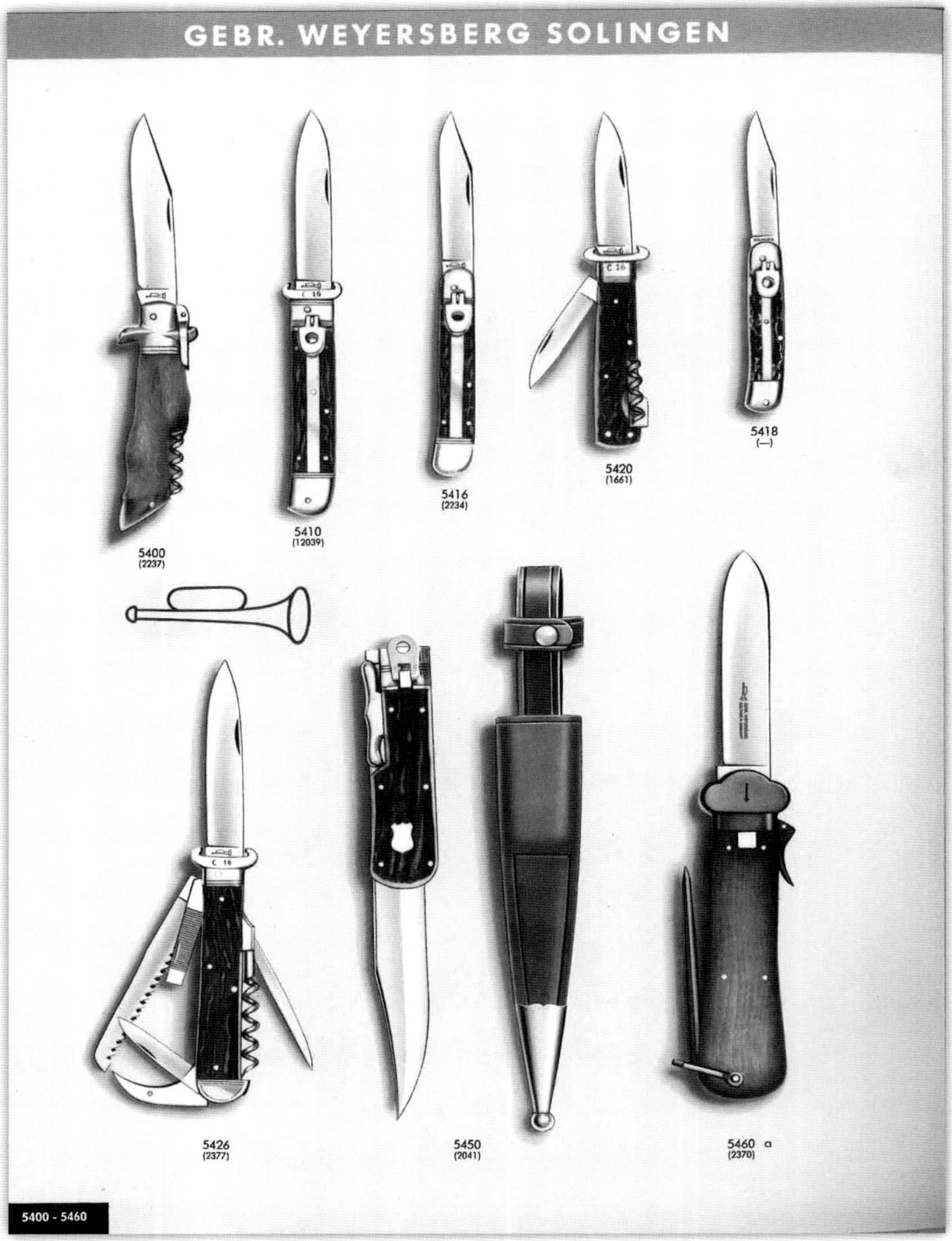

Auszug Produktkatalog Gebrüder Weyersberg (ca. 1955)

R – ROSTFREI R – STAINLESS R – INOXIDABLE R – INOXYDABLE

5400 (2237) Jagdmesser, feststellbar, Rehfußgriff,
Hunting pocket knife, blade to fix, roe-foot-type handle,
Navaja para cacería, hoja para sujetar, mango pata de venado,
Couteau de chasse, manche en pied de chevreuil, lame à fixer,

5410 (12039) Springermesser, Hirschhornschalen,
Switch blade knife, staghorn handle,
Navaja automática, cachas cuerno de ciervo,
Couteau de chasse, lame à fixer, manche avec plaques en corne de cerf,

5411 wie vor, imitierter Hirschhorngriff,
(12039½) as above, imitation staghorn handle,
idem, cachos imitación cuerno de ciervo,
comme ci-dessus, manche en corne de cerf imitée,

5416 (2234) Springermesser, Hirschhornschalen,
Switch blade knife, staghorn handle,
Navaja automatica, cachas cuerno de ciervo,
Couteau de chasse, lame à fixer, manche avec plaques en corne de cerf,

5418 (–) Springermesser, falsche Hirschhornbeschalung,
Switch blade knife, imitation staghorn scales,
Navaja automatica, cachas imitacion cuerno de ciervo,
Couteau de chasse, lame à fixer, manche avec plaques en corne de cerf imitée,

5420 (1661)
5426 (2377) Jagdmesser, feststellbar, Hirschhornbeschalung,
Hunting pocket knife, blade to fix, staghorn handle,
Navaja para caceria, hoja para sujetar, cachas cuerno de ciervo,
Couteau de chasse, lame à fixer, manche avec plaques en corne de cerf,

5450 (2041)
5450 R (—) Verlängerungsdolch, Hirschhornschalen,
Hunting knife, prolongation blade, staghorn handle,
Cuchillo para caceria, hoja para prolongar al doble tamaño, cachas cuerno de ciervo,
Couteau poignard avec lame à rallonge, manche avec plaques en corne de cerf,

5460 (2370)
5460 R (—) Fallmesser, Holzgriff, Metallbeschläge und Ahle brüniert,
Switch blade knife, gun metal steel pricker, wooden handle,
Navaja para aviadores, hoja con salida vertical a botón, cachas de madera, punzon de acero bruñido,
Couteau pour aviateur, manche en bois, garniture et alêne en métal bruni,

Alle Taschenmesser werden unter der Zusatzbezeichnung —a— auf Wunsch mit Ring geliefert.

All knives can be delivered with a ring; please add an —a— to the number.

A pedido todas las navajas se entregarán con argolla, agregando al número la letra —a—.

Sur demande tous les couteaux de poche peuvent être livrés avec anneau. Veuillez alors ajouter un —a— au numéro.

Auszug Produktkatalog Gebrüder Weyersberg (ca. 1955)

Patented June 13, 1933 **1,913,907**

UNITED STATES PATENT OFFICE

JOHANN TUREK, OF STEINBACH, GERMANY, ASSIGNOR TO THE FIRM MALSCH & AMBRONN, OF STEINBACH, GERMANY, A FIRM COMPOSED OF WILLY MALSCH AND KARL AMBRONN

RECEPTACLE FOR FLOOR POLISHING SUBSTANCES AND THE LIKE

Application filed June 29, 1931, Serial No. 547,713, and in Germany November 26, 1930.

My invention relates to receptacles especially tins for liquid or semi-liquid floor-polishing substances of waxy or oily nature, and more particularly to a tin, for use in working connection with a stick or handle provided with a mop or brush as usually employed for floor polishing purposes.

According to the present invention there is provided in the tin an improved means for allowing a small portion of the liquid polishing wax or the like contained therein, to be automatically discharged from the receptacle when required or desired.

I am aware of the fact that it is known to firmly attach a tin to a mop stick or the like for the purpose of permitting the polishing substance to flow out during the polishing operation in order to be rubbed down or distributed over the floor by means of the brush or mop. To this end the receptacle or tin is usually provided with a small opening which is permanently kept open during the waxing operation so that the polishing substance can flow out continuously irrespective of the actual want. In some cases the discharging aperture is controllable and a means for manually opening and closing the same at intervals is provided for such control.

It has also been suggested heretofore to utilize the working pressure manually exerted on the stick of the mop, for controlling the discharge of the polishing substance from the receptacle. It will be seen, however, that in such a case the quantity of polishing material discharged at a time will not be adequate or correspond to the want, but will vary and depend upon the manual pressure required and applied at times for the rubbing and distributing purpose. Consequently parts of the floor will receive and be coated with polishing material in excess of what is necessary while others will be deficient in the said material of waxy substance.

The chief object of the present invention is to remedy the defects of the receptacles hitherto used in supporting connection with a mop stick, and with this object in view I so construct the receptacle or tin as to ensure momentary discharges of polishing substance to be delivered automatically therefrom independently of the working pressure manually imparted to the stick or the like and without requiring any particular manual operation for the purpose. This is due, on the one hand, to the particular construction of the receptacle, especially the discharging means thereof, and on the other hand, to the observation or fact that the successive raising and lowering of the polishing implement during the polishing operation can be utilized for causing small portions of the polishing substance to be automatically discharged from the receptacle at will, provided that suitable means are provided in connection with the latter for the purpose in view.

The amount of polishing liquid to be discharged at a time may be very small depending upon the construction and adjustment of the means provided for the discharging purpose, but by simply repeating the usual manipulation of raising the mop from the floor and subsequently dropping the same onto the floor with a certain vehemence and shock, the quantity of polishing liquid to be discharged to the floor can be increased at will to any desirable amount, just as required by the condition of the floor.

A receptacle or tin constructed in accordance with the present invention and adapted for use in connection with the handle or stick of a mop or the like comprises a spring controlled valve and a valve seat or opening provided preferably in the bottom of the receptacle or tin. If required or preferred, even a plurality of valves, springs and valve seats or openings may be provided in or near the bottom of the tin or at any other suitable place of the walls of the latter.

According to the present invention the discharging valve is mounted in the tin in a manner that on sudden lifting the mop from the floor and subsequently lowering or dropping the same with a sudden push, as usually done in handling a mop with a stick for floor-polishing purposes, the valve provided in the tin firmly attached to the mop-stick, will open or be lifted from its seat for a moment due to inertia so as to allow a small portion of

Patentschriftveröffentlichung Malsch & Ambronn (1933)

2 1,913,907

the polishing liquid to flow out, whereupon the spring controlling the valve, will immediately act to return the valve to its seat so that liquid can never be discharged at once in excess of what the valve is adjusted to allow to flow out, whereas by repeated manipulations any desirable larger amount of liquid can be discharged. In the accompanying drawing forming a part of this specification and showing for purposes of exemplification a preferred form and manner in which the invention may be embodied and practised, but without limiting the claimed invention to such illustrative instance:

Figure 1 is a perspective view of a floor polishing implement and Figure 2 is a view in vertical section of a tin provided with means herein referred to in accordance with the present invention.

The floor polishing implement shown in Figure 1 comprises, as usually, a mop *a*, a handle or stick *b* firmly attached to the mop by means of a tubular extension or sleeve of the latter and a wing screw *c*, and a receptacle or tin *d* containing the polishing liquid and also rigidly connected to the handle *b* by means of a sleeve or clip *e* and a pair of wing screws *f* and f^1. The implement shown and so far described may be supposed to be of known construction.

The receptacle or tin *d* is provided with a cover *g* as usually. In the bottom of the tin an aperture *h* is provided and circumferentially reinforced by means of a washer or ring h^1 soldered to the outer surface of the bottom and constituting the seat of the valve *i* of globular form. Obviously the reinforcing ring or annular plate h^1 may be dispensed with, if the bottom of the tin is of sufficient thickness or strength to afford in itself a reliable means for the provision of the valve seat. In the upper part of the inner surface of the side wall of the tin a bracket *l* is firmly attached either by soldering or in any other appropriate way, and a coiled spring *k* is provided in the tin to connect, with a moderate tension, the bracket *l* with the ball valve *i*, a hook or the like being provided in the valve for the connecting purpose. If desired or preferred a reinforcing plate may be inserted between the bracket and the wall of the tin, as shown, and the same may be firmly connected to the contiguous parts by soldering or in any other suitable manner.

Obviously in lieu of a single valve aperture a plurality of similar valves and apertures may be provided, as already mentioned herein.

From the foregoing it is believed, that the advantages and novel features of my invention will be readily understood and, therefore, further detail description is deemed unnecessary. It is apparent, however, that in carrying out my invention some changes from the construction herein shown and described, may be made without departure from the spirit and scope of the invention.

What I claim is:

In a floor-polishing apparatus, in combination, a handle adapted to manipulate a floor-polishing element, a closed receptacle attached to the handle for containing a liquid or floor polishing substance and the like the bottom of the receptacle being provided with an aperture forming a valve seat on the outer surface of the body, a valve body associated with the valve seat, and a coil spring connected to the valve body and arranged through the aperture and having its inner end connected to the inner surface of the receptacle near the top of the latter and acting to yieldingly connect the valve body to the receptacle.

In testimony whereof I affix my signature.

JOHANN TUREK.

Patentschriftveröffentlichung Malsch & Ambronn (1933)

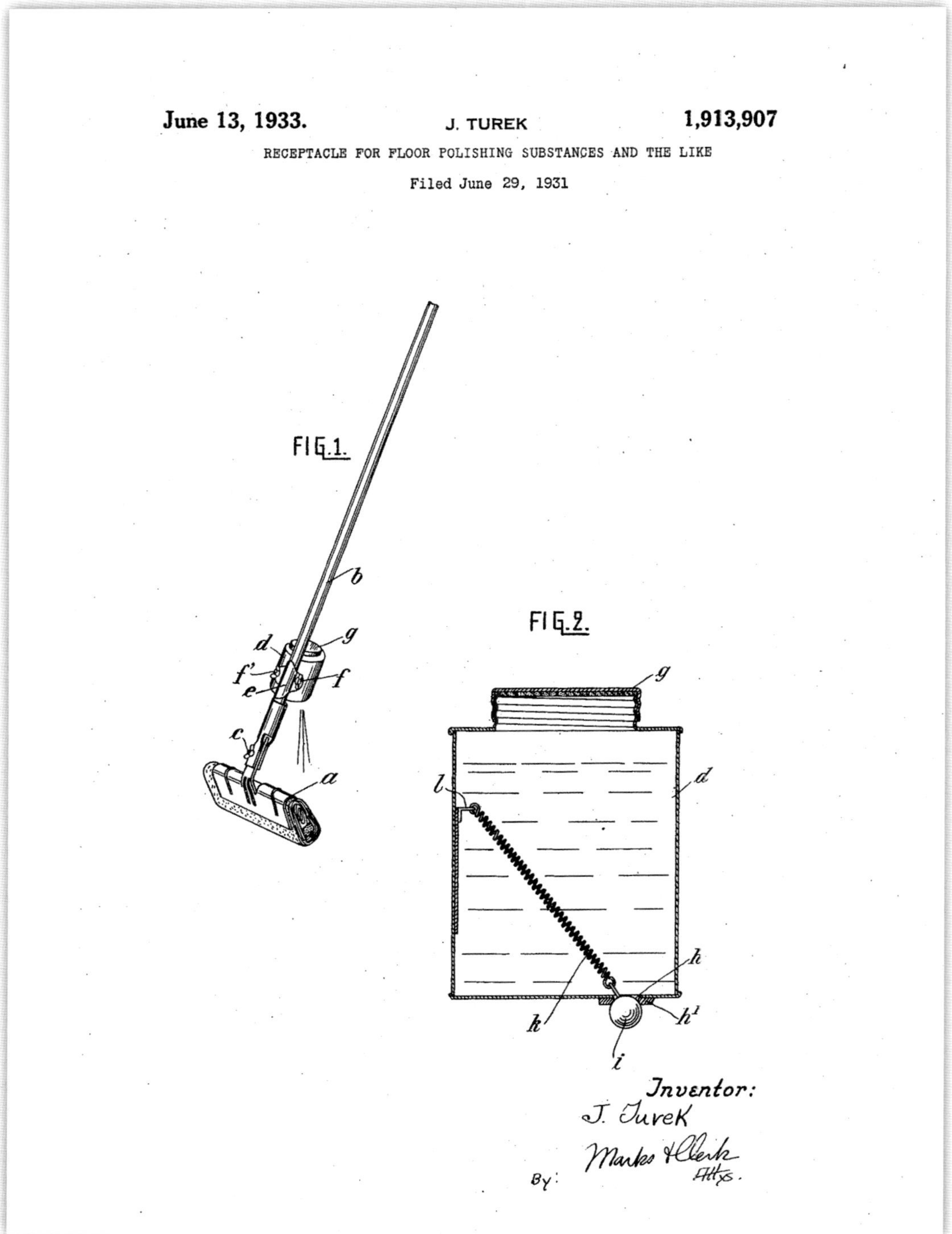

June 13, 1933. J. TUREK 1,913,907

RECEPTACLE FOR FLOOR POLISHING SUBSTANCES AND THE LIKE

Filed June 29, 1931

Patentschriftveröffentlichung Malsch & Ambronn (1933)

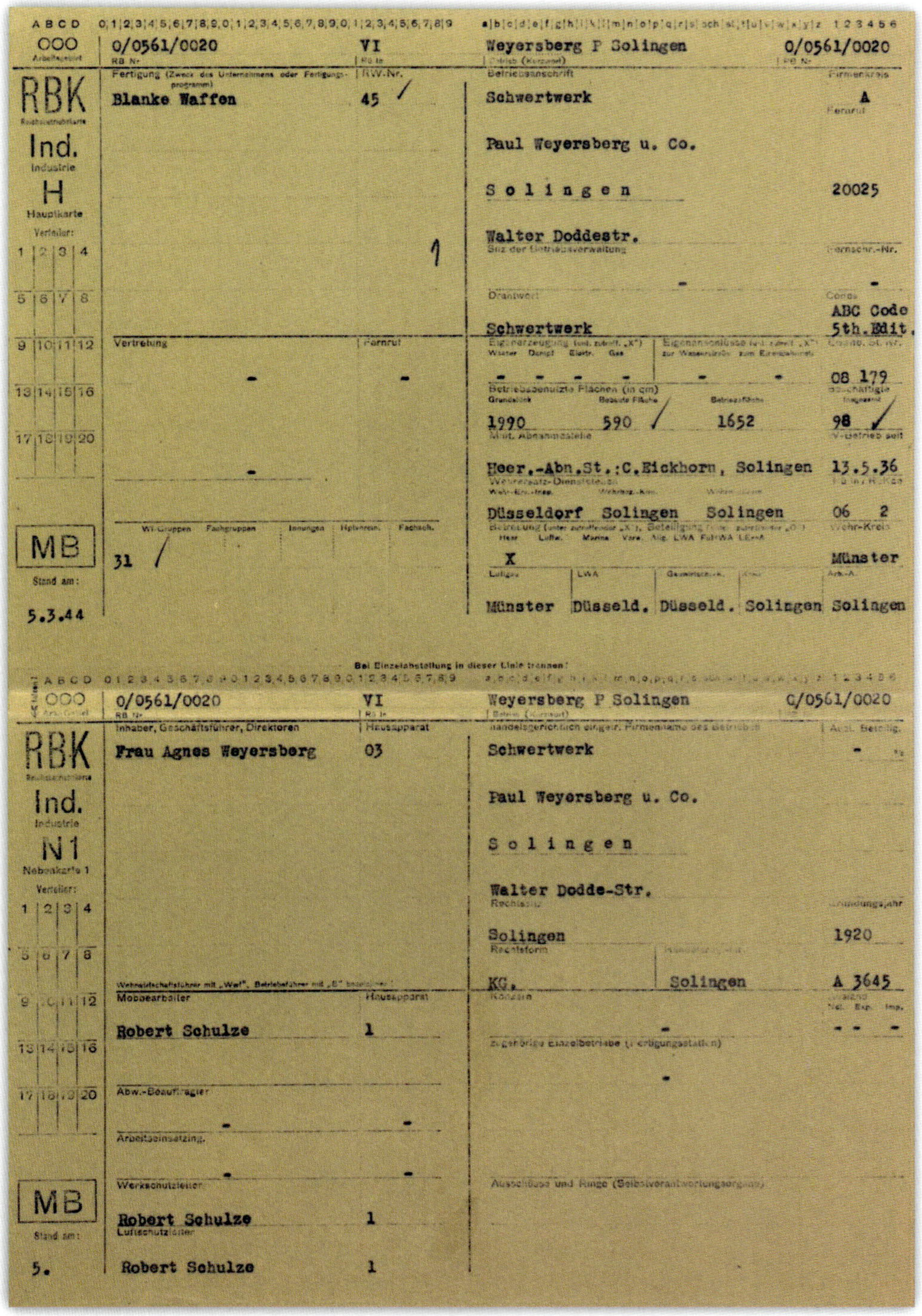

ABCD
000
0/0561/0020 VI
Weyersberg P Solingen 0/0561/0020
RBK
Ind.
Industrie
H
Hauptkarte
Fertigung (Zweck des Unternehmens oder Fertigungsprogramm) | RW-Nr.
Blanke Waffen 45
Betriebsanschrift
Schwertwerk A
Paul Weyersberg u. Co.
S o l i n g e n 20025
Walter Doddestr.
Drahtwort
Code
ABC Code 5th.Edit.
Schwertwerk
Vertretung | Fernruf
08 179
Betriebsbenutzte Flächen (in qm)
1990 590 1652 98
Heer.-Abn.St.:C.Eickhorn, Solingen 13.5.36
Düsseldorf Solingen Solingen 06 2
X Münster
Münster Düsseld. Düsseld. Solingen Solingen
MB
Stand am:
5.3.44
31

Bei Einzelaufstellung in dieser Linie trennen!

ABCD
000
0/0561/0020 VI
Weyersberg P Solingen 0/0561/0020
RBK
Ind.
Industrie
N1
Nebenkarte 1
Inhaber, Geschäftsführer, Direktoren | Hausapparat
Frau Agnes Weyersberg 03
Schwertwerk
Paul Weyersberg u. Co.
S o l i n g e n
Walter Dodde-Str.
Rechtssitz
Solingen 1920
Rechtsform
KG. Solingen A 3645
Mobbearbeiter | Hausapparat
Robert Schulze 1
Abw.-Beauftragter
Arbeitseinsatzing.
Werkschutzleiter
Robert Schulze 1
Luftschutzleiter
Robert Schulze 1
MB
Stand am:
5.

Paul Weyersberg & Co. – Reichsbetriebskarte (5. März 1944)

Rundgang durch Steinbach, Thüringen (2017)

Rundgang durch Steinbach, Thüringen (2017)

Rundgang durch Steinbach, Thüringen (2017)

Rundgang durch Steinbach, Thüringen (2017)

EBENFALLS IM WIELAND VERLAG ERSCHIENEN

Khi Pa Landgraf und Markus Altoé
Schießen mit Zielfernrohr
Theorie und Praxis für Sport, Jagd, Militär und Polizei

176 Seiten
160 x 230 mm
Paperback
ISBN 978-3-938711-99-6
EUR 39,90

Präzises Schießen und Treffen ist kein Zufall. Man braucht dafür solide Grundlagen. Dieses Buch liefert diese Basis und erklärt einfach und nachvollziehbar alle Geheimnisse des Schießens mit Zielfernrohrgewehren. Von den Auswahlkriterien beim Kauf über die wichtigen Grundkenntnisse der Ballistik bis hin zur praktischen Anwendung begleitet dieses Handbuch den Schützen auf dem Weg zum präzisen Ersttreffer. Dabei ist dieses Buch nicht auf ein spezielles Anwendungsgebiet beschränkt, sondern stellt die Gemeinsamkeiten und Unterschiede der verschiedenen Anwendungsbereiche Sport, Jagd und behördliche Nutzung dar. Erstmals bietet ein deutschsprachiges Buch das gesamte nötige Wissen kompakt und verständlich.

Oliver Lang-Geffroy

Das große Buch vom Messer

Alles über das wichtigste Werkzeug der Menschheit

216 Seiten
200 x 260 mm
Hardcover
ISBN 978-3-938711-84-2
EUR 29,90

Das Messer ist das wichtigste Werkzeug der Menschheitsgeschichte und ein Kulturgut, das auch aus unserer modernen Welt nicht wegzudenken ist. Es gibt unzählige Messertypen, Stahlsorten und Konstruktionsweisen. Doch worin unterscheiden sich all die Messer? Wie bezeichnet man die Bauteile korrekt? Was für Eigenschaften muss ein leistungsfähiger Messerstahl besitzen? Wie funktionieren die unterschiedlichen Arretierungen für Klappmesser? Und wie schärft man Messer richtig? Zu diesen und vielen weiteren Fragen finden Sie in diesem umfangreich bebilderten Buch fundierte Antworten.

EBENFALLS IM WIELAND VERLAG ERSCHIENEN

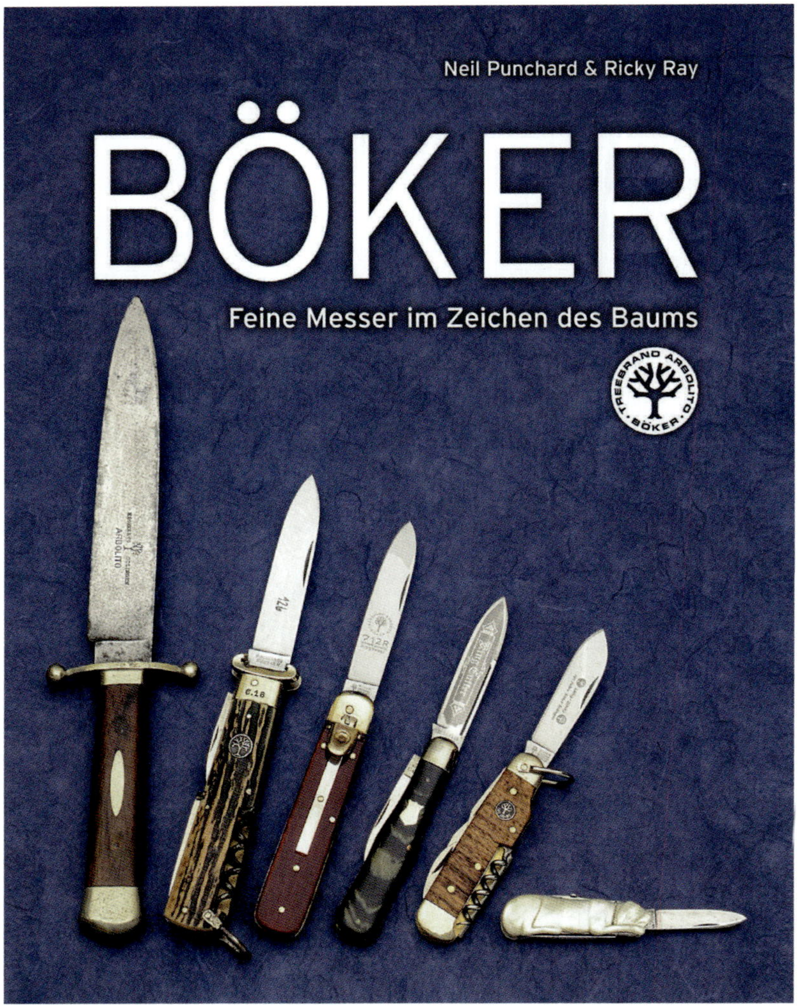

Neil Punchard & Ricky Ray
Böker
Feine Messer im Zeichen
des Baums bis heute

192 Seiten
195 mm x 245 mm
Hardcover
ISBN 978-3-938711-94-1
EUR 39,90

Die Solinger Firma Böker ist einer der weltweit renommiertesten Hersteller von hochwertigen Messern. Der Bogen der Böker-Geschichte spannt sich über zwei Kontinente und zwei Jahrhunderte: Von Remscheid aus zogen die Bökers in der ersten Hälfte des 19. Jahrhunderts hinaus in die Welt und gründeten neue Unternehmen in Amerika, Kanada und Mexiko. Sie nahmen die Erinnerung an einen Baum mit – eine alte Kastanie in Remscheid, die zu einem der bekanntesten Logos der Messerwelt wurde.